度解析管理學！學者與現代領導者的必讀之作】

融合經典理論與當代實踐，豐富案例分析

探討管理理論演進，展現理論與實踐交織

預測未來管理趨勢，為管理者指引出方向

利．法約爾到彼得．聖吉，深入剖析管理學歷史！

喬友乾，田洪江，鄭毅 編著

前言

當前，人類社會已進入知識經濟時代，生活和工作的每一個領域每天都在發生著前所未有的快速變化。尤其在管理領域，更是不斷的有著管理創新，從科學管理到行為主義的管理方法，從 X 理論、Y 理論到今天的知識管理、策略管理、品質管理等等，這種變化使得管理領域的知識和模式異彩紛呈、浩瀚無窮。

管理巨匠們憑著遠見卓識、創造性的思想和鼓舞人心的熱情，塑造了種種管理模式，這些模式使得商業和社會發生了革命性的變化。產業間、領域間和國家間的管理思想，在他們的影響下迅速的沉默下去，隨之而來的是更偉大的管理思想，它們帶動著整個世界的經濟步伐，形成強大的促進力量，重塑了我們熟知的經濟世界，並把它推向新的高點。

今天，我們在否定更新前人思想的基礎上義無反顧的前進 —— 但我們沒有理由遺忘這些巨匠的真知灼見。也許。你對這些巨匠的理論知之頗多，但正所謂「溫故而知新」，更有系統、更深刻的理解他們的理論，仍然會在認知上帶給你成長。

重溫頂尖管理巨匠的獨特思想與經典著作，領悟他們精闢而深邃的智慧，是一個震撼心靈的過程。無論這些巨匠的智慧對你來說是常識還是高深的學習，它們都是管理上的真理之言，是歷史的夜空中時時閃耀的智慧之光，這樣的智慧之光指引了我們的過去，指引著我們的現在，也必將指引我們的未來。

一般管理之父
—— 亨利·法約爾

管理巨匠檔案

全　名　亨利·法約爾（Henri Fayol）
國　別　法國
生卒年　西元 1841-1925 年
出生地　法國

經典評介

亨利·法約爾，西方古典管理理論在法國的最傑出的代表，提出的一般管理理論對西方管理理論的發展具有重大的影響，成為管理過程學派的理論基礎，也是日後西方的各種管理理論和管理實踐的重要依據之一，被尊稱為一般管理之父。

管理巨匠簡介

西元 1841 年，法約爾出生於法國的一個資產階級家庭，西元 1860 年畢業於聖艾蒂安國立礦業學院，畢業後進入法國一個採礦冶金公司，從此，他的一生就和這個公司連結在一起，做了三十多年的經理。

法約爾的一生可分為四個階段：

第一階段（西元 1860-1872 年）。在這十二年間，他作為一個年輕的管理人員和技術人員，職位還不是很高，主要負責的是採礦工程方面的事情，特別是對礦井的火災防治工作。西元 1866 年，法約爾被任命為康門塔里礦井礦長。

第二階段（西元 1872-1888 年）。這時他已經是一個有較大職權的一批礦井的主管，他的思路隨之轉到煤田的地質問題上。這一階段他主要考慮的是決定這些礦井的經濟情況的各種因素，因此不僅要從技術方面考慮，更要從管理和計畫方面來考慮。

第三階段（西元 1888-1918 年）。1888 年，法約爾被任命為總經理，當時公司處於破產的邊緣。他按照自己的管理思維對公司進行了改革和整頓，並於 1891 年和 1892 年吸收了其他一些礦井和工廠。在這一階段，法約爾運用他的才幹和知識，把原來瀕於破產的公司整頓得欣欣向榮。

第四階段（西元 1918-1925 年）。這段時間法約爾致力於普及和宣傳他的管理理論工作。他退休後不久就創建了一個管理研究中心，並擔任領導工作。在 75 歲時才發表了他的劃時代名著《工業管理和一般管理》。

代表著作

* 1900 年，提出給礦業和冶金大會的論文《論管理》。
* 1908 年，「關於一般管理原則」的演講，發表於礦業學會五十週年大會上。
* 1916 年，《工業管理和一般管理 —— 計劃、組織、指揮、協調、控制》，發表於礦業學會學報，1925 年由巴黎鄧諾德出版公司以書的形式重印。
* 1923年，《國家管理理論》，發表於當年布魯塞爾第二次國際管理科學大會。
* 1927 年，《公共精神的覺醒》，巴黎鄧諾德出版公司出版的論文集，包括：《管理職能在事業經營中的重要性》、《高等技術學校中的管理教育》、《公共服務事業管理的改革》和《工業中的實際管理》等。

管理智慧

一般管理理論精要

法約爾的一般管理理論是西方古典管理思想的重要代表，後來成為管理過程學派的理論基礎，也是之後各種管理理論和管理實踐的重要依據，對管理理論的發展和企業管理的歷程均有著深刻的影響。管理之所以能夠走進大學講堂，有賴於法約爾的卓越貢獻。一般管理思想的系統性和理論性強，對管理五大職能的分析為管理科學提供了一套科學的理論框架，來源於長期實踐經驗的管理原則給予實際管理人員極大的幫助。其中某些原則甚至以「公理」的形式為人們接受和使用。因此，繼泰勒之後，一般管理理論也被譽為管理史上的第二座豐碑。法約爾的理論體系，經過了實踐證明並且得到了普遍的承認。

(一) 經營與管理之差異

法約爾區別了經營和管理，認為這是兩個不同的概念，管理包括在經營之中。透過對企業全部活動的分析，將管理活動從經營職能中提煉出來，成為經營的單獨的一項職能。進一步得出了普遍意義上的管理定義，「管理是普遍的一種單獨活動，有自己的一套知識體系，有各種職能構成，管理者透過完成各種職能來實現一個目標過程。」他又把管理分為五個職能，分別為計劃、組織、指揮、協調和控制。經營的全部工作有：

* **技術性的工作** —— 生產、製造、加工。
* **商業性的工作** —— 採購、銷售和交換。
* **財務性的工作** —— 資金的獲得與控制。
* **會計性的工作** —— 盤點、資產負債表、會計、成本及統計。
* **安全性的工作** —— 商品及人員的保護。
* **管理性的工作** —— 計劃、組織、指揮、協調及控制。

法約爾開宗明義的將企業的共性擺出來，指出企業的前五種活動都不負責制定企業的總經營計畫，不負責建立社會組織、協調及調和各方面的力量和行動，而管理則具有這樣的職能。他所定義的管理就是計劃、組織、指揮、協調和控制。同時他也將管理和領導進行了區分，領導就是利用企業所有的資源來獲得最大的利益，來達到企業的目標。

法約爾還分析了處於不同管理層次的管理者及其各種能力的相對要求，隨著企業由小到大，職務由低到高，管理能力在管理者必要能力中的相對重要性不斷增加，而其他諸如技術、商業、安全、會計等能力的重要性則會相對下降。

（二）五大管理職能

法約爾將管理活動分為計劃、組織、指揮、協調和控制等五大管理職能，並對每一個職能都進行了相應的分析和討論。

計劃：

法約爾認為管理意味著展望未來，預見是管理的一個基本要素，預見的目的就是制定行動計畫。公司的計畫要以下列三方面為基礎：

1. 公司所有的資源，即公司的人、財、物、公共關係等。
2. 目前正在進行的工作的性質。

3. 公司所有的活動以及預料的未來的發展趨勢。

好的計畫對企業的經營管理非常有利，一個好的計畫有如下的特點：

1. **統一性**：每個活動不僅要有整體的計畫，還要有具體的計畫，不僅要有起頭的計畫，還要有後續的計畫。
2. **連續性**：不僅有長期計畫，還有短期計畫。
3. **靈活性**：能應付意外事件的發生。
4. **精確性**：盡量使計畫具有客觀性，不具有主觀隨意性。

管理人員在制定計畫時，要對企業的經營狀況有個整體的了解，要有積極參與的觀念，並且對企業每天、每月、五年、十年等的經營狀況進行預測，企業的各個部門的負責人都要對自己的部門總結和預測，對自己部門的計畫負責，根據實踐的推移和情況的變化適當的改變以前的計畫。高層的管理人員主要負責制定計畫，而底層的管理人員主要負責執行計畫。

一個主管人員如果沒有時間來制定計畫，或者認為這項工作只會為他帶來批評的話，他就不會熱衷於制定計畫，也就是說，他就不是一個稱職的領導者。

組織：

這是法約爾提出的管理的第二個要素，組織就是為企業的經營提供必要的原料、設備、資本和人員。

組織分為物質組織和社會組織兩大部分，管理中的組織是社會組織。只負責企業的部門設置和各職位的安排以及人員的安排，有的企業，資源大體相同，但是如果它們的組織設計不同的話，其經營狀況就會有很大的差異。

在通常情況下，社會組織都應該完成下列任務：

1. 注意行動計畫是否經過深思熟慮的準備並堅決執行了。
2. 注意社會組織與物質組織是否與企業的目標、資源與需求適合。
3. 建立單一的、有能力的與強大的領導者。
4. 配合行動、協調力量。
5. 做出清楚、明確、準確的決策。

6. 有效的配備和安排人員。

7. 明確的規定職責。

8. 鼓勵開創精神與責任感。

9. 對所做的工作給予公平而合理的報酬。

10. 對過失與錯誤實行懲罰。

11. 使大家遵守紀律。

12. 注意使個人利益服從企業利益。

13. 特別注意指揮的統一。

14. 注意物品秩序與社會秩序。

15. 進行全面控制。

16. 對抗規章過多、官僚主義、形式主義等弊端。

在法約爾的組織理論中，組織結構的金字塔是職能成長的結果，職能的發展是水平方向的，因為隨著組織承擔的工作量的增加，職能部門的人員就要增多，而且，隨著規模的擴大，需要增加管理層次來指導和協調下一層的工作，所以縱向的等級也是逐漸增加的。

他認為職能和等級序列的發展進程是以一個工頭管理十五名工人和往上各級均為四比一的比例為基礎的。例如十五名工人就需要有一名管理人員，六十名工人就需要有四個管理人員，而每四個管理人員就需要有一名共同的管理人員，組織就是按這種幾何級數發展的，而作為組織的管理就是應當把管理的層次控制在最低限度內。

大樹不會長到天上去，社會組織也有它的極限，由於管理能力有限，企業的成長也不可能無限的發展下去。所以一般來說，一個主管只能有四至五個直接下屬，而管理層次一般不會超過八至九級。橫向幅度太大容易管理失控，縱向幅度太大則資訊傳遞速度太慢，反應遲緩。

對於組織中的管理人員，法約爾根據自己多年的管理經驗，提出了自己的看法：挑選人員是一個發現人員的資質和知識，以便填補組織中各級職位的過程。產生不良挑選的原因與雇員的地位有關。法約爾認為，填補的職位越高，挑選時所用的時間就越長，挑選要以人的資質為基礎。

指揮：

當社會組織建立以後，就要讓指揮發揮作用。透過指揮的協調，能使本單位的所有人做出最好的貢獻，實現本企業的利益。

法約爾認為，擔任組織中指揮工作的領導者應具備以下幾點：

1. 對自己的員工要有深入的了解。主管至少要做到了解他的直接部下，明白對每個人可寄予什麼期望，給予多大信任。
2. 淘汰沒有工作能力的人。主管是整體利益的裁決者與負責者，只有整體利益迫使他及時的執行這項措施。職責已確定，主管應該靈活的、勇敢的完成這項任務。這項任務不是任何什麼人都能做到的。應該使每個成員認知到淘汰工作是必要的，而且也是正確的。當然，對被淘汰的人也要給予一定的關心和幫助。
3. 能夠很理想的協調企業與員工之間的關係。主管在上下級之間有著溝通橋梁的作用，在員工面前，他要維護企業的利益，在企業面前，他要替員工著想。
4. 主管做出榜樣。每個主管都有權讓別人服從自己，但如果各種服從只是出自怕受懲罰，那麼企業工作可能不會做好。主管做出榜樣，是使員工心悅誠服的最有效的方法之一。
5. 對組織進行定期檢查。在檢查中要使用一覽表。一覽表表示企業中的等級距離，標明每個人的直接上下級，這就相當於企業的組織機構。
6. 善於利用會議和報告。在會議上，主管可以先提出一個計畫，然後收集參與者的意見，做出決定。這樣做的效果易於被大家接受，效果好很多。
7. 主管不要在工作細節上耗費精力。在工作細節上耗費大量時間是一個企業領導者的嚴重缺點。但是，不在工作細節上耗費精力並不是說不注意細節。作為一個領導者應該事事都了解，但他又不能對什麼事都去研究，都去解決。領導者不應因關心小事情而忽視了重大的事情。工作安排得好，就能使主管做到這一點。

8. 在員工中保持團結、積極、創新和效忠的精神。在部下的條件和能力允許的情況下，主管可以交給他們盡可能多的工作。這樣主管可以發揮他們的開創精神，甚至主管要不惜以他們犯錯誤為代價。況且，透過主管認真對他們加以監督，這些錯誤產生的影響是可以限制的。

法約爾非常強調統一指揮，他很反對泰勒的功能領班制。認為它違背了統一指揮的原則，容易造成管理混亂。一元化領導與多元化相比，更有利於統一認知、統一行動、統一指揮。但在各種形式下，人的個人作用極為重要，它左右著整個管理系統。

協調：

協調就是指企業的所有工作者要和諧的配合，以便於企業經營的順利進行，並且有利於企業獲得成功。

協調就是讓事情和行動都有合適的比例，就是方法適應於目的。

法約爾認為協調能使各職能機構與資源之間保持一定的比例，收入與支出保持平衡，材料與消耗成一定的比例。總之，協調就是讓事情和行動都有合適的比例。

在企業內，如果協調不好，就容易造成很多問題，在一個部門內部，各分部、各科室之間與各不同部門之間一直存在著一面牆，互不相通，各自最關心的就是使自己的職責置於公文、命令和通知的保護之下；誰也不考慮企業整體利益，企業裡沒有勇於創新的精神和忘我的工作精神。

這樣企業的發展就容易陷入困境，各個部門步調不一致，企業的計畫就難以執行，只有它們步調都一致，各個工作才能有條不紊，有所保障的進行。

法約爾認為例會制度可以解決部門之間的不協調問題，這種例會的目的是根據企業工作進展情況講明發展方向，明確各部門之間應有的合作，利用主管們出席會議的機會來解決共同關心的各種問題。例會一般不涉及制定企業的行動計畫，會議要有利於主管們根據事態發展情況來完成這個計畫，每次會議只涉及到一個短期內的活動，一般是一週時間，在這一週內，要保證各部門之間行動協調一致。

有效協調的組織，一般具有如下的特徵：

1. 每個部門的工作都與其他部門保持一致。企業的所有工作都有序的進行。
2. 各個部門各個分部對自己的任務都很了解，並且相互之間的協調與合作都很好。
3. 各部門及所屬各分部的計畫安排經常隨情況變動而調整。
4. 公開各部門主管的會議是使工作人員保持良好狀態的一種標誌。

控制：

法約爾認為，控制就是要證實企業的各項工作是否已經和計畫相符，其目的在於指出工作中的缺點和錯誤，以便糾正並避免重犯。

對人可以控制、對活動也可以控制，只有控制了，才能更加保證企業任務順利完成，避免出現偏差。當某些控制工作顯得太多、太複雜、涉及層面太大，不易由部門的一般人員來承擔時，就應該讓一些專業人員來做，即設立專門的檢查員、監督員或專門的監督機構。

從管理者的角度看，應確保企業有計畫，並且執行，而且要反覆的確認修正控制，保證企業社會組織的完整。

由於控制適合於任何不同的工作，所以控制的方法也有很多種，有事中控制、事前控制、事後控制等。企業中控制人員應該具有持久的專業精神，敏銳的觀察力，能夠觀察到工作中的錯誤，並及時加以修正；要有決斷力，當有偏差時，應該決定該怎麼做。做好這項工作也是很不容易的，控制也是一門藝術。管理的五大職能並不是企業管理者個人的責任，它與企業經營的其他五大活動一樣，是一種分配於領導者與整個組織成員之間的工作。

管理教育：

法約爾不但對管理原理進行了許多開創性的研究，而且還是一位較早提出建立管理理論並進行管理教育的先驅。他認為管理能力可以透過教育來獲得，「缺少管理教育」是由於「沒有管理理論」，一般管理者都按照他自己的方法、原則和個人的經驗行事，但是誰也不曾設法使那些被人們接受的規則和經驗變成普遍的管理理論。

法約爾認為，管理者應該具備一定的能力和良好的品格。要有健康的身體，充沛的精力；有優秀的學習能力、適應能力和判斷能力；有堅定的信念並且主動承擔責任，熟悉企業中的多種業務，能夠總結以前的經驗和教訓，使以後的工作更加明智。

而且，處於不同級別的人員，所具備的能力也不同，工作對各種能力的需求也不同。對工人來說，技術最重要，但對管理人員來說，他們不需要做實際的操作性的工作，需要較高的管理知識。

他認為管理能力是可以學到的，首先是從學校裡學習，然後到工廠裡學。當時缺乏管理教育的原因是缺乏管理理論，如果有一套原則、方法、程序，那麼管理教育就情況不同了。而且，法約爾認為，管理人員除了要熟悉管理知識外，還要對他所管理企業的其他活動有所了解，這樣才能獲得全面的管理知識和管理技能。

（三）十四項管理規則

1. 勞動分工

在這一點上，法約爾和泰勒的觀點相同。他們都認為勞動分工可以提高效率。透過分工，每個人對自己的工作更加熟悉，工作的效率也就更高。

分工的目的是用同樣的勞動生產出更多的東西。法約爾的經驗是：「使每一個人都有他自己的位置，每一個人都在他的位置上工作。」

但是，分工也有一定限度，實際經驗告訴我們，一定程度上的分工可以提高效率，但分工過細就會阻礙效率提高。

2. 權力與責任

權力就是指揮和要求別人服從的權利。權力可以分為兩類，一類是屬於職能規定的權力，另一類是由領導者自身智慧、博學、經驗、精神、道德、指揮才能、所做的工作等決定的個人權力。前一種稱為制度權力，後一種稱為個人權力。責任是權力的對等物，是對權力的有效補充。如果只有權力而沒有責任，則權力的行使就會無法無天，沒有一點限制。如果一個職務只有責任而沒有權力，則這個職務就不會有人來承擔。因此說，權力和責任誰也不能離開誰。在行使權力中應該規定責任範圍，然後利用獎懲來有效管理。

要制止一個重要領導者濫用權力和其他缺點，最有效的保證是個人的道德，特別是該領導者的高尚的精神道德，而這種道德無論是靠選舉還是靠財產都是不能獲得的。而且，一個出色的領導者應該具有承擔責任的勇氣，並且能夠很恰當的行使權力。

3. 紀律

紀律實際上就是主管與下屬之間協商一致的系列服從的表示。任何組織要有效的工作，就必須有統一的紀律來規範人的行為。企業發展紀律是絕對必要的，如果沒有紀律，任何組織都不能興旺發達，紀律的實質是對協定的尊重。為保證大家都遵守紀律，就必須要求紀律嚴明，而且高層主管和下級人員都必須接受紀律約束。紀律是讓人遵守的，但紀律也是由人創造的。一個組織的紀律狀況，一部分取決於組織制定的規章制度。一部分取決於組織領導者的道德狀態。不管制定得多好，如果領導者都帶頭違背的話，那麼這個組織的紀律一定不會好到哪裡去。企業為了維護自己的利益，就應該對那些違背紀律的事情進行懲處。

領導者的經驗和機敏，表現在挑選所使用的懲罰辦法上，即指責、警告、罰款、停職、降級或開除。應該考慮到個人情況和社會環境。各級的主管，應盡可能明確而又公正的決定和合理的執行，這樣一個企業的紀律一定會變好。

4. 統一指揮

統一指揮是指一個下屬人員只應接受一個領導者的命令，無論對於哪一件工作來說，都需要統一指揮，它是一項普遍的永久不變的準則。如果這項原則被破壞的話，秩序就會被打亂，就會引起混亂。這項原則是法約爾不同意泰勒的功能領班制的主要原因。然而在現實中破壞這一原則的雙重領導的現象是非常多的。其原因有四種：

(1) 為了爭取時間或立即中止某項錯誤的行為，高層主管不透過中層主管就進行直接的指揮。

(2) 為避免替兩個以上的工作人員分配職權而造成的矛盾。

(3) 部門的界限不清，兩個部門的主管都認為有指揮同一工作的權力。

(4) 部門之間在連結上、職權上固有某種複雜關係。為了保證統一指揮，必須要克服這些現象。在整個人類社會中，在工業、商業、軍隊、家庭、國家裡，雙重指揮經常是衝突的根源，這些衝突有時很嚴重，特別應該引起各級主管注意。

5. 統一領導

這項原則表示的是為達到統一目標的全部的活動，只能由一個領導者負責一項計畫，只有這樣，才能統一行動，協調組織中所有力量和努力。

統一指揮和統一領導是有區別的，人們透過統一領導來完善組織，而透過統一指揮來發揮人員的作用，統一指揮不能離開統一領導而存在，也就是說，沒有統一領導，就不可能有統一指揮，但是有統一指揮，也不一定能保證統一領導。如果沒有統一領導，那麼一項活動就很難順利發展下去。不同的人有不同的看法，不容易保證一致性。

6. 個人利益服從集體利益

法約爾說，個人利益和雇員群體利益都不應該高於企業利益，集體利益應先於其成員利益，國家利益應高於公民個人的利益。然而，每個人都有私心，有時候，無知貪婪、自私、懶惰以及人類的一切衝動，就會讓人忘記集體利益而追求個人利益。領導者做好榜樣可以給予員工感染力，讓他們以集體利益為重，另外還要很完善的監督，懲罰那些損公肥私的人，還要鑑定公平的協定。

7. 人員的報酬

人員的報酬是其服務的價格，報酬應該盡可能合理，並盡量使企業與所僱人員都滿意。

合理的報酬可以增加員工的積極度，不合理的報酬方式會損害員工的積極度。那麼，該怎麼選擇報酬方式呢？有以下幾點可以遵循：

(1) 它能保證公平。

(2) 它能獎勵有益的努力和激發熱情。

(3)　它不應導致超過合理的限度。

報酬率的高低不僅取決於人員的才能，而且取決於可僱人員的多少、生活消費水準、企業的一般情況和企業的經濟地位等。

報酬的核心是讓員工滿意，管理者不應該只關心企業的利益，也應該關心員工的身心健康，既給他們物質上的激勵，又給他們精神激勵，這樣才能讓員工更加安心的工作。

8. 集中

這項原則主要討論了管理的集權與分權的問題，像勞動分工一樣，集中也是一種必然的現象。

在任何組織中，集中總是存在的，只不過是不同企業，程度有所不同。分權是提高整體作用的重要性的做法，而集權則是降低這種作用重要性的做法，作為管理的兩種制度，它們本身是無所謂好壞的。這是一個簡單的尺度問題，問題在於找到一個適合於企業的程度。而影響集權與分權的主要因素是：組織規模、領導者與被領導者的個人能力以及工作經驗和環境的特點。

實行集中的目的是為了盡可能的使用所有人的才能。如果領導者的能力非常強大的話，他可以大大的加強集中，相反的話，則需要加大分權的力度。

9. 等級制度

等級制度是組織的高權力機構直至低權力機構的領導序列，是組織內部傳遞資訊和資訊回饋的正常管道，依據這條管道來傳遞資訊，對於各層統一指揮是非常重要的，但它並不是最迅速的途徑。如果企業的規模很大，這樣做會影響速度和效率。為了解決這個矛盾，法約爾還專門設計了一個「跳板」，後來稱為「法約爾橋」。以便使得組織中的不同等級管道中相同層次的人員，在相關上級同意的情況下直接聯絡。

如果在不必要的情況下，就離開等級管道，則是錯誤的；如果遵循了等級管道而得到的結果是對企業有害的，則是一個更大的錯誤，而且這個錯誤在某些情況下可能是極其嚴重的。

10. 秩序

在社會上，每個人都有他自己的位置，每個人都在他自己的位置上。為了能建立一個企業的社會秩序，按照定義，應該使每個人都有一個位置，每個人都在指定給他的位置上。完善的秩序要求位置適合於人，人也適合於他的位置，即做到「合適的人在合適的位置上」。

社會秩序要求對企業的社會需求與資源有確切的了解，並且保持兩者之間的平衡。當平衡被破壞時，人們為了追求個人利益而忽視整體利益時，要恢復秩序，需要很大的才能、毅力和恆心。

11. 公平

公平主要是從人性的、道德的角度考慮，它反對極端的差距。

在對待所屬人員時，應該特別注意他們希望公平、希望平等的願望，這樣下屬容易感到公平。當員工感到不公平時，容易產生不滿，降低工作積極度。

12. 人員穩定

指的是人員安排上的秩序要保持和每個工作職位上要有固定人數相對應，這樣做的目的是為了保持企業生產經營的正常狀態。

一個人要適應新的工作不僅要求具備相應的能力，而且也要給他一定的時間來熟悉這項工作。因為經驗的累積是需要時間的，如果這個熟悉的過程尚未結束便被指派從事其他的工作，那麼，其工作效率就會受到影響。法約爾特別強調，這項原則對於企業管理人員來說是尤其重要的。

一般來說，繁榮的企業的主管人員是穩定的，而那些較差的企業的主管人員是常變換的。這種不穩定同時是企業不景氣的原因與結果，培養一個大企業的主管，一般來說花費是很大的。

13. 開創精神

開創精神是指人在工作中的主動性和創造性。這種精神是企業發展的原動力，是市場競爭的必然要求，想出一個計畫並保證其成功是一個聰明人最大的快樂之一，也是人類活動最有力的刺激因素之一。這種發明與執行的可能性就是人們所說的開創精神，建議與執行的自主性也都屬於開創精神。如果其他情況都一樣的話，一個能發揮下屬人員開創精神的主管要比一個不能這樣做的主管高明得多。

14. 人員的團結

法約爾有句話：「團結就是力量。」企業的主管人員必須好好的想想這句話。同心協力是最大的力量，管理人員應避免使用可能導致分裂的方法。例如多用口頭聯絡，少用書面聯絡。口頭的、面對面的交流有助於增強團結，促進他們之間更加相互了解。

在今天看來，法約爾的主張實在是太平凡了，未曾系統化學習過管理理論的人也會覺得一般管理理論沒有什麼了不起的，因而常被看作是極其一般的東西。

然而，正是由一般管理理論才淬煉出管理的普遍原則，使管理得以作為可以基準化的職能，在企業經營乃至社會生活的各方面發揮著重要作用。

時至今日，法約爾的一般管理思想仍然閃耀著光芒，其管理原則仍然可以作為我們管理實踐的指南。

經典語錄

使每一個人都有他的位置，每一個人都在他的位置上工作。

管理職能只有透過組織才能貫徹；其他職能利用的是原料和機器，而管理職能只對人產生作用。

個人利益服從整體利益。這項原則說明這樣一個事實，在企業中，雇員個人或雇員群體的利益不應高於企業利益之上，集體利益應先於其成員的利益，國家利益應高於公民個人或公民群體的利益。

團結就是力量。企業的主管人員必須好好的想想這句話。人員的報酬是其服務的價格，應當合理，並盡量使企業與其中的人員都滿意。

管理巨匠觀點

《工業管理和一般管理》是管理學發展史上的重要文獻，其最大的貢獻在於提出的「一般管理理論」，成為管理學中的過程學派的理論基礎，所謂「過程學派」，是指管理學中以過程為主要強調對象的一個學派。

這本書的出版得益於法約爾在企業中的長期工作經驗，可以說它是法約爾對這些經驗在理論上的總結和歸納。當時法約爾正是福爾尚布採礦冶金公司的總經理。該公司是一個大型企業，擁有完善的管理系統和生產系統。法約爾以該公司的管理結構為藍本，寫成了這本書。

這本書在內容上分為兩個明顯的區塊，第一部分提出了企業的六種職能，第二部分提出了管理職能的十四項活動原則。

企業在生產經營活動中具有不同的職能，對於不同的職能、企業呈現出來的角色形象是不一樣的，作者將這些職能分為六部分，即技術活動、商業活動、財務活動、安全活動、會計活動以及管理活動。很顯然，這六種職能並不是相互割裂的，它們之間實際上是相互關聯、相互配合，共同組成一個有機系統來完成企業生存與發展的目的。技術活動指生產方面的系列活動，有生產、製造和加工三種具體活動；商業活動指流通方面的系列活動，比如購買，銷售等；財務活動考慮的是如何累積資本和利用資本，實現最少投資最大產出；安全活動要求確保財產安全和企業員工的人身安全；會計活動包括整理財產、計算成本等方面的活動；管理活動包括計劃、組織、協調等方面的活動。

企業員工作為上述六種職能的具體執行者，由於各個職能都需要具有相關方面的才能，所以必須具備這些能力才能勝任上述職能。作者指出，在一個企業中，職位的高低與技術能力的要求的高低成反比，即職位越高，技術能力要求越低，甚至於不需要，但職位的高低與管理能力的要求的高低成正比，比如對工人而言，他們可以沒有管理能力，但必須在技術方面很熟練，對總經理而言，他們可以對技術知識了解得很少，但必須懂得如何管理。

由於企業中的員工從事於企業的不同職能部門，需要一定的才能與職務相符合，而他不可能生而知之，同時還因為企業內部時常進行人事調整引起職務變化，這些都需要對企業員工進行新的培訓，使之能適應或勝任自己將要從事的工作。在這裡作者主要強調對企業員工的管理能力方面的培訓和教育，並指出這方面的培訓需要有完整系統的管理理論作為指導，這樣才會快速有效的培養出真正的管理人才。

本書第二部分裡作者提出了管理的原則和要素，包括以下十四點：勞動分工、權力與責任、紀律、統一指揮、統一領導、個人利益從屬於整體利益、員工報酬、集中、等級、秩序、公平合理、人員穩定、開創精神以及團結合作。

① 關於勞動分工，作者強調它適用於各種工作。

② 關於權力與責任，作者指出二者密不可分，享受權力則要承擔責任，承擔責任也需要享受權力。

③ 關於紀律，作者認為紀律是在協商基礎上，員工對企業的服從。顯然紀律是不可或缺的，它是維繫企業生存發展的一個根本。

④ 關於統一指揮，強調的是指揮上的唯一性，作為下屬員工，既要聽從指揮，同時也只能聽一個領導者指揮，反對盲目指揮。

⑤ 關於統一領導，和統一指揮一樣，強調只能有一個領導者或一項計畫。這樣可避免權力分散，也防止因此而造成的損失。

⑥ 關於個人利益從屬於整體利益，這是很明顯的道理，個人利益一旦損害集體利益，最終仍會損害自己的利益，因為兩種利益休戚相關，而且集體利益重於個人利益。因此要反對愚昧和自私、反對個人主義。

⑦ 關於員工報酬，作者指出員工應當獲得與其付出相符合的報酬，一旦員工得不到應得報酬，就會失去積極度，從其他角度上講，都是不合理的，違背了上述的權力和義務的原則。

⑧ 關於集中，它是管理制度中必然存在的現象，是不可缺少的，雖然它本身並不重要。

⑨ 關於等級，它是必然存在於企業內部的，當然這裡所指的等級是指職務的高低，權力由此序列安排，資訊由此序列傳遞，缺乏等級，就缺少了企業運作中的主要神經系統，就好像人體缺少了脊椎一樣，企業就會陷入癱瘓狀態。

⑩ 關於秩序，指的是人要各盡其能，物要各盡其用，在事物內在關係的基礎上，個人都有其自己恰當的位置，不可逾越，也不可對他人推託；關於公平，它主要是從人們的角度考慮的，從道德的角度考慮的，它要求反對極端差距，盡力維持企業與員工，員工與員工之間的某種相互接受的均衡狀態；員工穩定主要指的是人員安排上的秩序要和每個工作職位上固定的人數相對應，它最終實現的目的是保持企業生產經營的正常狀態；關於開創精神，它是企業發展前進的原動力，是市場競爭的必然要求，對一個聰明的員工來說，它是最大的快樂所在，這種快樂是人類成長的因素；關於團結精神，它追求的是企業內部的和諧氣氛和團結，團結才會產生力量，缺乏團結，就失去了企業發展的動力，最終會一事無成。法約爾把自己的實踐經驗總結為上述內容，可以說對管理學的發展功不可沒。

法約爾接下來指出了管理的五大職能，這五大職能是管理工作必不可少的，它們之間相互關聯，密切配合。

① **計劃**。這項指的是企業根據自身的資源、業務的性質以及未來的趨勢訂出企業發展的步驟及具體措施計畫。計畫規定的是企業發展的方向和脈絡，其重要性可想而知。

② **組織**。好的計畫需要有好的組織。組織是對企業計畫執行的分工。

③ **指揮**。計畫執行也需要有統一的指揮，以確保計畫被合理的執行，產生高效率。

④ **協調**。對於執行計畫的各部分，多多少少會出現新衝突，管理活動就要對此加以協調，保證計畫的順利實施。

⑤ **控制**。控制是一個整體概念，既要對計畫執行過程中的方向、程度進行調控，也要對計畫執行結果進行反思和整理，比如，可採取統一性、持續性、靈活性、準確性這四個原則對計畫的執行結果進行評判，確定優劣好壞。

作者接著指出，企業組織作為一種社會組織，它的管理任務是很多的，而且必須完成一些自身的義務性的管理任務，比如企業要考慮自己新制定的計畫的可行性和執行力度，計畫不成熟，最終會釀成大禍；計畫執行不力，也是等於空費人力物力。比如，要建立的領導組織是否真的做到統一領導，有效領導。領導的作用是重要的，做不到統一而有效的領導，企業無法集中精力進行生產經營，這樣的例子很多，作為企業的管理任務，它包括了管理方面的各個層面。單就員工而言，就要考慮員工是否能服從命令，是否被合理的分配到不同的工作職位，是否鼓勵他們發揚開創精神，是否給予他們合理而公平的工作報酬，是否對他們的過失和錯誤予以懲罰，是否遵守公司紀律等等，對領導層面而言，要考慮是否做出了明確的計畫，是否做出了準確的決策，是否有效的安排員工，是否注意到統一指揮，以及是否有官僚主義和形式主義等的傾向。這些管理任務的多樣性和複雜性，隨著企業的規模增大而不斷加重。

作者對企業的規模按等級進行了不同的分類：個體企業是最小規模的企業，可以僅有一個工人；小企業稍大一點，有幾個工人，但領導者僅有一個；然後工人數上升到十個幾十個，領導階層也出現了中間領導者。這些中間領導者向下執行對工人的領導，向上則對企業老闆執行命令，比如工頭、工廠主任等職務的人就是中間領導者。法約爾認為，一個有效的組織並不是簡單的集中一些員工，分配一些任務給他們，關鍵在於要做到人盡其才，物盡其用。適合於技術活動的人如果被安排做會計事務，顯然是不合適的，這個人也不會發揮出良好的會計水準，但並不能說他對企業是無益的而解僱他，相反的，如安排到從事技術方面的工作，他必定是一個好員工。這種現象普遍存在，原因就在於管理者對員工不夠了解，或者說管理者僅僅執行了一條簡單的路線。

存在這種管理簡單化或管理失算的原因，在於管理教育的貧乏。在現實社會中，人們對管理教育的重視程度顯然是不夠的。在各種學校教育中，人們忽視或輕視了管理教育的作用，使管理教育在整個學校教育中的比重很小，根本滿足不了企業發展過程中對各類管理人才的要求。而作為學校裡的學生，也應當自覺加強對管理學習的認識，自覺培養自己管理方面的能力，善於思考，不斷進取。法約爾指出，對工科學生而言，既要學好專業知識，養成專業素養，也要認知到管理能力的重要性，強調管理能力其實比技術能力更加重要。

法約爾在最後對指揮、協調、控制這三個管理要素進行了重點評述，對指揮工作進行了具體的分工，強調協調是企業經營獲得成功的保證，強調控制在於及時指出工作中的錯誤，及時糾正並不再重犯。

控制工作對大企業而言，是相當複雜的，應當由專門成立的機構來執行。

延伸品讀

法約爾著作中含有一些可能招致誤解的矛盾觀念，儘管他要求企業員工要有明確的等級差別，而他又明確指出：「管理既不是一個排他的特權，也不是組織領導者的特殊責任，它是組織所有成員共同的行為。」

一方面，他認為管理是一門極普遍的學科，適用於所有的部門；另一方面，作為一個實踐者，他相信：「在管理事務中，沒有絕對的方法存在，我們很少在相同的情況下重複應用相同的方法，情況改變了，我們對事物的考慮方式也要改變。」人們對法約爾著作的興趣之一，來自於法約爾自身好像也沒有完全搞清楚他是一個管理萬能論者，還是一個實用論者，是一個現實組織的編纂者，還是一個解釋者。

科學管理之父
——腓德烈·泰勒

管理巨匠檔案

全　名　腓德烈·泰勒（Frederick W. Taylor）

國　別　美國

生卒年　西元 1856-1915 年

出生地　美國賓夕法尼亞州傑曼頓

經典評介

腓德烈 · 泰勒，美國著名發明家和古典管理學家，科學管理的創始人，被尊稱為「科學管理之父」。湯姆 · 彼得斯曾說：提到泰勒的科學管理，很多管理者都會產生出一種過時的印象，但是從實踐角度看，它的教義和技術仍然支配著當今的工作設計，其背後的心理假定仍然影響實踐者們。

管理巨匠簡介

泰勒，西元 1856 年 3 月 20 日出生於美國賓夕法尼亞州傑曼頓的一個富有的律師家庭。泰勒在法國和德國的學校念過書，後來考上哈佛大學法律系。但由於他十分刻苦，視力和聽力受到了損害，所以，最後不得不輟學。離開哈佛大學後，他進入費城恩特普賴斯水壓工廠的金工工廠當模型工及機工學徒。

西元 1878 年進入費城米德威鋼鐵廠當一名普通工人。由於工作努力，泰勒升為職員，後又被提拔為機工班長、工廠領班、廠總技師，這中間只經過了六年時間。工作中，他參加了紐澤西州的史蒂文斯理工學院業餘學習班學習，於 1883 年獲得紐澤西州史蒂文斯理工學院的機械工程學學士學位，1884 年升任米德威鋼鐵廠的總工程師。到米德威工廠當工人的時候，泰勒已經真正開始觀察有關管理方面的問題了。他發現許多工人在工作時都有怠工、使工作效率低下的現象，這種現象引起了他的強烈關注。

為了改進管理，他在米德威鋼鐵廠進行各種試驗，對工人偷懶怠工造成產量不高的原因進行了研究和分析。後來他開始進行工時研究的工作，希望為建立工作標準提供可靠的科學依據。同時，泰勒提出了「差別計件薪資制」。

泰勒西元 1890 年擔任一家機械製造投資公司的總經理。1893 年，他辭去這家公司的工作，開始獨立創業，並親自從事管理諮詢顧問的工作。

西元 1898-1901 年期間，他受僱於賓夕法尼亞的貝瑟利恩鋼鐵公司從事管理諮詢方面的工作。在大量試驗的基礎上，逐漸形成了他的科學管理的思想。從貝瑟利恩鋼鐵公司退休後，泰勒開始透過撰寫文章和發表演講來宣傳他的科學管理制度。

1902 年獲伊里亞德．克雷森獎，1906 年任美國機械工程師學會主席和賓夕法尼亞大學榮譽博士。

1903 年開始，他每週都去哈佛大學講課。

1915 年，泰勒去世，享年 59 歲。

代表著作

* 1886 年，在美國機械工程師學會學報上發表《西門子製造廠中用於井式爐中熔解的火煤氣和煤氣的相對價值》。
* 1895 年，在同上學報上發表《計件薪資制》。
* 1903 年，在同上學報上發表《工廠管理》。
* 1906 年，在同上學報上發表《論金屬切削的技巧》。
* 1909 年，在《西布利工程雜誌》上發表論文《製造業者為什麼不喜歡大學畢業生》。
* 1911 年，在《美國雜誌》上發表《效率的福音》。
* 1911 年，《科學管理原則》在紐約哈珀兄弟出版公司出版。

管理智慧

泰勒的試驗

搬運鐵塊的實驗

西元 1898 年，泰勒從伯利恆鋼鐵廠開始他的實驗。這個工廠的原物料是由一組日薪工人搬運的，工人每天賺一美元十五美分，這在當時是標準薪資，每天搬運的鐵塊重量有十二至十三噸，獎勵和懲罰工人的方法就是找工人談話或者開除，有時也可以選拔一些較好的工人到工廠裡做等級工，並且可得到略高的薪資。後來泰勒觀察研究了七十五名工人，從中挑出了四個，又對這四個人進行了研究，調查了他們的背景習慣和抱負，最後挑了一個叫施密特的人，這個人非常愛財並且很小氣。泰勒要求這個人按照新的要求工作，每天給他一美元八十五美分的報酬。透過仔細的研究，使其轉換各種工作因素，來觀察他們對生產效率的影響。例如，有時工人彎腰搬運，有時他們又直腰搬運，後來他又觀察了行走的速度，持握的位置和其他的變數。透過長時間的觀察試驗，並把勞動時間和休息時間很妥善的搭配起來，工人每天的工作量可以提高到四十七噸，同時並不會感到太疲勞。他也採用了計件薪資制，工人每天搬運量達到四十七噸後，薪資也升到一美元八十五美分。這樣施密特開始工作後，第一天很早就搬完了四十七噸半，拿到了一美元八十五美分的薪資。於是其他工人也漸漸按照這種方法來搬運了，勞動生產力提高了很多。泰勒把這項試驗的成功歸結為四個核心點：

（一） 精心挑選工人。

（二） 讓工人了解到這樣做的好處，讓他們接受新方法。

（三） 對他們進行訓練和幫助，使他們獲得足夠的技能。

（四） 按科學的方法工作會節省體力。

泰勒相信，即使是搬運鐵塊這樣的工作也是一門科學，可以用科學的方法來管理。

鐵砂和煤炭的挖掘實驗

早先工廠裡工人工作是自己帶鏟子。鏟子的大小也就各不相同，而且鏟不同的原料時用的都是相同的工具，那麼在鏟煤沙時重量如果合適的話，在鏟鐵砂時就過重了。泰勒研究發現每個工人的平均負荷是二十一磅，後來他就不讓工人自己帶工具了，而是準備了一些不同的鏟子，每種鏟子只適合鏟特定的物料，這不僅使工人的每鏟負荷都達到了二十一磅，而且也讓不同的鏟子適合不同的情況。為此他還建立了一間大倉庫，裡面存放各種工具，每個的負重都是二十一磅。同時他還設計了一種有兩種標號的卡片，一張說明工人在工具房所領到的工具和該在什麼地方工作，另一張說明他前一天的工作情況，上面記載著工作的收入。工人獲得白色紙卡片時，說明工作良好，獲得黃色紙卡片時就意味著要加油了，否則的話就要被調離。將不同的工具分給不同的工人，就要進行事先的計畫，要有人對這項工作專門負責，需要增加管理人員，但是儘管這樣，工廠也是受益很大的，據說這一項變革可為工廠每年節約八萬美元。

泰勒因這項實驗提出了新的構想：

（一）將實驗的方法引進經營管理領域。

（二）計畫和執行分離。

（三）標準化管理。

（四）人盡其才，物盡其用，這是提高效率的最好辦法。

金屬切削實驗

在米德威公司時，為了解決工人的怠工問題，泰勒進行了金屬切削試驗。他自己具備一些金屬切削的作業知識，於是他對車床的效率問題進行了研究，開始了預期六個月的試驗。在製車床、鑽床、刨床等工作時，要決定用什麼樣的刀具、多大的速度等來獲得最佳的加工效率。這項試驗非常複雜和困難，原本預定為六個月，實際卻用了二十六個年頭，花費了巨額資金，耗費了八十多萬噸鋼材。最後在巴斯和懷特等十幾名專家的幫助下，獲得了重大的進展。這項試驗還獲得了一個重要的副產品——高速鋼的發明並獲得了專利。泰勒的這三個試驗可以說都獲得了很大的成功。正是這些科學試驗為他的科學管理思想奠定了堅實的基礎，使管理成了一門真正的科學，這對以後管理學理論的成熟和發展，產生了非常大的推動作用。

科學管理精要

1911 年，泰勒的《科學管理原則》的出版，在西方管理思想史上具有劃時代的意義，它標誌著西方管理科學的誕生，也標誌著資本主義國家由經驗管理向科學管理的轉變。這本書不僅提出了許多科學管理的思想和方法，而且還闡述了許多管理思想。概括起來，泰勒科學管理的內容可分為三個方面：作業管理、組織管理和管理哲學。

作業管理

作業管理是泰勒科學管理的基本內容之一，它由一系列的科學方法組成。

首先，制定科學的工作方法。泰勒認為科學管理的中心問題是提高勞動生產力。他在《科學管理原則》一書中指出，人的生產力龐大成長的事實標誌著文明國家和不文明國家的區別，標誌著我們在這一兩百年的顯著進步。科學管理的根本如同節省機器一樣，其目的在於提高每一個單位的勞動產量，提高勞動生產力。人的潛力是龐大的，透過制定各種標準，並用它們指導生產、改進生產管理。泰勒認為，科學管理是多種要素的結合。他把知識收集起來加以分析組合並歸類成規律和條例，於是形成了一種科學。

其次，制定培訓工人的合理方法。為了挖掘人的潛力，必須做到人盡其才。每個人具有不同的潛能，適合不同的工作。為了最大限度的提高勞動生產力，必須挑選合適的人，同時還要最大限度的挖掘他的潛力。要訓練員工的技能，教他們合理的工作方法，透過培訓，員工掌握了新的工作方法，這更有利於提高工作效率。

最後，實行激勵性的報酬制度。泰勒對以前的薪資方案和管理方式是不滿意的，認為那些不能很理想的激發員工的工作積極度。他在西元 1895 年提出的差別薪資制讓員工做得越多，收入越高，員工的積極度高多了，生產效率也得到了很大提高。另外，泰勒創立了工業工程（IE）學說。學說中豐富的理論、技術和方法是現代企業管理的法寶。泰勒也發明並推廣了流水生產線，這一生產模式已被全世界採用。物質在人類生活中極為重要，如果沒有物質文明，就不會有人類的其他文明。那麼，流水生產線為人類物質文明的形成和人類物質文明的極大豐富，做出了很大貢獻。

組織管理

泰勒對組織管理的貢獻是龐大的。

其一，他把計劃職能和執行職能分開，改變了憑經驗工作的方法，代之以科學的方法來保證管理任務的完成。在傳統的管理中，生產中的工作責任都推到工人身上，而工人則按照自己的習慣和經驗來進行工作，工作效率由工人自己決定。因為這與工人的熟練程度和個人的心態有關，若要實現最高效率，必須用科學的方法來改變。要用科學的方法找出標準，將這個標準規範化，並在工作中實行，這就需要專門的人來負責，因為工人都是不可能完成這一工作的，他們沒有這方面的經驗和知識，而且他們也會把標準定得非常低，這是不合理的。所以就必須把計劃職能和執行職能分開。計劃職能歸管理單位，並設立專門的計劃部門來承擔。計劃部門從事全部的計劃工作，並對工人發布命令，其主要任務是：

（一） 進行調查研究並以此作為確定定額和操作方法的依據。

（二） 制定有科學依據的定額和標準化的操作方法工具。

（三） 擬定計畫、發布指令和命令。

把標準和實際情況進行比較，以便進行有效的控制。在現場工作中，工人或工頭從事執行的職能，按照計劃部門制定的操作方法的指示，使用規定的標準工具，從事實際操作，不能僅憑自己的經驗來工作。泰勒把這種管理方法作為科學管理的基本原則，這也使得管理思想的發展向前邁進了一大步，將分工理論進一步拓展到管理領域。

其二，泰勒為組織管理提出了一個極為重要的原則 —— 例外原則。所謂例外原則，就是指企業的高階管理人員把一般日常事務授權給下屬管理人員負責處理，而自己保留對例外的事項 —— 一般也是重要事項的決策權和控制權，如重大的企業策略問題和重要的人員更替等。這種原則至今仍然是管理中極為重要的原則之一。

其三，泰勒的功能領班制是根據工人的具體操作過程進一步對分工進行細化而形成的。由於每個人不可能具備全部的能力管好工人的全部作業工作，這些能力有：腦力、教育、技術知識、機智、精力充沛、毅力、誠實、判斷力和良好的健康狀況，因此泰勒設計出八種領班，每一個人承擔一種管理職能。這八種領班，四個在工廠，四個在計劃室。

管理哲學

科學管理是一種改變當時人們對管理實踐重新審視的管理哲學。

正如泰勒宣稱，科學管理在實質上包含著要求在任何一個具體的機構，或者工業中工作的工人，進行一場全面的心理革命，也要求管理人員進行一場心理革命。沒有這樣的心理革命，科學管理就不存在。這正是泰勒科學管理的精神內涵。管理者和被管理者應該從剩餘分配上轉移開，轉到增加剩餘價值上來，這樣會有更大的社會效益，當生產力大幅度提高時，他們就不會再計較怎麼分配了。科學管理實際上是一種轉變人性的管理 —— 將人的思想從小農生產上轉移到現代社會化大型生產，這是一場偉大的革命。應該用強制性的硬性的標準來保證這種轉變，同時這種革命也應該漸進的進行，採取工人更容易接受的方法，不可一蹴而就。泰勒的這種思想是一個全面的劃時代的變革。他以自己在工作中的實踐和經驗，打破了以往的傳統的經驗主義，將科學引入到管理中，正如美國管理學家彼得·杜拉克指出的那樣：「科學管理是一種關於工人和工作系統的哲學，整體來說它可能是自聯邦主義文獻以後，美國對西方思想做出的最特殊的貢獻。」

泰勒的另一項主張是將管理的職能從企業生產職能中獨立出來，使得企業開始有人從事專職的管理工作。這樣就進一步促進了對管理實踐的思考，為管理理論的進一步形成和發展開闢了道路。同時，泰勒制定的現場作業管理方法，在實際的生產組織管理中獲得了顯著的效果。

當然了，這個理論也有一定的局限性，他研究的範圍較窄，側重於生產作業管理，對其他方面如財務、銷售等沒有涉及。由於採取了科學管理的作業程序和管理方法，推動了生產力的發展，使企業生產效率提高了許多倍。因此，科學管理在當時的美國和歐洲受到了非常熱烈的歡迎。

泰勒的科學管理方法

推行定額管理

在當時美國的企業中大多推行經驗管理，資本家並不知道一個工人能做多少工作，資本家想讓工人多做一些，工人則想少做一些工作而多拿薪資，很多人用怠工來消極抵抗，這樣下來使得勞動生產力很低。作為由普通工人升遷上來的管理者，泰勒了解這種情況，為了改變這種情況，他把定額管理作為管理科學的主要措施，主要貢獻有：提出企業需要設定一個制定定額的部門或者機構，這不僅有利於管理，在經濟上也是很划算的。透過各種測試和測量，進行勞動動作研究和工作研究，確定工人的合理工作量，即工人的勞動定額。根據定額的完成情況，實行差別計件薪資制，使工人的勞動量與薪資緊密連結。

實行了定額管理後，許多企業的管理都大有改觀。為此，在《計件薪資制》一書中，泰勒說：「這個定額的工作制度，在過去的十年中已經成功的在各種工廠推行。經過我利用一切可能的機會對此進行了一年後，證明這個制度是成功的。從此，設定了一個制定定額的機構，之後一直由這個機構提供計件薪資率。」

實行差別計件薪資制

在差別計件薪資制之前，泰勒詳細研究了當時的薪資制，如，日薪資制和一般計件薪資制。經過研究後，他發現現有薪資制的主要缺陷是不能激發工人的積極度。例如實行日薪資制時，薪資按職位發放，這樣容易產生平均主義，大家都會把工作水準拖到中等以下的水準，勞動生產力很低。又如傳統的計件薪資制雖然在一定的範圍內會多勞多得，但是超過一定的範圍，就只能獲得很少的增加了。這樣管理者雖然很想要工人增加產量，但工人則會控制他們的勞動速度。在分析了這些弊端後，泰勒提出了自己的差別計件薪資制，這個制度包括三方面的內容：設定專門的制定定額的部門，運用科學的方法制定合理的勞動定額和恰當的薪資率。制定差別薪資率，對同一個工作，設定兩個薪資率。能夠確保完成品質和數量者，使用較高的薪資率，否則使用較低的薪資率來計算薪資。例如定額為十件，薪資每件一元。完成的薪資率為 120%，未完成的按 80%。如果工人完成，得到的薪資為：10×1×120%＝ 12；如果工人只完成了九件，得到的薪資為：9×1×80%＝ 7.2。薪資付給工人而不是付給職位，即工人的薪資按照他的貢獻來確定，而不是按照他所處的職位來計算。要鼓勵員工有上進心，對他們準時上班、出勤率、快捷、誠實等方面做出紀錄，根據這些對他的薪資進行適當的調整。

這種薪資制度可以很理想的發揮員工的積極度，有利於提高勞動生產力，使員工多勞多得，且更加公平。

努力挑選第一流的工人

挑選一流的員工是泰勒提出來的企業人事管理的一項重要原則。一流的工人，就是那種既適合又願意做的工人，那種雖然能力很好但不願意做這種工作的人，不是一流的員工。泰勒指出「健全的人事管理的基本原則，就是使工人的能力與工作相符合」。所謂挑選第一流的員工，就是指在企業人事管理中，要把合適的人安排在合適的職位上。只有做到這一點，才能充分發揮人的潛能，才能促進勞動生產力的提高。泰勒也認為，企業要挑選合適的人才，並且有責任培訓員工，增加他們的工作技能和熟練度，管理者也要了解每一個工人的性格和工作表現，發現他們發展的可能性，並逐步的訓練他們，為他們提供發展的機會。挑選好的員工這一原則是對任何管理都普遍適用的。所以在進行搬鐵塊試驗後，泰勒指出：「現在可以清楚的是，甚至在已知的原始的工種上，挑選好的員工也是一種科學。」

實現工具標準化和操作標準化

在經驗管理時代，對工人在勞動中使用什麼樣的工具沒有統一的標準，全憑師傅的經驗摸索。泰勒認為，在科學管理的情況下，要用科學知識代替個人經驗，一個很重要的措施就是實施工具標準化、操作標準化、勞動動作標準化、勞動環境標準化等標準化管理。管理人員的任務就是要對以往長期的經驗做總結，將它們概括為一定的標準，然後將這些標準在工廠中推行。只有使用標準化，才能使工人勞動更有積極度，更加合理的衡量他們的勞動成果。

泰勒不僅提出了實行各種標準化的主張，而且也為標準化的制定做出了實際的貢獻。例如在搬鐵塊的試驗中，他得出了一天可以搬四十七噸半的結論。這為標準化的制定提供了科學的依據。

將計劃職能和執行職能分開

泰勒認為，在舊體制下，工人憑他們的經驗來勞動，而在新體制下，工人要按照合理的標準來勞動，這就需要有一個人事先做好計畫，讓工人來執行。為此，泰勒提出了「劃分資方和工人之間的工作和職責」，提出計劃和執行分開的原則，在企業中設立專門的計劃機構。工人每天的工作至少在一天前就有人設計好了，大多數情況下，工人會收到書面指示，其中包括他的任務和工作方式。工人只要按照計畫執行就行了。

經典語錄

科學管理超過積極性加刺激性管理的第一個優點，是能不斷的獲得工人的主動性 —— 工人們的勤奮工作、誠意和才能；而在採用最好的舊式管理方法時，只能偶然的不大經意的得到工人們的積極度。

不論何時，在何種機構，不論工廠是大還是小，不論工作是最一般的還是最複雜的，正確的運用科學管理的四個原則，都將獲得效果。不但比舊式管理所能得到的效果大，而且要大得多。

能夠獲得工人們的積極度只是科學管理優於舊式管理方式的兩個理由中，比較次要的一個。科學管理的更大的優點是企業中龐大的、非常繁重的新責任與負擔，都是由管理方面自覺承擔起來。

有人對使用「科學」這個詞，提出尖銳的反對，我覺得可笑的是，這些反對者的大多數，是來自我們這個國家的教授們。他們對隨便使用這個詞 —— 甚至用在日常生活瑣事中，表示十分反感。

管理巨匠觀點

第一本書是《計件薪資制》。這本書的重點在於強調實行「工作定額和差別薪資制」，以替代長期以來實行的普通的計件薪資制；計件薪資制是各大企業常用的方法，是指按產品數量來確認員工業績。但泰勒指出，這種管理方法存在著許多缺點，首先，它不能提高生產效率，表現為有能力者的積極度未能得以充分發揮，而沒能力者會有不滿情緒；其次，它會導致雇主與工人間的矛盾，因為計件薪資制讓雙方都不能真正的滿意。

泰勒宣揚的「工作定額和差別薪資制」的內容是：工作定額是指將工作過程中的每一個細節性的動作按所需時間標準化，也就是說，把工作所需時間細分到每一個具體的動作。差別薪資是指工作定額後，在對工人的薪資付出上實行差別對待，具體說就是對工作水準高的工人報酬就高，反之，水準低的工人只能得到較少的報酬。比如說對某一個基本動作，工作定額後確定完成它需要三分鐘，而有些工人兩分鐘就能按品質標準完成，那麼他就應得到更高的報酬，因為在十二分鐘裡可完成六次，另外也有些工人需四分鐘才能完成，十二分鐘裡只能完成三次，那麼他們所得報酬只能是前者的一半。這種管理方法可促使每個工人自覺的提高自己的工作效率，並且可以解決因分配不清楚，而帶來的雇主與工人之間的矛盾，以及工人內部的矛盾。

第二本書是《工廠管理》。這本書的重點是討論評價工廠管理品質的標準，主張以高薪資和低成本結合起來作為衡量標準，在實踐上其實還是主張工人盡最大努力工作，當然，雇主也得參與進來。關於工廠管理品質的衡量標準是眾說紛紜的，在第一本書裡泰勒就對兩種管理制度進行了評價和比較，但是否管理制度就直接影響到管理的品質呢？泰勒指出，管理制度的差別不是管理品質的衡量標準，因為任何一種管理制度都有自身的優缺點，而不同的工廠，具體情況又不同，所以兩者結合後情況更為複雜，一種管理制度也許適合某一工廠，但未必適合於其他工廠。泰勒認為衡量標準只能解決雇主與工人之間的矛盾。雇主追求的是低成本，工人追求的是高薪資，而工人的薪資是雇主投入的成本的一部分，顯然兩者存在著衝突。但這個衝突不是固定不變的，可以化衝突為動力，和諧的解決它。實際上兩者之間存在著關聯。高薪資可以按照相對原則實施，即高薪資是相對的，工作效率高的工人自然可以得到高薪資，而工作效率低的工人卻不可以，這與第一本書所強調的宗旨是一樣的，這樣做就可以增強工人勞動的積極度，工作品質和產品數量自然就會普遍增加，工廠就可在市場競爭中獲得更多利潤，低成本也就可以自然而然的實現。

在實施這個衡量標準中，必須要解決一些細節問題，比如怎樣準確評價工人勞動的高效率。不同工人適合不同的工作，因此雇主首先要學會人盡其才，人盡其能。其次，必須對完成每項工作所需時間有一個確切的定額。如果這項工作沒做好，對工人的工作效率高低就沒有確定的評價。這是每個雇主必須注意的問題。

第三本書是《科學管理原則》。在這本書中，泰勒全面詳細的闡述了他所提出來的科學管理原則理論的基本內容和基本原則。泰勒指出，科學管理原則的最大特點在於「科學」二字，其含義是指提高生產效率而又不增加雇主和工人的工作量，從而使雙方都可從中受益並獲得精神上的動力。這個原則注重的是觀念上的改善，體制上的轉變。因為人們在隨時隨地所做的任何一件事都不符合「科學」，其結果是費力而不討好，作為雇主，浪費了資本和勞動力，作為工人，他們的勞動力價格也未能完全實現。所以，必須有一種新的管理機制來取代舊的，這種新的管理機制必須能迅速提高工作效益，節約勞動成本。「科學」的含義也在於它建立的是一種新的管理體制，作為這樣一種體制，其特點在於能實現相互監督，相互促進的作用，能保證每個工人都自覺發揮自身最大潛力去工作，並確保每個工人的報酬是與他的工作成果緊密相連的，在管理階層也不會有獨裁現象，力爭做到公平、合理。這樣也就避免了個人英雄主義，用現代人的話來說，是用法治來代替人治。作為這樣一種合理而又適用的先進管理理念，其價值是不可低估的，它所改變的也自然不僅僅是某個人的行為或表層上的一個組織的動作，而是從思維上剔除人們的舊觀念，注入新觀念。這個新理論的作用是明顯的，在許多工廠裡都被採用並獲得了良好的效果。

泰勒的科學管理原則，無疑是一門既新穎又實用的科學。它並不是脫離實際的，它的內容裡所涉及的各個方面都是以前各種管理理論的總結，它與所有管理理論一樣，都是為了提高生產效率，但它是最成功的。它堅持了競爭原則和以人為本原則。競爭原則表現為替每一個生產過程中的動作建立一個評價標準，並以此作為獎懲工人的標準，使每個工人都必須要達到一個標準並不斷超越這個標準，而且越遠越好。於是，隨著標準的不斷提高，工人的進取心就永不會停止，生產效率必然也跟著提高。以人為本原則表現為這個理論是適用於每個人的，它不是空泛的教條，是實實在在的，是以工人的實際工作中的較高水準為衡量標準的，因此既可使工人不斷進取，又不會讓他們認為標準太高或太低。以人為本是科學發展的一個趨勢，呆板或愚昧最終會被淘汰的。科學管理理論很明顯是一個綜合概念。它不僅僅是一種思想，一種觀念，也是一種具體的操作規則。

泰勒在此提出了四項科學管理的原則，這是對具體操作的指導：

第一，總結經驗，編為規則。它所要達到的目的，一是對工人經驗加以歸納總結，實現實踐性，以避免空泛的理論；二是編為規則後，個人經驗不再是工人工作的原則，用規則去使工人的活動統一化、規範化。

第二，發現人才，培養人才。不同的工人有不同的特點，也有不同的性格。管理者要留心觀察，掌握每個工人的性格，發現其優點；為每個工人制定合理的發展計畫並透過各種幫助完成其計畫，既可使工人成長，又可為工廠帶來效益，減少浪費現象。

第三，科學選擇，科學培養。這是第二個原則的具體化。為每一個工人挑選發展計畫並按計畫培養，需要堅持科學的方法，這同樣是由不同工人的性格、特長不同所致。這是一個長期的過程。

第四，上下合作，按章辦事。工廠的事是雇主與工人共同的事，因為這與他們的切身利益都密切相關。所以需要雙方共同合作；而工廠的規章制度一旦制定，就要認真履行，以減少不必要的爭吵和浪費。

以上四項原則看似普通，但對每個工廠來說卻都是不可或缺的。它也是泰勒的科學管理原則的主要內容。

第四本書是《在美國國會的證詞》。本書同樣是對科學管理原則進行敘述。他指出：科學管理與以前種種管理方法在基本途徑上存在著明顯不同。以前在傳統的管理體制下，人們往往會傾向於利益爭奪，強調雇主與工人之間的矛盾，而忽視了兩者之間也存在著相同之處，因此把矛盾加以擴大。工人不願意工作得太多，做得太快，導致的後果自然也是兩敗俱傷，而在科學管理體制下，這種情況都是不會存在的，雇主與工人之間更看重的是利益共同之處。工廠效益好，工人薪資也高，反之就低，因此工人就自然而然的想做得更多更快。科學管理的體制，實際上也就是引發雇主與工人的共同利益，並以此為基礎加以擴大化、具體化，使共同之處讓人看得清清楚楚並觸手可及，並且工人並不需要多做什麼，只要按科學管理的原則去做就可以了。泰勒看到了長期以來雇主與工人之間的利益關係得不到合理的解決，管理者對此也不予重視，只知道在雇主與工人之間的衝突爆發後，才不斷的去尋求解決途徑，這種方法有一個明顯的缺點，就是帶有遲滯性，它並不是從體制上去防範，杜絕雇主與工人之間的衝突出現，卻要等到衝突出現後，雇主與工人之間有了隔閡以後才去解決，勢必會增加解決問題的難度，而且解決以後，這個衝突的病因卻依然存在，所以是「頭痛醫頭，腳痛醫腳」，未從根本上解決實質問題。

科學管理理論的目的也正在於尋找病根並予以解除。它是堅持了計畫方式下的按部就班，工作中的每一步驟，每一細節都在工作前給予考察。每一個細節性工作的評價標準也在之前予以了確定，因此，對每一個工人而言，不存在人為的偏見，一視同仁，營造了一個公共競爭的大環境。它的內容也是充分考慮到雇主與工人之間的利益的。這種科學管理提高了工作效率，對雇主和工人來說都有龐大的利益和好處。

可以說，第四本書是對前面三本書的補充，是從其他角度來闡述作者的科學管理理論的，為讀者帶來的是更全面的了解。泰勒的這本《科學管理原則》是從點到面的對科學管理理論的全面闡述，它是泰勒的經典之作，也是泰勒多年以來的經驗總結。它是對在此以前的各種管理思想和管理理論的總結。其作用在於透過全面的闡述創立並奠定了新的理論基礎，使科學管理理論得以成為一門新的科學，並對以後的管理學理論的進一步發展做出了龐大貢獻。

延伸品讀

泰勒不僅提出將計劃與職能分開，而且還提出必須廢除當時企業中軍隊式的組織，代之以職能式的組織，實行職能管理。在這種組織中，管理者的職能明確，有利於發揮個人專長，但後來的事實也證明，這種結構容易造成多頭領導，引起混亂。泰勒提出的這些管理思想和管理方法，蘊含著深刻的思維和理念。二十世紀以來，泰勒思想與組織設計一直結合在一起，其原則一直被廣泛的應用。這些思想在當時十分新穎，亨利福特公司首先應用他們，成就了以後的福特汽車王國。即使在今天，科學管理思想仍然發揮著龐大的作用，現代管理科學學派可以說是科學管理思想的必然延伸。在今日的西方世界，有許多學者面對現代西方許多頹廢的思潮時，大聲疾呼要恢復到科學管理的時代去。

組織理論之父

—— 馬克斯・韋伯

管理巨匠檔案

全　名　馬克斯・韋伯（Max Weber）
國　別　德國
生卒年　西元 1864-1920 年
出生地　德國圖林根

經典評介

馬克斯·韋伯，德國著名古典管理理論學家、經濟學家和社會學家，十九世紀末二十世紀初西方社會科學界最有影響的理論大師之一，被尊稱為「組織理論之父」。與古典管理理論學家法約爾、泰勒並稱為西方古典管理理論的三位先驅，並被尊為管理過程學派的開山鼻祖。

管理巨匠簡介

馬克斯·韋伯於西元 1864 年出生於德國圖林根的一個富有的中產階級家庭。韋伯的父親是法學家，母親是虔誠的基督教教徒。1869 年，韋伯全家遷往柏林居住。韋伯年少時體弱多病，但學習勤奮。在青少年時期，他就閱讀過很多名人的著作。1882 年韋伯就讀於德國海德堡大學法學院，他興趣廣泛，除了專攻本科系還兼修歷史、哲學、經濟和神學；他接受過三次軍事訓練，對德國的軍事生活和組織制度很了解，這對他以後的組織理論有很大的影響。

西元 1889 年，韋伯通過了博士論文答辯並獲得了法學博士學位，同年註冊為開業律師。其後，他發表了有關羅馬農業及其法律意義的論文，並通過答辯成為柏林大學的法學講師；1892 年升任為副教授，其學術研究中心也轉向政治經濟學；1894-1896 年間，先後任弗萊堡大學和海德堡大學的經濟學教授，此間，他與德國新康德主義哲學家李凱爾特過從甚密並深受其哲學思想的影響。韋伯在很多方面都具有天賦，他畢生的精力都花費在探求對科學、政治和行動之間關係的理解上面。韋伯不相信什麼領導天賦，認為一個組織只有遵從規章制度，才能長期的生存下去。韋伯的著述數量甚豐且內容博大精深，從 1889 年發表第一篇成熟的博士論文《中世紀商業企業史》開始的三十一年間，韋伯共發表了數十篇論文和巨著。其代表作《新教各教派與資本主義精神》、《一般經濟史》和《社會和經濟組織的理論》在現代經濟領域影響深遠。韋伯的主要著作有《新教倫理與資本主義精神》、《一般經濟史》、《社會和經濟組織的理論》等，其中官僚組織模式（Bureaucratic Model）的理論（即行政組織理論），對後世產生的影響最為深遠。有人甚至將他與涂爾幹、馬克思奉為社會學的三大奠基人。韋伯行政組織理論產生的歷史背景，正是德國企業從小規模世襲管理，到大規模專業管理轉變的關鍵時期。韋伯畢生從事學術研究，在社會學、政治學、經濟學、法學、哲學、歷史學和宗教學等領域都有較深的造詣。他在管理理論上的研究主要集中在組織理論方面，主要貢獻是提出了「官僚組織結構理論」，或稱「理想的行政組織體系理論」，這集中反映在他的代表作《社會和經濟組織的理論》一書中。

代表著作

* 1904-1906 年，著有：《新教倫理與資本主義精神》、《文化科學邏輯的批判性研究》、《新教各教派與資本主義精神》、《俄國資產階級民主形勢》。
* 1907-1910 年，發表《古代社會的農業生產關係》等幾篇農業社會學論文。
* 1911-1913 年，著《論廣義社會學的某些範疇》一書。
* 1918 年，發表《論社會和經濟學中價值哲學中立性的意義》以及戰後德國形勢的多篇論文。
* 1919 年，著有：《作為職業的學術》、《作為職業的政治》。
* 1920 年，著有：《宗教社會學論文集》（三卷本）、《城市社會學研究》。
* 1920 年，韋伯去世後出版的著作有：《經濟與社會》、《音樂理性及社會的基礎》、《政治論文集》、《科學論文集》、《經濟通史》、《社會學和社會政策文集》、《國家社會學》。

管理智慧

法定權力解說

對於韋伯理論而言，社會和政府的突出特點在於以官僚制取代家長制或世襲制，即所謂的「理性的」、「合法的」權威取代傳統權威。「合理性」和「合法性」是韋伯官僚制理論中的兩個基本的概念，或者說是先設的前提，一切有關官僚制的討論都將圍繞這兩個概念展開。

韋伯認為社會上有三種權力：傳統權力（Traditional Authority）：傳統慣例或世襲得來；超凡權力（Charisma Authority）：來源於別人的崇拜與追隨；法定權力（Legal Authority）：理性 —— 法律或制度規定的權力。

對於傳統權力，韋伯認為：人們對其服從是因為領袖人物占據著傳統所支持的權力地位，同時，領袖人物也接受傳統的制約。但是，人們對傳統權力的服從並不是以與個人無關的秩序為依據，而是在習慣義務領域內的個人忠誠。領導者的作用似乎只為了維護傳統，因而效率較低，不宜作為行政組織體系的基礎。而超凡權力的合法性，完全依靠對於領袖人物的信仰，他必須以不斷的奇蹟和英雄之舉贏得追隨者。超凡權力過於帶有感情色彩並且是非理性的，不是依據規章制度，而是依據神祕的啟示。所以，超凡的權力形式也不宜作為行政組織體系的基礎。韋伯認為，只有法定權力才能作為行政組織體系的基礎，其最根本的特徵在於它提供了慎重的公正。原因在於：管理的連續性使管理活動必須有秩序的進行。為以「能」為本的擇人方式提供了理性基礎。領導者的權力並非無限，應受到約束。對經濟組織而言，應以合理合法權力為基礎，才能保障組織連續和持久的經營目標。而規章制度是組織得以良性運作的保證，是組織中合法權力的基礎。那麼，法定權力具體內容是什麼呢？

韋伯對此給出了極其詳盡的標準，認為法定權力應該具有以下幾方面的特點：

一個按規則行使正式職能的持續性組織，有明確的權力領域。按這種方式組織起來的行使權力的單位就叫做行政機關，這種意義上的行政機關既存在於大型的民營企業中，也存在於軍隊、政府中。行政機關按等級系列原則來組織，即每一個下級機關在上一級的機關的監督之下，由下到上，有申訴和表示不滿的權利。

指導一個機關的行為準則，可以是一些技術規則，也可以是一些準則。無論是其中的哪一種，為了充分合理的運用它們，都要進行專門的訓練。所以，一般來說，只有經過專門訓練的人，才有資格擔任這項工作。在一個合乎理性的組織中，一個重要的原則是，管理者必須與生產工具分離，這些管理者本身並沒有個人的生產工具，他們只是在組織中工作，拿到應有的報酬，他們並沒有企業的所有權。

在合乎理性的組織中，任職者不能濫用他們的正式的權力，只能用於從事官方的客觀而獨立的行動。管理行為、決定和規則以書面形式加以規定和記載，即使這些規則是經過口頭討論過的，也要用書面的形式加以記載。

合法權力能以不同的方式來行使：

官僚組織。有了適合於行政組織體系的權力基礎，韋伯勾畫出理想的官僚組織模式（Bureaucratic Ideal Type）。其具有下列特徵：組織中的人員應有固定的和正式的職責並依法行使職權。根據合法程序制定組織，這個組織應有其明確目標，並有一套完整的法規制度管理並規範成員的行為，用有效的方式追求組織的目標。組織的結構是一種層層控制的體系。在組織內，按照地位的高低，規定成員間命令與服從的關係。

人與工作的關係。成員間的關係只有對事的關係，而無對人的關係。

成員的選用與保障。每一個職位都有一定的任職要求，要在社會上公開的考試，篩選合適的人來擔任，務求人盡其才。

專業分工與技術訓練。對成員進行合理分工並明確每人的工作範圍及權責，然後透過技術培訓來提高工作效率。

成員的薪資及升遷。按職位和員工的貢獻支付薪金，並建立獎懲與升遷制度，使成員安心工作，培養他們的事業心。

韋伯的結論是，最有效的組織是機械式的，這個組織合理又無情的向前運行，它精確、快速、明確、謹慎、統一、具有持續性和較低的成本。他把這種理想化的組織形式稱為合理合法型，以區別於傳統的組織類型。韋伯認為，如果一個組織具有上述六項特徵，那麼這個組織就可以表現出高度的理性化，其成員的工作行為也能達到預期的效果。韋伯對理想的官僚組織模式的描繪，為行政組織指明了一項制度化的組織準則，這是他在管理思想上的最大貢獻。

「官僚組織結構理論」的核心是組織活動要透過職務或職位，而不是透過個人或世襲地位來管理。韋伯也認識到個人魅力對領導作用發揮的重要性。他所講的「理想的」，不是指最合乎需求，而是指現代社會最有效和最合理的組織形式。之所以是「理想的」，因為它具有如下一些特點：

明確的分工。每個職位的權力和義務都應有明確的規定，員工按職業專業化進行分工。

自上而下的等級系統。組織內的各個職位，按照等級原則進行法定安排，形成自上而下的等級系統。

人員的任用。人員的任用要完全根據職務的要求，透過正式考試和訓練來實行。

薪金和升遷制度。職業管理人員有固定的薪金和明文規定的升遷制度。

遵守規則和紀律。管理人員必須嚴格遵守組織中規定的規則和紀律以及辦事程序。

人員的關係。組織中人員之間的關係完全以理性準則為指導，只是職位關係而不受個人情感的影響。

這種公正不倚的態度，不僅適用於組織內部，而且適用於組織與外界關係。

韋伯的「官僚組織結構理論」主要是針對當時德國社會的企業大多是一些家族式企業而提出來的。他們之所以能擔任企業的管理人員，並不是因為他們具有擔任該職務所需要的能力，而僅僅是他們與企業的所有者具有這種關係。他不是按照理性、制度和規範來進行管理，而是憑個人的知識和愛好。因此，他們的管理是感性的而不是理性的，這就造成企業的效率低下。這種管理情況不能適應德國社會現代化大生產發展的需求。正是針對這種情況，韋伯提出了官僚組織結構理論，這是一種理想的管理形式。

韋伯所說的合法性是一個較為寬泛的概念，它不具有任何的價值判斷。他認為，任何一種合乎需求的統治都具有合法性基礎，這是因為權力總會透過某種方式為自己的統治尋求合法性基礎。這種本身的需求使得統治者與被統治者所構成的命令與服從關係得到維繫，而正是這種「命令—服從」關係的存在，使得統治自然而然的具有了合法性。進一步說，合法性來源於正當性的信念，也就是說，無論是法律法規還是某個人的權威，抑或價值、宗教的信仰，只要它形成於正當的程序，它就是合法的。

但是，韋伯強調，實質合理性是傳統社會秩序的本質特徵，在現代社會，這種合理性已經基本失去了它存在的社會氛圍。在韋伯看來，以形式合理性為方向的運動，是歷史過程本身的運動，它是以工業革命和科學技術為代表的現代經濟和社會的發展特徵。在現代社會形式中，形式合理性占了主導地位，它是以形式本身作為目的，是不對任何事物的合理性。現代經濟社會在本質上就是這種形式的合理性，它並非在於提供需求的滿足，而是在於經濟活動本身的合理化。也就是說，滿足需求不僅不是經濟活動的目的，相反，需求及其主體都只是滿足經濟活動合理化要求的必要手段和要素。從而韋伯提出，按照目的合理性的角度，價值合理性總是不理性的。

正是對「合法性」與「合理性」的這種認知，韋伯對於官僚制理想模型的設計，也就成為了對於形式合理性的追求。

韋伯認為，這種高度結構的、正式的、非人格化的理想行政組織體系是人們進行強制控制的合理方法，是達到目標、提高效率的最有效形式。這種組織形式在精確性、穩定性、紀律性和可靠性方面都優於其他組織形式，能適用於所有的各種管理工作及當時日益增多的各種大型組織，如教會、國家機構、軍隊、政黨、經濟企業和各種團體。官僚制作為一種久已存在的社會制度，在以往世紀中的所有發展都是一個不自覺的自然過程，只是到了二十世紀，它的發展才成為一個自覺的進程。在《社會和經濟組織的理論》一文中，韋伯一方面認為，所謂的邁向資本主義的進步是經濟現代化唯一的尺度，而邁向官僚體制的官員制度的進步，則是國家現代化的同樣的明確無誤的尺度；另一方面他又指出官僚制對於人類的未來而言就是一個「鐵籠」。這就是所謂的現代性的悖論，韋伯也早就看穿了這點，因而在他批判現代文明反文化、反人道特徵的時候，又竭力強調作為現代人的命運即現代文明注定是不可避免的。正因為如此，韋伯在設計官僚制的時候也就包含了這一悖論。

韋伯關於理想的行政組織的構想，與泰勒的想法是很相似的。他們兩個都認為，管理就意味著以知識進行控制，領導者應該在能力上勝任，應該依據一定的規章制度和事實來進行管理和領導。對於官僚組織結構，韋伯認為，官僚組織結構之所以能帶來高效率，是因為從純技術的角度看，官僚制強調知識化、專業化、制度化、正式化和權力集中化，它在組織中消除了個人情感的影響。因此，它能使組織內人們的行為理性化，具有一致性和可預測性。

韋伯的組織理論在當時是相當先進的。但是在他迫切提出他的理論的時候，當時社會的文化和形勢還沒有形成對組織理論的要求，因此它的理論在當時沒有得到應有的重視。

當時代發展到 1940、1950 年代的時候，生產力又有了很大的發展，社會組織變得日益複雜，組織結構變得更加精細，社會上各種組織結構不斷的擴大，人們才開始重視組織理論的作用，才發現韋伯的理論是多麼的有價值。

在今天，各式各樣的組織，不管是工廠、學校、機關、醫院或是軍隊，都或多或少的具有官僚集權組織的某些特徵。這些特徵的形成，從純技術的角度看，是有利於提高組織的效率。但是，今天人們也經常批評官僚組織結構理論，人們把官僚制度、官僚主義、官僚作風作為組織效率低下的代名詞。然而，現今社會行政組織的過分低效，並不是「官僚制」本身的錯誤，而是由於官僚行政組織內部機制障礙所致。

對官僚制度的批評，主要集中在以下幾方面：

假設的有效性。官僚組織結構理論的提出是建立在許多假設的基礎之上的。現在人們對這些假設前提提出了批評和疑問，例如，官僚組織結構理論就隱含著這樣一個假設前提：當上級和下級之間出現不協調時，上級的判斷必然比下級的判斷正確。顯然，這個假設存在明顯的缺陷。它忽視了非正式組織的存在。在生活與工作中，非正式組織的存在是一種普遍的現象。這些非正式組織的行為準則是感情的而不是效率的，他們要做什麼和不做什麼都是以滿足這個組織成員的感情需求為標準的。官僚集權組織的提出和設計，忽視了正式組織之內還存在的這種非正式組織的現象。

過分的強調組織原則和恪守規章制度。人們對官僚組織結構理論最激烈的批評，是它過分的強調執行規章制度。組織的規章制度可以規範員工的行為，使他們的活動更加有效，因此任何組織都有一定的規章制度，但是，過分的強調執行這些制度，會抑制員工的創造能力、革新和冒險精神。

雖然有上面的一些批評和異議，韋伯的官僚組織機構還不失為一個偉大的理論。作為韋伯組織理論的基礎，官僚制在十九世紀已盛行於歐洲。韋伯從事實出發，把人類行為規律性的服從於一套規則，作為社會學分析的基礎。他認為一套支配行為的特殊規則的存在，是組織概念的本質所在。沒有它們，將無從判斷組織性行為。

韋伯理論的主要創新之處，源於他淡化了對有關官僚制效率的爭論，而把目光投向其準確性、連續性、紀律性、嚴整性與可靠性。韋伯這種強調規則、強調能力、強調知識的行政組織理論，為社會發展提供了一種高效率、合乎理性的管理體制。行政組織化是人類社會不可避免的進程，韋伯的理想行政組織體系，自出現以來得到了廣泛的應用，它已經成為各類社會組織的主要形式。韋伯關於組織中三種合法權力的精闢分析，給了我們非常大的啟示。

經典語錄

如果我們單純從技術角度來看，所有經驗無一例外的顯示出，只有行政組織中純粹的官僚主義樣式 —— 即官僚機制的獨裁變種 —— 才有可能達到最高效率，而且也是根據我們所知能夠嚴格控制人們的最為合理的形式。在精確性、穩定性、嚴格的紀律性和可靠性等方面，它比任何其他形式都要優越。因此，使得組織的負責人以及與組織有關的人，能夠對其結果做出十分準確的預測。

歸根到柢，這種組織在效率和活動範圍上都較為優越，而且能夠正式的應用於各種行政管理任務。一個職員無非是一台運轉著的機器上的一個齒輪，整個機器的運轉替它規定了基本固定的運行路線。魅力型的統治作為非凡的統治，給予合理的尤其是官僚體制的統治，也與傳統型的，尤其是家長制的和世襲制的或等級制的統治，形成尖銳的對立，這後兩種是統治的具體、平凡的形式。

管理巨匠觀點

《經濟與社會》涉及的社會學理論較多，所以在本文中主要介紹他在此書中提出的有關管理的重要理論。韋伯提出的理想的行政管理體制，也即是「官僚體制」。「官僚體制」這一概念，在這裡並不像我們所說的官僚政治、官僚主義那種帶有貶義，並不意味著脫離實際、低效率等。它的原意指這種組織是透過職務和職位進行管理的。這裡所說的「理想的」行政管理體制，也不是說它是在某種意義上的最好的或是適合人們某種需求的管理體制，而只是指它代表了一種「純粹的」、「在現實中沒有例證的」的組織型態，藉以與那些在現實中實際存在的具有各式各樣特殊型態的組織相區別。韋伯從這些實際存在的各種特殊型態的組織中，抽象指出一種「純粹的」組織型態，是為了便於人們對它進行理論分析。

韋伯認為，官僚體制是一種嚴密的、合理的、形同機器那樣的社會組織，它具有熟練的專業活動，明確的職責劃分，嚴格執行的規章制度，以及金字塔式的等級服從關係等特徵，從而使其成為一種系統的管理技術體系。韋伯指出，官僚體制即使從純技術的角度觀察，也比以往的其他管理體制具有明確的優越性，這主要表現在：

（一）　準確性
（二）　迅捷性
（三）　明確性
（四）　簡單性
（五）　連續性
（六）　嚴肅性

（七） 同一性

（八） 嚴密的服從關係

（九） 防止摩擦

（十） 人力和物力的節約

由於官僚體制具有上述優點，就可以保證它能夠像一架機器那樣靈活的運轉。

這種官僚體制是隨著資本主義經濟和社會化生產的發展而出現的。韋伯認為，正是隨著資本主義市場經濟的發展要求精確的、不含糊的和不斷的進行管理，而且要盡可能寬的這麼做。而這種管理只能採取官僚體制。韋伯指出，在一個現代化國家裡，實際的統治者必然的和不可避免的是官僚政治。這就是說，資本主義社會化生產的發展，要求出現一種更嚴密的體制與之相符合，這就是管理體制。實際上正是這種官僚體制的管理，真正顯示出資本主義社會化生產的管理與家族制的或其他生產方式管理的區別。這種官僚體制不僅適用於經濟領域，而且適用於社會生活的各個領域。韋伯指出，在所有領域（國家、教會、軍隊、政黨、經濟經營體、利益集團、協會、學校、行會、醫院等），現代的管理型態的發展與官僚體制的管理的發展及強大相一致。因此，從這個意義上來講，資本主義社會的發展過程也是官僚體制的發展和普及過程。今天，誰也無法否認，離開這種管理體制，包括政治的、經濟的、文化教育的以及其他一切社會領域的活動都將陷入混亂之中，而無法正常的進行。

接著，韋伯對權力進行了一系列的劃分。韋伯指出，任何社會組織都必須以某種形式的權力為其存在的基礎。在他看來，社會與其組成部分，更多的不是透過契約關係或者道德一致，而是透過權力的行使而被聚在一起，在那些和諧與秩序占上風的地方，權力的權威性運用從未澈底消失過。可以說，人類社會行為的所有領域，都無一例外的要受到權力的影響，沒有一定形式的權力，所有社會組織的活動都不可能正常的運行，從而也就無法達到預期的目標。在這裡，權力意味著統治者的命令影響著被統治者的行為，被統治者必須接受或屈從於統治者的命令，以統治者的命令作為自己的行為準則。然而，韋伯並不僅僅把權力看作是一種引起服從的命令結構，而且認為被統治者是樂於服從的，就好像被統治者已經處於自身的理由，把命令的內容當成了他們行動的格言。而且，他認為我們應該不能忽視命令是被作為一種正當的形式而被接受的。因此，韋伯以為，統治是一種合法的權威，或者說，統治者的權力都以正當的形式被他的服從者所接受，從而為社會公認，成為合法的。從這個意義上來講，存在著如下三種純粹型態的合法的權力：

（一） 傳統性的權力。這種類型的權力是以不可侵犯的古老傳統和行使這種權力者的正統地位為依據的。對這種權力的服從是對擁有這種不可侵犯的正統地位的個人的服從。韋伯指出，族長制是傳統性權力的最重要的表現形式。在這裡，人們對於族長首領的服從，不是建立在某種成文規範或既定程序的基礎上，而是建立在對個人的盲目忠誠的基礎上。實際上人們也寧願遵從習慣，而不願遵守法律。此外，世襲制也是傳統性權力的表現形式。世襲制統治者的權力是任意的。對於統治者的臣民來說，重要的是必須忠實的遵照統治者的意旨行事。不過，在這裡，統治者的權力是絕對的，無限制的。然而，實際上他們的行動仍然受慣例和風俗所支配，在他們的心目中，傳統是不可侵犯的。總之，人們對傳統權力的服從，是基於統治者占據的統治地位，而統治者行使權力則受著傳統的制約。如果他們當中有誰一再違反傳統定下來的規定，將有失去其統治的合法性的危險。

（二） 領袖超凡魅力性的權力。這種類型的權力是以對某個具有模範品德的英雄或具有某種天賦的人物的崇拜和熱愛為依據的。對這種權力的服從，是基於追隨者對這種領袖人物的信仰，而不是基於某種強制力量。在這裡，領袖人物必須把自己裝扮成救世主、預言家和英雄，藉以使服從者信賴自己和追隨自己，從而維持其統治的穩定。另一方面，這種領袖人物也必須不斷的以其奇蹟之舉和英雄行為來回報追隨者。這種領袖超凡魅力性權力與傳統型權力的不同之處在於，它既不能依靠傳統的慣例，也不能依靠職位的保障，而只能依靠領袖人物的英雄行為和信徒們的信仰來維持其權力，而一旦他喪失了信徒們的信仰，這種權力就會崩潰。信仰是自願的，是不能被強制的，而傳統型的權力和法理型的權力都排除不了槍枝的陰影。然而，也正是由於這一點，韋伯指出，這種類型的權力不能作為穩固的政治統治的基礎。因為國家日常事務不能依靠領袖的感化和驚人之舉，任何持久的政權都不能靠它的公民們對偉大的人物的信仰去維持。

（三）法理型的權力。這種權力是以合理、合法性或已被提升為指揮者的權力為依據的。如果說所有其他類型的權力都是歸於個人——不論是族長、君主，還是救世主和革命領袖，則法理型的權力便是歸於法規，而不是歸於個人。對這種權力的服從，實際上是對合法建立起來的客觀秩序的服從。如果把這種服從延伸到行使權力的個人，則只是對於他在組織內所處的地位，因而這種服從。也只是對依據法律建立起來的等級制度所規定的職位的服從。因此，這種權力是合法的，其範圍是由行使權力的人所處的職位嚴格限定的。在這裡，一切都必須依據法規行事，而行使權力的人——官僚，則只是法規的執行者，而不是法規的最終來源。韋伯認為，現代國家的官僚都只是某種更高政治權力的僕人，例如，經過選舉的政府和它的部長們就是這樣。然而，這些經過人民選舉的官僚們，並不能總是把自己置於正確的位置上。事實上，官僚們並不總是按照他們應當遵循的方式行事，而常常試圖擴大他們的權力，進而擴大他們的私利。他們不是作為一個忠實的僕人去行事，而是力圖成為自己管轄的部門的主人。

韋伯認為，在這三種類型的權力中，傳統性的權力的管理，一切均按相傳已久的傳統行事，其領導者只是因襲既往的傳統進行管理，並且也只是保持這種傳統來進行管理。不僅如此，對於這種領導者不是根據個人的能力挑選的，而是依據這種類型的權力所進行的管理，必然是缺乏效率的。領袖魅力型權力的管理，帶有濃厚的神祕色彩。它依靠感情和信仰而否定理性，只靠某種神祕的啟示行事，因而也是不可取的。法理型的權力可以作為理想的行政管理體制的基礎，這是因為，只有在這種類型的權力中，所有管理人員都不允許帶有任何偏見和私人感情行事，他對所有人必須一律看待，而不問他們的社會等級和個人身分。因此，它能保持一種慎重的公正；它的一切權力歸於法規，而居於管理職位的人員也都擁有行使權力的合法方式；它的每個管理人員都是經過挑選的，因而是能夠勝任其職責的；每個管理人員擁有的權力都是按照完成任務的需求加以劃分的，並且限制在明確規定的必要範圍之內。因此，只有這種法理型權力能夠保持管理的連續性和穩定性，能夠保證管理的高效率，從而決定了它必然成為現代國家應有的管理體制的基礎。

如上所述，理想的行政管理體制即官僚體制，既不同於憑藉傳統的力量建立的管理體制，也不同於依據神授的權力和服從者對某種神祕啟示的信仰而建立的管理體制。而是依據權力的合理、合法性建立的管理體制。這種管理體制是由於下列因素構成的，或者說，它具有下列特徵：

第一，建立明確的職能分工。對組織的全部活動進行專業化的職能分工，並依據這種職能分工確定管理職位，詳細規定各個職位的權力和責任範圍。這些規定適用於所有處於管理職位的人。組織內的所有人員都必須擔任一項職務。除了某些必須由選舉產生的職位以外，其他管理人員都不是由選舉產生的，而是任命的。所有管理人員都不是終身的，而是可以撤換的。

第二，建立明確的等級制度。組織的職位是按等級原則自上而下順序排列的，並共同服從於一個指揮決策中心，從而形成一個嚴密的行政管理的等級序列，在這個等級序列中，每個成員都要為自己的決定和行動對上級負責，同時接受上級的控制和監督；另一方面，為了使每個管理人員都能完成其所承擔的責任，必須給予相應的權力，使其有權對他的下級發號施令。這樣，就能維持組織的穩定，並保證其強而有力。

第三，建立有關職權和職責的法規和規章，把組織各項業務的運行都納入這些法規和規章之中，並且要求組織內的每個成員，都必須按照這些法規和規章從事職務活動，都必須接受統一的法規和規章的約束。也就是說，要使組織中所有人員的職務行為規範化。這樣，就能排除在各項業務活動中個人的隨意判斷，從而保證了各項業務處理的統一性和整體性；就能排除在各項業務活動中的不一致性和不連續性，從而保證了在不同的時間和地點處理業務的一貫性。

第四，業務的處理和傳遞均以書面文件為準。即使對於可以透過口頭方式聯絡的業務活動，也不能以個人之間的口頭聯絡方式做最後處理，而必須透過如指示、申請、報告等各種符合規範的書面文件形式處理。這樣，就能保證業務處理的準確性，同時，還可以防止個人處理業務時可能出現的隨意性和模稜兩可的態度，而保證組織的各項業務活動的規範性。

第五，組織內的所有職務均由受過專門訓練的專業人員擔任，對他們的選拔和升遷也均以其技術能力為依據。由於組織內部的所有職務都是按職能分工的原則確定的，因而要求擔任每項職位的人員都必須具有相應的技術能力。因此，必須透過公開的考試來挑選和錄取人員，以是否具有必要的技術能力作為挑選和錄取人員的客觀標準。由於組織有了明確、合理的分工，並搭配訓練有素的專業人員各司其職，從而保證了組織的各項業務活動都能準確的、高效率的、持續協調的運行。

第六，所有職業的管理人員都是根據一定的標準聘用的。公司單位發給他們固定的薪金，保障他們應得的權益，同時，也擁有隨時解僱他們的權力。這樣，才能激勵他們盡心盡力的工作，也有利於培養他們的群體精神，促進他們為群體的發展和公司單位的利益做出貢獻。管理人員的升遷和報酬都有明文規定，以工作業績和工作年資為標準。

第七，公司單位的每個成員都必須克盡職守，以主人的態度忘我工作。他們必須排除個人感情的干擾，以超脫和冷靜的態度處事，從而保證公司單位內的人與人之間都是一種非人格化的關係，或者說，保證公司單位內的人與人之間都只是職務關係，而不是個人之間的私人關係。公司單位建立起這種人與人之間的關係，就能保證其成員的一切行為都服從一個統一的理性準則，以便客觀的、合理的判斷是非；這樣做，不僅僅是為了提高公司單位活動的效率，而且是為了防止公司單位內人與人之間可能發生的摩擦，而維持一種和諧的相互關係，藉以保證公司單位的整體能夠經常像一架機器那樣協調、準確的運行。

最後，韋伯認為，由於理想的行政管理體制具有上述特徵或優點，就使它能夠適應一切現代的大規模社會組織的需求。實際經驗也顯示，這種理想的行政管理體制能夠獲得最大程度的效率，能夠保證對人實行最合理的控制，此外能夠實現最佳的精確性、穩定性、紀律性和可靠性。

韋伯提出的理想的行政組織體系理論雖然與法約爾的理論一樣，在以前，並沒有受到歐美各國的重視，然而，隨著資本主義經濟的發展，企業和社會規模的擴大，人們越加了解到韋伯提出的理想的行政管理體制的價值。今天，這種管理體制已成為各類正式組織的一種典型的結構，一種主要的組織形式，並被人們廣泛應用於各種組織設計當中，發揮著有效的指導作用，而他的那些精闢的理論觀點，也對後來管理理論的發展，產生了廣泛而又深刻的影響。韋伯對管理理論的發展所做出的貢獻，已得到了西方管理學界的普遍承認，並且正在不斷的從他的有益探索中得到啟發。

延伸品讀

韋伯的最大貢獻就是他的合理化理論，該理論提出了四種類型的合理性：形式合理性、物質合理性、理論合理性、實際合理性，得到的結論是：形式合理性是西方社會的必然產物，人們必須掌握它。事實證明，韋伯理論對於分析傳統問題是很有用的，比如分析官僚資本政治問題、就業與資本主義市場問題、以及近來的一系列發展問題，諸如速食店的出現、非專業化、日本工業的統治地位、美國工業的平行傾斜等問題。因此，韋伯思想對於理解企業界，乃至整個世界經濟近來的發展，具有重要的意義，依然產生著深遠影響。理論家們繼續解釋、闡述韋伯的思想，研究者們也繼續把韋伯思想應用於廣闊的社會研究領域。

人際關係理論創始人
——喬治·埃爾頓·梅奧

管理巨匠檔案

全　名　喬治·埃爾頓·梅奧（George Elton Mayo）
國　別　美國
生卒年　西元 1880-1949 年
出生地　澳洲阿得雷德

經典評介

喬治．埃爾頓．梅奧，美國行為科學家，人際關係理論的創始人，美國藝術與科學院院士。主張管理者應該以激勵人的行為、激發人的積極度為根本，公司單位員工主動、積極、創造性的完成自己的任務，實現公司單位的高效益。

管理巨匠簡介

喬治．埃爾頓．梅奧於 1922 年在洛克斐勒基金會的幫助下移居美國，1923-1926 年期間，他作為賓州大學的研究人員在洛克斐勒基金會進行工業研究。1923 年，梅奧在費城附近一家紡織廠就工廠工作條件對工人的流動率、生產力的影響進行試驗研究，並加入美國國籍。1926 年，梅奧進入哈佛大學工商管理學院從事工業研究，任哈佛大學工商管理研究院工業研究室副教授。1927 年冬，梅奧應邀參加了始於 1924 年但中途遇到困難的霍桑實驗，從 1927-1936 年，斷斷續續進行了九年的兩階段實驗研究，梅奧於 1929-1947 年期間擔任工業研究教授，並在退休時獲得了「榮譽退休者」的頭銜。在霍桑實驗的基礎上，梅奧於 1933 年出版了《工業文明的人類問題》一書，正式創立了人際關係學說。1945 年，梅奧又出版了《工業文明的社會問題》一書，進一步闡述了他的觀點。梅奧除了上述代表作以外，還有《組織中的人》、《管理和士氣》等膾炙人口的著作。

代表著作

* 1929年，〈工業工人的失調〉，是1928年出版的《沃特海姆工業關係報告集》中的一章。
* 1929 年，〈什麼是單調乏味〉，《人的因素》雜誌，波士頓，麻省心理保健學會，1 月。

* 1930 年，〈工業變化的方法〉，《人事雜誌》第 20 卷，第 1 期。
* 1930 年，〈瓊 · 皮亞格的工作〉，《俄亥俄州立大學公報》，俄亥俄州，哥倫布，第 35 卷，第 3 期。
* 1933 年，《工業文明的人類問題》，波士頓，哈佛大學工商學院研究部。第二版，紐約，麥克米倫出版公司，1946 年。
* 1939 年，〈常規的相互影響和合作問題〉，《美國社會學評論》，第 4 卷。
* 1945 年，《工業文明的社會問題》。
* 1945 年，〈工業中的團體壓力〉，載於《走向全國統一》。
* 1945 年，〈監督及其意義〉，載於《監督的研究》，在麥基爾大學的報告，蒙特利爾，1 月 30 日。

管理智慧

梅奧在管理學方面的最大貢獻，在於提出了以人為本的管理思想。他認為：行為和群體是密切相關的；群體對個人的行為有龐大的影響；群體工作標準比金錢等其他因素的影響要大得多。梅奧的組織理論更加注重人的因素，導致了家長式管理的發展。

人際關係學說的誕生

古典管理理論的傑出代表泰勒、法約爾等人，從不同的方面對管理思想和管理理論的發展做出了卓越的貢獻，並對管理實踐產生深刻影響。

他們共同的特點是，著重強調管理的科學性、合理性、紀律性，而未對管理中人的因素和作用予以足夠重視。他們假設社會上的人是在思想上、行動上力爭獲得個人利益，追求最大限度經濟收入的「經濟人」；管理部門面對的僅僅是單一的員工個體或個體的簡單總和，工人被安排去從事固定的、枯燥的和過分簡單的工作，成了「活機器」。雖然推行泰勒的科學管理能夠使生產力大幅度提高，但也使工人的勞動變得異常緊張、單調和勞累，引起了工人的強烈不滿，勞資關係日益緊張；

另一方面，隨著經濟的發展和科學的進步，員工的整體素養有了很大的提高，教育程度高和技術水準高的工人逐漸占據了主導地位，這時的管理理論已經不適應當時的環境。

與此同時，人的積極度對提高勞動生產力的作用逐漸在生產實踐中顯示出來，並引起了許多企業管理學者和企業家的重視，但是未對其進行專門的、有系統的研究，進而形成一種較為完整的全新的管理理論。這類研究的一個重要代表人物是梅奧。從 1927-1932 年，梅奧和他的學生在美國芝加哥西方電器公司的霍桑工廠，做了有名的由一系列實物組成的霍桑實驗，這個實驗由四個階段實驗組成。

霍桑實驗的初衷是試圖透過改善工作條件與環境等外在因素，找到提高勞動生產力的途徑。從 1924-1932 年，先後進行了四個階段的實驗：照明實驗、繼電器裝配工人小組實驗、大規模訪談和對接線板接線工作室的研究。這幾個實驗現已成為人際關係研究中的經典實驗。

一、照明實驗

霍桑工廠是一個製造電話交換機的工廠，為了弄明白照明的強度對生產效率所產生的影響，有人在廠內挑選了一個繞線圈的班組，把它分為實驗組和對照組。

實驗組不斷改善照明條件，而對照組的照明條件不變。實驗設計者原來認為實驗組的產量一定高於對照組，但結果是兩組產量都在提高。

後來又採取相反的措施，把兩名女工單獨安排在一個房間裡，照明亮度降低，即實驗組條件改變，但結果是，產量仍在提高。

研究者透過了解，發現這個意外事件有兩個原因：一是工人在特定條件下進行勞動，他們認為這是雇主對他們的重視，於是產量提高；二是實驗中管理人員與工人、工人與工人之間關係融洽，促使實驗中兩組的產量都有提高。進一步推論認為，在激發工人勞動積極度方面，照明等勞動條件遠遠不比人際關係來得重要。

二、福利實驗

實驗的第二階段是在繼電器裝置實驗室進行的，研究人員選出六名女工，在單獨的房間從事裝配電器的工作。

在實驗過程中逐步增加一些福利條件（縮短工作時間、延長休息時間、免費供應點心等），實驗設計者原本設想，這些福利條件的改善會刺激工人積極度的發揮，一旦撤銷這些措施，勞動生產力一定會下降。但奇怪的是，突然取消這些福利條件，工人的勞動生產力不但沒有下降，反而繼續上升。

經過分析發現，依然是融洽的人際關係在發揮作用。於是他們得出結論：在提高勞動生產力方面，人際關係的好壞比福利措施的改善顯得更加重要。

三、電話線圈裝配實驗

這一階段實驗主要是研究群體中的人際關係對勞動生產力的影響。

在這個實驗中選擇十四名男性工人在單獨的房間裡從事繞線、焊接和檢驗工作，對這個班組實行特殊的個人計件薪資制度。實行這套辦法旨在使工人在競爭中更加努力工作，以便得到更多的報酬。

實驗從 1931 年 11 月到 1932 年 5 月，共觀察了半年多。但實驗結果發現，產量只保持在中等水準，每個工人的日產量幾乎都差不多，而且工人並不如實際報告產量。

深入調查研究顯示，這是工人內部形成的一個不成文的規則：誰也不能做得太多，突出自己；誰也不能做得太少，影響班組成績；不准向當局告密，如有人違反這個規定，就要受到群體的懲罰。

工人的目的是為了維護班組內部的團結，維護群體中各個成員的利益，形成一種融洽的人際關係，使群體內的各個成員心情愉快的投入工作，可以放棄物質利益的誘惑。這說明：良好的人際關係比物質利益對人更加重要。

四、訪談實驗

梅奧等人從 1928 年 9 月開始到 1930 年 5 月，在霍桑工廠進行了兩年多的大規模的態度調查，談話達兩萬人次以上，規定在談話過程中，實驗者必須耐心傾聽意見、牢騷，並製作詳細紀錄，不做反駁和訓斥，而且對工人的情況要深表同情。

這次談話實驗收到了意想不到的效果，工廠的產量大幅度提高。這是由於工人長期以來，對工廠的各項管理制度和管理立法有許多不滿和意見，受到壓抑，無處發洩，形成了工人和管理者的對立情緒。透過談話，緩解了工人和管理者之間的矛盾衝突，管理者和被管理者之間形成了良好的融洽的人際關係。因此，工人心情舒暢，有主人感、使命感和責任感。

這說明良好的人際關係的重要性。實驗證明，監工對工人士氣和勞動生產力有著決定性的作用，非正式組織的情緒和合作，對於完成組織的目標也有很重要的影響。從此，他發展了人際關係學說。

人際關係學說精要

霍桑實驗的研究結果否定了傳統管理理論對於人的假設，顯示了工人不是被動的、孤立的個體，他們的行為不僅僅受薪資的刺激。影響生產效率的最重要因素不是待遇和工作條件，而是工作中的人際關係。據此，梅奧提出了自己的觀點：

一、工人是「社會人」而不是「經濟人」

傳統的科學管理理論，把人看作是為了追求最大經濟利益而工作的所謂「經濟人」，認為人們工作是為了單純追求物質和金錢。但是梅奧認為，人們的行為並不單純出自追求金錢的動機，個人的態度對行為方式有著特殊的決定性作用，人有著一種固有的全面實現自身目標並形成新目標的內在動力，人生的價值與意義在於不斷實現心中的目標，人工作的意義也正在於不斷形成和實現心中的目標，從而不斷促進自我的發展。因此，不能單純從技術和物質條件著眼，而必須從社會心理方面考慮合理的組織與管理，按照「社會人」來對待員工。

人是處於一定社會關係中的群體成員，管理者不應只注重工作，還應把注意力放在關心人、滿足人的社會需求上，為員工創造良好的人際關係和健康的輿論環境，培養與形成員工的歸屬感和整體感。從本質上說來，重視人的需求是尊重人、理解人、關心人、愛護人的表現。

二、企業中存在著非正式組織

企業中除了存在正式組織之外，還存在著非正式組織。這種非正式組織的作用在於維護其成員的共同利益，使之免受其內部個別成員的疏忽或外部人員的干涉所造成的損失。為此，非正式組織中有自己的核心人物和領袖，有大家共同遵循的觀念、價值標準、行為準則和道德規範等，而且，一般的人員很難進入這種組織。

非正式組織通常有下面幾個特徵：組織的建立以人們之間具有的共同思想，相互喜愛，相互依賴為基礎，是自發形成的。組織最主要的作用是滿足個人不同的需求。組織一經形成，會產生各種行為規範，約束個人的行為。這種規範可能與正式組織目標一致，也可能不一致，甚至發生牴觸。

非正式組織對正式組織來講，具有正反兩方面的功能。正面功能主要表現在：非正式組織混合在正式組織中，容易促進工作的完成。正式組織的管理者可以利用非正式組織來彌補成員間能力與成就的差異，可以透過非正式組織的關係與氣氛獲得組織的穩定，可以運用非正式組織作為正式組織的溝通工具，可以利用非正式組織來提高組織成員的士氣等等。

非正式組織的負面功能主要表現為：可能阻礙組織目標的實現等等。非正式組織的目標一般來說是和正式組織的目標相異的，如果管理者不能很妥善的管理這種組織，就會影響組織目標的實現。非正式組織與正式組織有重大差別。

在正式組織中，以效率邏輯為其行為規範；而在非正式組織中，則以感情邏輯為其行為規範。如果管理人員只是根據效率邏輯來管理，而忽略工人的感情邏輯，必然會引起衝突，影響企業生產力的提高和目標的實現。

因此，管理單位必須重視非正式組織的作用，注意在正式組織的效率邏輯與非正式組織的感情邏輯之間保持平衡，以便管理人員與工人之間能夠充分合作。非正式組織是在滿足心理推動下，比較自然的形成的心理團體，其中蘊藏著濃厚的友誼與感情因素。

人際關係學說的思考

人際關係學說的內容可以大致概括為三點：企業組織中首要的管理是對人的管理；人是有能力分級的，應培訓發展；重視人的需求，以激勵為主。

一、首要的管理是對人的管理

企業管理，說到底就是企業管理者對企業人與物的管理，而根本的管理還是對人的管理。

對人的管理是一個流動的充滿活力、充滿生機的運動管理過程。企業管理人員的視線必須從對物的管理轉移到對人的管理，從對人的行為管理變為對人的全面有效的科學管理，即從簡單對人的行為管理轉變為對人思想行為的管理，也就是說，從只對人的行為研究，轉變為對人的思想、對人行動的主導制約作用的研究。

人、財、物是企業經營管理必不可少的三大要素，而人力又是其中最為活躍、最富有創造力的因素。即便有最先進的技術設備，最完備的物質材料，沒有了人準確而全力的投入，所有的一切將毫無意義。對於人的有效管理不僅是高效利用現有物質資源的前提，而且是一切創新的最基本條件。創新是人才的專利，優秀的人才是企業最重要的資產。誰更有效的開發和利用了人力資源，誰就有可能在日益激烈的市場競爭中立於不敗之地。

然而，管理是講究藝術的，對人的管理更是如此。新一代的管理者更應認知到這一點。那種高談闊論、教訓下屬、以自我為中心的領導方式已不適用了。早在霍桑訪談實驗中，梅奧已注意到親善的溝通方式，不僅可以了解到員工的需求，更可以改善上下級之間的關係，從而使員工更加自願的努力工作。傾聽是一種有效的溝通方式。在公開的場合對有貢獻的員工給予恰當的稱讚，會使員工增強自信心和使命感，從而努力創造更佳的業績。

採用「與人為善」的管理方式，不僅有助於營造和諧的工作氣氛，而且可以提高員工的滿意度，使其能繼續堅持不懈的為企業服務。只有個人、群體、企業三方的利益保持均衡時，才能最大限度的發揮個人的潛能，培養共同的價值觀。創造積極向上的企業文化是協調好組織內部各利益群體關係、發揮組織協同效應和增加企業凝聚力最有效的途徑。總之，管理不僅是對物質生產力的管理，更重要的是對有思想、有感情的人的管理。人的價值是無法衡量的，是社會上最寶貴的資源，是生產力中最耀眼的明珠。最大限度的開發人力資源將成為現代企業前進的主軸，只有「重視人、尊重人和理解人」的管理思維模式，才能為企業創造美好燦爛的明天。

二、人具有能力分級

能力是人們成功的完成某種活動所必備的心理特徵。「能力分級」的理念是以能力為本。能力是人最重要的個性特徵，也最能表現一個人的實際價值，是管理者在實踐中量才為用的根本依據。

人的能力事實上存在著很大的差異：同類能力的發展水準和有無各種特殊能力，都表現了人們個體上的差異。管理者應該看到，每個人在能力方面都有其自己的強項和弱項，這使得每一個人在從事某項工作或活動時，既有其有利的一面，又有其不利的一面。透過採取有效的方法，最大限度的發揮人的能力，從而實現能力價值的最大化，把能力這種最重要的人力資源作為組織發展的推動力量，並實現組織發展的目標以及組織創新。這裡的「能力」是由知識、智力、技能和實踐及創新能力構成的。

知識是人的認知能力的表現和結果，智力是知識轉化為智慧的能力，技能是智慧在實際工作中的一種應用能力，實踐及創新能力是以知識、智力、技能為基礎的改造世界（對象）的能力。

員工個人的素養和工作能力，對於企業提升在知識經濟時代的市場中的競爭力，具有極其重大的現實與深遠意義。我們不僅要確立「人本管理」思想，更為重要的是要不斷提升人的智慧，提高企業員工的創新能力，實現以人的能力為本的管理昇華。

三、以長效激勵為主

傳統的泰勒管理模式中最顯著的特點是「物本管理」，即把企業看作是一個大機器，而企業的員工則是這一機器中的具體零部件，把人當物來管理。以現在的觀點來看，人不單純是創造財富的工具，人是企業最大的資本、資源和財富。人本管理必須了解員工的個性需求和期望對其行為的驅動作用。

一般來講，維持人積極度的主要動力，源於以下幾個方面：

物質動力，即以適當物質利益刺激行為動機，它包括企業及員工的物質利益和社會經濟效益，滿足日益成長的物質和文化需求，也是強大的動力來源。一般來說，包括兩大類的內容，即：「外在的薪酬」，其主要指為員工提供可量化的貨幣性價值。比如，基本薪資、獎金等短期激勵薪酬、股票期權、購買公司股票、退休金、醫療保險等貨幣性福利等等。「內在薪酬」則是指那些提供給員工的不能以量化的貨幣形式表現的各種獎勵價值。比如對工作的滿意度，為完成工作而提供的各種便利工具和培訓的機會，良好的人際關係等，他們之間相互關聯、互相補充，構成完整的薪酬體系。

精神動力，指能夠激發人的動機的精神方面的因素，包括興趣、理想、信仰、情誼和成就感等。精神動力則為物質動力的昇華，它憑藉對精神需求的滿足和精神價值的實現，來激發人們的積極度和創造性。相對於物質動力而言，精神動力具有內在性、持久性、方向性等。

資訊動力，指外部社會與經濟發展的資訊中對人們產生激勵作用的因素。資訊動力實則是一種競爭動力。外部環境與組織間的資訊交流，使組織能夠獲得世界發展的情況，了解市場需求，成為組織生存與發展的動力。人際關係學說第一次把管理研究的重點從工作和物的因素上轉到人的因素上來，不僅在理論上對古典管理理論做了修正和補充，開闢了管理研究的新理論，還為現代行為科學的發展奠定了基礎，而且對管理實踐產生了深遠的影響。

經典語錄

往往一兩句讚揚的話就會讓員工體會到成功的喜悅；迎接新的挑戰，開頭是個關鍵。

刺激員工的最好辦法，是對他們進行表揚並且提高他們的生活水準。不能在你需要對方做某件事情時，才偶爾提一下，那會成為一種詭計。

正式組織和非正式組織，就如一把剪刀的兩半葉片，缺一不可。

工作滿意是由個人對工作的期望和工作的實際情況之間的差異所決定的。

一個製造業老闆可以很容易的假定物質因素和技術因素的重要性，而忽略或輕視人們積極的和自發的投入這種努力的需求。但是事實卻是，工業組織的龐大，不僅要依賴技術上的前進，而且也要依賴這個團體每一個最小的成員自發的在人和人的關係上進行合作。

管理巨匠觀點

1924 年，西方電器公司在設於伊利諾州西塞羅的霍桑工廠進行了一項實驗，其目的是檢查不同的照明水準對工人生產力的影響。實驗顯示照明強度與生產力並沒有直接的關係，但實驗人員不能解釋實驗中工人的一些行為。所以，便邀請當時為哈佛大學教授的梅奧作為顧問加入研究，實驗項目也擴大了許多，此項實驗一直持續到 1932 年，最後得出結論，群體的社會準則或標準是決定工人個人行為的關鍵要素。梅奧在霍桑實驗的基礎上寫作了一本書。

梅奧在這本書第一章〈進步的陰暗面〉中，開宗明義的提出了該書的主題：在過去的一個世紀中，世界的物質進步和技術發展是極大的，但正是這些進步和發展，使人類社會失去了原有的平衡。因為國家在重視科學技術的發展同時，忽視了社會和人類自身的發展問題。作者根據對資本主義社會的長期考察和研究，得出結論說：如果社會和技術能夠得到同步協調發展，第二次世界大戰很有可能得以避免。

梅奧簡單回顧了資本主義世界的發展史。在資本主義揚升時期的十九世紀，人們對社會獲得的進步深信不疑。梅奧指出，十九世紀迅速發展的科學技術和生產力改變了人們生活的環境和條件。人們不再滿足於土生土長的生存空間，紛紛離開家園，上學，工作，世代相傳的固有社會紐帶鬆解後，家庭關係鬆弛了。但是，由於沒有及時的建立起作為替代的新型社會關係，人們失去了心理平衡。梅奧認為，現代文明要求工業化的水準越高，社會的組織程度也越高。但實際的情況正好相反。在現代社會裡，不斷增加的生活不幸的個人人數和十分低下的社會組織水準（不如工業化前的社會），構成了社會穩定的兩大因素，勞資關係對立，社會集團矛盾尖銳，導致了大規模的公開對抗。1929 年的世界性經濟大蕭條，集中暴露了資本主義的致命弱點。在歐洲，人們在普遍絕望之餘，希冀尋求新的出路，正是在這種情緒的支配下，德國人選出了希特勒，使人類陷入了浩劫。

梅奧在該書第二章〈「群氓」，假設及其必然結果 —— 國家專制〉部分中，概述了工業文明的發展歷史。他認為，從十九世紀初期起，資本主義社會發生了很大的變化。在這以前，整個工業社會主要由小型工商企業組成，競爭的理論和實踐也是以那個時代的社會為背景。當時，一個企業最多僱用幾百人，企業所有權是家傳的，一般不超出兩代或三代人。因此，少數企業的倒閉不會影響全社會。但是，到二十世紀初期，隨著大工業的發展，許多製造業工廠僱用的工人都在三四萬人以上。在世界性經濟大蕭條中，有些工業區幾個月內解僱的工人數以萬計。而一個大工業城市如果有兩三個工業區一下子解僱兩三萬人，勢必造成嚴重的社會問題。在這種形勢下，古典經濟學的法則失靈了。

梅奧同時指出，許多世紀以來，「群氓」假設一直是以制定法律、組織政府和經濟活動的指導為前提。由此昇華出「極權國家」的思想。這種國家憑藉至高無上的權威，對「群氓」實施強制性的法治和秩序。那個時代形成許多理論和教條，與當代希特勒和墨索里尼的言論如出一轍，毫無二致。大眾只有「群氓」，社會必須採取強制性的獨裁統治，這正是希特勒瘋狂思想的基礎之一。

歸結起來說，正如該書前言中所指出的，第一章〈進步的陰暗面〉旨在喚起對系統研究中的失衡現象 —— 過分重視技術和物質方面，忽視人文和社會方面的注意。而第二章對「群氓」假設的分析，則揭示了西方社會在政治思想和經濟思想領域中的弱點。如果說梅奧在該書第一部分「科學與社會」中提出了問題，那麼他在該書的第二部分則是試圖探索解決問題的出路。他想透過畢生從事工業研究的實踐和經驗，總結出一套求得資本主義社會和諧發展的方法和途徑。

在該書第三章〈第一次調查〉部分中，梅奧介紹了他的第一次調查的過程和結果。按照作者本人的說法，這次調查「澈底篤定了認為只有私利才是激勵和推動人工作的全部動力的假設」。

梅奧的實驗把人們的認知向前推進了一步。以往，只重視效率的專家們從「群氓」假設出發，認為工人們關心的只是自身的物質利益；他們從不與工人對話，把工人的抱怨看作是誇大其辭或誤解而置之不理。結果，他們提出來的刺激工人積極度的辦法總是不能奏效。另一方面，梅奧小組把細膩入微的考慮和分析工人工作和思想狀況，作為「臨床」觀察和診斷的重要部分，得出了許多令人驚詫的結論，其中有一些在當時甚至是難以解釋的。

在該書第四章裡，梅奧進一步分析了霍桑實驗的結果，但他聲明這種分析並不能概括哈佛大學工業研究系的全部工作，只不過是個例子而已。而且，他也不打算詳細敘述霍桑實驗的完整過程，有興趣的讀者可以去查閱梅奧的哈佛同事、霍桑實驗第二階段的主要研究人員之一羅特利斯伯格與西方電器公司狄克森合著的《經理與工人》一書，或者他的另一位同事懷特黑德所著《產業工人》一書。

梅奧提出，現代大工業的管理必須解決的三個主要問題或三項基本任務是：

第一，將科學和技術應用於物質材料的生產。

第二，系統化的建立生產經營活動的秩序。

第三，安排工作，其實質是在工作群體中實現持久的合作與協調。

上述三項，前兩項歷來受到重視，人們已經進行了大量研究和實踐；第三項卻幾乎完全被忽視了。但事實業已證明，如果這三項失去平衡，任何組織都無法獲得整體上的成功。對於一個結構複雜的大型組織來說，成功有賴於全體成員的齊心協力。事實說明，生產的增加可能一一歸因於工作條件的逐步改變；與物質環境要素變化的同時，還發生了某種更重要的變化。

梅奧在該書第五章〈缺勤與工人流動率〉中首先提到哈佛大學工商管理學院研究組在 1933-1943 年間，繼續進行了性質大不相同的許多項調查。他們發現，很多小企業在戰時擴大了規模、由數十人膨脹到數千人，原先的家庭作坊式管理已經不敷需求。生產經營的指揮出了問題，儘管認知到安排工作很重要：哪個企業的人際關係處理得好，哪個企業的生產就做得好。但在實際上，人際關係還沒有得到足夠的重視，協調人際關係仍然是工業企業管理方面的薄弱環節。1943 年初，當時第二次世界大戰依然正在激烈的進行之中，美國社會卻出現了普遍的缺勤現象，大批工人隨意曠工，脫離勞動生產職位，為戰時生產造成了嚴重的後果。透過對這一不尋常的社會現象的周密調查，獲得了幾點極為重要的結論，主要有以下三點：

首先，在工業企業裡，如同在任何其他存在人際關係的組織裡一樣，經營管理人員每天與之打交道的不應該是作為「群氓」的個人，而應該是組織緊密的群體（勞動組合）。如果由於內外各種原因，企業內部沒有能形成這樣的組織，就會出現一系列不正常現象，諸如曠工、工人流動率高等等。應該認知到，作為「社會人」，其本性或特點之一是在勞動中與其他人進行交往，緊密的結合在一起。經營管理者忽視人際關係的調整，必然造成生產中的重大問題。

其次，認為單靠僱用時進行的一系列測驗和面試，就能預測一個工人進廠後的工作表現，這種想法如果不是錯誤的話，至少是片面的，靠不住的。調查顯示，一個工人進廠以後，他與班組其他人的關係如何，在很大程度上將決定這個工人的工作表現，並直接影響到他全部才能的正常發揮。

最後，經營管理人員一旦拋棄視工人族群為「群氓」的錯誤觀念，重視企業內部人際關係的不斷調整，就能獲得驚人的成果。

當然，這些發現並沒有消除從固定型社會向適應型社會過渡的過程中所產生的種種尖銳的社會矛盾和問題。但是，只要勇於面對現實，認真調查研究，不迴避矛盾，重視企業人際關係的協調，很多問題都可以迎刃而解。遺憾的是，迄今為止，如何協調好應用性社會中的人際關係仍然是文明世界面臨的一項重大問題。

該書的第六章〈僅僅愛國主義是不夠的，我們絕不能對任何人抱有怨和恨〉是全書的核心，也可以說是梅奧思想的核心。他大聲疾呼，要求資本主義社會重視社會技能和技術技能的同步發展。換句話說，就是要高度重視生產關係的調整，一味追求生產力的發展，忽視生產關係的調整，將帶來難以衡量的嚴重後果。

儘管梅奧並未開出解決資本主義社會各種矛盾的藥方，但還是應該客觀的看到，他對現代資本主義社會的分析不乏精闢之處，至今仍給予啟迪。

梅奧始終認為，現代科學技術是極大的進步了，但現代社會的人際關係並未改善，反而惡化了。這兩者之間的不協調發展潛伏著極大的危險。正如梅奧在這一章中指出的，近兩個世紀以來，工業文明在促進社會人際關係方面，幾乎是毫無作為，相反，為了保證科學和物質文明禮貌的進步，有意無意的阻礙了社會協調和合作的發展。換句話說，西方世界在建立適應型社會 —— 這個社會將為每個公民提供高水準的物質享受的過程中，完全忽視了人際關係的調整 —— 保證每個公民積極的自發的參與建設這樣一個社會的實踐，其後果是眾所周知的，現代資本主義社會創造了高度的物質文明，同時也造成普遍的憤世嫉俗情緒，相互猜忌、敵對和仇恨。正是這種社會情勢，為希特勒在德國上台創造了條件。

梅奧強調，近年來，教育和政府工作的缺陷已構成了對文明世界的威脅。現代文明迫切需要新型的政府領導人。這些人能夠超脫於社會的紛爭之外，公正而客觀。他們充分了解社會人際關係的現狀。這樣一種素養只有透過系統化、嚴格的訓練和教育，才能夠獲得。

在全書的末尾，梅奧再次重申了他的一個重要觀點：如果社會關係和科學技術、生產力等因素得到同步發展，歐洲戰爭本來是可以避免的。

延伸品讀

梅奧有兩項成果值得稱譽。第一，他強調調管理人員必須考慮工作環境的人性和社會因素，而不僅是被工作的技術組織所環繞。在二十世紀初和 1930 年代，提出這一觀點並不只是梅奧一人，而在霍桑實驗中，他把他的觀點與大規模研究項目結合起來，而後者正好為他提供了科學依據。第二，梅奧表現了在工地進行長期研究的好處，與其他研究人員的挫折經歷不同，梅奧可以說服西部電器公司繼續拓展在霍桑的研究計畫，而公司並未十分關心短期利益，也沒有要求研究指出組織上的缺陷。梅奧和霍桑的研究人員開闢了工作環境研究的新空間，此後許多社會科學家開始探索這個領域。自梅奧之後，管理人員和社會學家一直致力於尋找新的可以創造霍桑效應的方法。

系統組織理論的創始人
—— 切斯特·巴納德

管理巨匠檔案

全　名　切斯特·巴納德（Chester I.Barnard）
國　別　美國
生卒年　西元 1886-1961 年
出生地　美國麻薩諸塞州

經典評介

切斯特·巴納德，西方現代管理理論中社會系統學派的創始人。代表作《管理人員的職能》等被譽為美國現代管理科學的經典之作。他為建立和發展現代管理學做出了重要貢獻，他在人群組織問題上的貢獻是最傑出的。

管理巨匠簡介

切斯特·巴納德，西元 1886 年出生於美國麻薩諸塞州一個貧窮的家庭。1906-1909 年期間在哈佛大學攻讀經濟學。由於拿不到一項實驗學科的學分，1909 年未拿到學位的巴納德離開哈佛大學，進入美國電話電報公司開始了他的職業生涯。1927 年起擔任紐澤西貝爾電話公司總經理，一直到退休。

巴納德不僅是一位優秀的企業管理者，他還是一位出色的鋼琴演奏家和社會活動家。他曾經擔任過巴哈音樂學會的主席；幫助美國原子能委員會制定政策；在 1930 年代大蕭條時期擔任紐澤西州減災委員會總監；1942 年，巴納德創立了聯合服務組織公司並出任總裁；1948-1952 年擔任美國洛克斐勒基金會董事長。巴納德在漫長的工作實踐中，不僅累積了豐富的經營管理經驗，而且還廣泛學習了社會科學的各個分支。

1938 年，巴納德出版了著名的《管理人員的職能》一書，此書被譽為美國現代管理科學的經典之作。

1948 年，巴納德又出版了另一重要的管理學著作 ——《組織與管理》。巴納德的這些著作為建立和發展現代管理學做出了重要貢獻，也使巴納德成為社會系統學派的創始人。由於巴納德在企業性質和組織理論方面的傑出貢獻，他被授予了七個榮譽博士學位。

代表著作

* 1922 年，《組織實踐中的業務原則》
* 1929 年，《社會進步中企業利益》
* 1930 年，《為社會服務的大學教育》
* 1935 年，《管理人員能力的培養》
* 1936 年，《雇主和職業指導》
* 1937 年，《關於能力的理論》
* 1938 年，《管理人員的職能》
* 1938 年，《關於經濟行為中的理性》
* 1939 年，《工業關係中的高層管理人員的職責》
* 1940 年，《集體合作》
* 1945 年，《管理人員的教育》
* 1945 年，《倫理和現代組織》
* 1947 年，《工業研究組織的若干方面》
* 1948 年，《組織與管理》
* 1955 年，《企業首先的基本條件》

管理智慧

巴納德論組織

組織是一個合作的系統。

巴納德獨創性的提出了組織的概念，認為組織是一個有意識的對人的活動或力量進行協調的體系，其中最關鍵的因素是管理人員。在此基礎上，巴納德又闡述了正式組織的定義、正式組織的基本要素以及正式組織與非正式組織的關係。

巴納德認為正式組織是有意識的協調兩人以上活動的一個體系。他認為這個定義適用於各種形式的組織，從公司的各個部門或子系統，直到由許多系統組成的整個社會。不管哪一級的系統，全都包含著三種普遍的要素：合作的意願、共同的目標和資訊溝通。

一、合作的意願

任何一個組織都是由許多具有社會心理需求的個人組成的，如果組織中的個人都不願意相互合作，那麼組織的目標就無法完成。

好的組織是一個合作系統。組織成員有合作的意願，意味著個人要克制自己，交出自己的控制權、個人行為和非個人化等。沒有這種意願，就不可能將不同組織成員的行為系統的結合起來，協調一致的活動。例如，作為工廠的一名工人，就必須按時上班，嚴格按照工廠機器操作運轉的規律進行，遵守工廠的各項制度，使個人行為變得非個人化。大多數時候，不同成員的合作意願是不同的，同一個人不同時候的合作意願的強度也是不同的，個人並不能自發的產生合作意願。

那麼，為什麼很多組織還能正常運轉呢？

那是因為個人認為透過自己的努力和犧牲，能使組織的目標得到實現，從而會有利於個人目標的實現。如果個人認為自己所做的努力和犧牲不會有利於個人目標的實現，他就可能不願意做出努力和犧牲。

因此，巴納德提出了一個著名的關係公式：誘因≥貢獻。

所謂誘因是指組織給成員個人的報酬，這種報酬可以是物質的，也可以是精神的。所謂貢獻是指個人為組織目標的實現而做出的貢獻和犧牲。由於誘因和犧牲的尺度通常是由個人主觀決定的，不是由客觀決定的。因此，組織滿足這些誘因也是有一點困難的。有的人看重金錢，有的人則看重地位，有的人側重於自我目標的實現，對於不同的人，組織要給予不同的激勵。

二、共同的目標

可以說，合作的意願如果沒有共同的目標是發展不起來的。如果組織成員不了解組織要求他們做什麼，做成功以後他們會得到什麼樣的回報，就不可能誘導出合作的意願來。

對組織成員個人來說，組織的目標不一定是一種「個人」目的，但必須使他們看到這種共同目標對整個組織所具有的意義。組織動機和個人動機是不同的，而個人之所以為組織做出貢獻，並不是因為組織動機就是他們的個人動機，而是因為他們感到，透過組織目標的實現，有助於實現他們的個人目標，並獲得相應的滿足。

巴納德認為只有當組織給個人的報酬大於或等於個人為組織做出的貢獻時，個人才可能願意為組織目標的實現做出個人的努力和貢獻。在管理中把組織目標與個人目標結合起來的思想，被認為是管理思想發展史上具有里程碑意義的思想。

巴納德強調個人目標與組織共同目標之間相互協調的問題，並指出管理人員必須能夠協調個人目標與組織目標之間的矛盾。

巴納德強調，組織目標是整個組織存在的靈魂，也是組織奮鬥的方向。但是組織的共同目標不是一成不變的，它應當隨著組織規模的變化、人員的變化、外界環境的變化和發展而隨時調整。組織目標制定的好壞對組織目標能否實現的作用也非常大。

巴納德認為在制定組織目標時，應具備綜合性、整體性、清晰性、可分性和層次性等特點。確定組織目標時應遵循靈活性與一致性相結合的原則，要有一定的可能性，同時也要有一定的挑戰性。

三、資訊溝通

作為第三要素，它使前兩個要素得以動態的結合。個人合作意願和組織共同目標只有透過資訊溝通才能連結和統一起來，內部資訊交流是實現組織目標的基礎。

巴納德規定了資訊溝通的一些「原則」：

資訊交流的管道要為組織成員明確了解。組織的每一個成員都有一個明確的、正式的資訊交流管道，即每一個成員必須向某個人報告或從屬於某人。資訊交流的管道必須盡可能的直接和簡捷。資訊交流和資訊傳遞有正式和非正式、書面與口頭等不同的方式。很多情況下，資訊往往要經過若干環節才能到達最終需求者手中，在這個傳遞的過程中，不管是有意還是無意，都可能會產生資訊的失真和誤導。管理者必須採用各種方法糾正資訊失真，譬如讓資訊表達得清楚明瞭、縮短資訊傳遞過程、採用先進的科學技術等等。

巴納德也非常重視非正式組織的作用。非正式組織即不屬於正式組織的一部分，並且不與管轄它的有關的人員相互作用。非正式組織沒有正式的結構，成員之間的連結非常鬆散，常常不能自覺的意識到共同的目的，而是透過與工作有關的接觸或者是共同的興趣愛好產生的，並因而確立了一定的習慣和規範。非正式組織常常為正式組織創造條件，反之亦然。企業的管理者如果也能是非正式組織的領導者，那麼這個管理是非常成功的。

巴納德發現，非正式組織發揮著三種作用：

1. 資訊交流。
2. 透過對合作意願的調節，維持正式組織內部的團結。
3. 維護個人品德和自尊。這些職能是普遍存在的，能使正式組織更有效率，並提高正式組織的效力，使非正式組織成為正式組織的不可缺少的部分。

關於經理人的職能

很多西方學者認為巴納德的核心貢獻是關於管理人員的職能的論述。他提出了管理人員須具有三項基本職能，分別是：

一、建立和維持資訊交流系統

巴納德認為，正式組織的複雜性使得有必要建立一個資訊交流系統。這是因為組織中的各個部分和要素必須連結為一個整體，共同的目標必須有明確的規定，並且讓組織的成員都接受，使活動的進展維持正常的順序，這些要求，一旦離開資訊交流系統便無法得以實現。即使有溝通管道，也應該是方便和直接的。

這樣的資訊系統也就是管理人員組織。管理人員組織的建立包含確定管理人員的職務，以及找到合適的人來擔任這些職務，讓他們充分發揮他們的才能。這樣的管理人員應該具備一定的素養，他們要善於領會組織的整體性和複雜性，使組織中的各個部分協調的工作，這是管理人員最重要的特質；他們還必須領會到與組織有關的整個形勢和組織所承擔的責任，他們要忠於組織，要有勇氣、有判斷力，接受過專門的學習和訓練。由此可見，建立一個這樣的資訊系統是需要技巧的。

二、獲得必要的服務

這項職能主要指的是以下內容：招募和選拔能力最好的、做出貢獻並協調的進行工作的人員；採用巴納德所說的維持組織的各種方法和手段。比如說士氣的維持，誘因的維持，監督、監察、控制等的維持，透過這麼多的維持，來保持組織系統的生命力。如果這些因素維持得不好的話，對組織的正常運轉非常不利。

三、提出和制定目標

巴納德認為，規定組織的目標職能由單個管理人員是不可能完成的，這樣即使制定出來也是不會被成員所接受的，只有被接受的才能實現。

組織的整體目標要由各個部門的單獨的具體的目標來整合，這其實就是把組織的權力交給各個部門，讓所有的部門都接受組織的目標，相互連結起來協調的實現組織的目標。這其實是「目標管理」思想的萌芽。

上面列出了管理人員的三項職能，顯然這些職能並不是孤立的，而是整個組織的組成要素。與其說這是一種科學，倒不如說這是一種藝術，他們不僅要決定各個部門採取的措施，還要從整體上來領會和平衡，來合理安排，在做一項決定時，要綜合考慮對多個部門的影響，考慮到決定的好處，也要考慮到它的壞處。所以高層的管理者們要有整體的系統的觀念，要在各個部門的利益之間找到最佳的平衡。

關於管理人員的權威

巴納德除了研究管理人員職能的理論外，還深入研究了管理人員的權威問題。以往的權威概念是建立在某種等級序列或組織地位基礎之上的。巴納德則強調權威由作為下級的個人來決定，給予了一種自下而上的解釋。如果管理人員的指示得到執行，則執行人身上就展現了權威的建立，如果沒有執行則說明他否定了這種權威。巴納德提出了一個「無差別區」的概念來解釋一個組織如何才能夠在這種獨特的權威概念下進行工作。在這個無差別區中，每個人不允許提出有關權威的問題而必須接受命令。這個無差別區可大可小，這取決於組織提供給個人的誘因超過其負擔或犧牲的程度。

「地位權威」指的是，命令之所以被接受就因為上級具有權威，而不管上級的個人能力如何；在另一種情況下，命令之所以被接受是由於下級對某個人的個人能力的尊重和信任，而並不是因為他的級別或地位，巴納德把這叫做「領袖權威」。當地位權威與領袖權威結合在一起時，無差別區就無比的寬廣。

巴納德反覆強調使個人參與合作的重要性，認為只有在符合以下四項條件時，個人才會認為上級的命令是有權威並可以接受的：

一、　個人能夠並確實理解所傳達的命令。

二、　他們認為這個命令與組織目標是一致的。

三、　他們認為從整體來說，這個命令與他們的個人利益是一致的。

四、　他們在精神上和體力上能遵守這個命令。

生活中我們經常發現這樣的現象：同樣是主管，有的人在員工中的威信很高，他頒布的命令下屬會很盡心的去完成；有的主管則不然，員工們雖然在表面上不敢說什麼，但背後卻不執行他的指令。

這樣的差別就是由權威造成的。權威高的領導者，員工從內心佩服他，願意為他工作，沒有權威的領導者，員工則背離他，對他產生厭惡、反感的情緒。領導者要懂得建立權威的原則，很重要的一項就是不能發布無法執行或者不能執行的命令，這樣做只會削弱權威，影響員工的士氣。當有些命令難以執行卻又必須發布時，主管人員要給予必要的教育和解釋，採用一些積極的激勵措施，確保命令得到執行。

巴納德認為，領導者的領導行為包括四項內容：

一、　制定行動目標。即依據組織的宗旨或任務制定自己的行動目標。在制定目標以前，他應該集思廣益，善於聽取各個方面的意見。但是，一旦目標確定以後，就應該堅決實現。

二、　發揮組織領導能力。技術和專業知識固然重要，但更應該注意發揮組織領導和人際關係方面的能力。

三、　善於應用組織機構。領導者的重要職責是協調組織中的各項活動，而不是從事具體的技術工作或專業工作。

四、　積極發揮全體組織成員的積極度。領導者的成績主要不是表現在他個人做了多少，而是表現在能否把全體成員的積極度激發出來。

當一個人被升遷為管理者時，他的權力就具有了，但權威的建立，還是要靠他們自己。

首先，他們要具有領導者的基本的特質。巴納德認為主要有以下這些：

一、　體力。特別是精神方面的活力和堅持力。這當然要有一定的身體健康為基礎，但兩者不能等同起來。主要還在於領導者精神和心理上的品質。領導者有了高度的活力和堅持力，才能承擔繁重的領導工作，獲得豐富的知識和經驗，並表現出吸引大眾的個人魅力。

二、　決斷力。做決策是領導者的主要職能，做決策必須看準時機，當機立斷，不能猶豫不決，耽誤時機，而且決策還要正確。

三、　處理人際關係的能力。領導者的主要職能之一是與人打交道。這首先就需要了解人，理解對方的思想、心理和需求，這樣才能做好說服工作，使人願意參與組織並發揮積極度。他們要善於與各種不同的人打交道，善於上下溝通。

四、　高度的責任心。領導者的權力很大，職責也很重，這些都要求領導者有高度的責任心，才能正確的使用權力，圓滿的完成職責。

五、　高度的智力。領導者要指引整個組織前進和處理各種重大的事務，所以，必須有高度的智力才能勝任。巴納德把智力放在領導者基本能力的最後，這是他在《管理人員的職能》一書中反覆強調的重視心理活動過程的必然表現。但放在最後，這並不意味著智力因素不重要，而是說首先要具備心理上的必要條件以後，再擁有高度的智力，才能做好領導。

巴納德管理學的方法論，是以員工和組織的區別和連結為基礎的。他認為，每一個員工都是一個單獨的個人，都以各種不同的方式來學習和了解周圍的事物，但他們並不真正了解自己，他們的行動往往受到自己沒有意識到的個人的需求和情感的影響。很多時候，他們的行為往往是主觀的、非邏輯的，和組織對他們的要求是有區別的。

巴納德用組織的「效力」和個人的「效率」將組織中個人目標與組織目標關聯起來，解決了這兩者的不一致。他認為，個人參與組織進行合作，是為了實現那些他們單獨做時實現不了的目標。如果合作是成功的，達到了組織的目標，這個合作系統就是有效力的。但效率則不同，它是指組織成員個人目標的滿足程度。由於合作是每個人為了滿足個人的目標而產生的，如果他們的個人動機得不到滿足，他們就會停止貢獻力量或退出該組織，因為從他們的觀點來看，這樣的組織是無效率的。在很多方面，巴納德對組織中管理職能的觀點遠遠超越了他所處的時代。巴納德的關於組織、正式組織、非正式組織以及管理人員職能等觀點仍然被廣泛的採納和應用。雖然巴納德的著作比較深奧、抽象和晦澀，但是他對管理學發展的貢獻卻處處閃耀著無法掩蓋的光芒。很難想像，沒有巴納德的理論，管理文化的發展會是什麼樣子。

經典語錄

一個合作系統是由許多個人組成的。但個人只有在一定相互作用的社會關係之下與其他人合作才能發揮作用。個人對於是否參與其合作系統（即組織）可以做出選擇。他們的這種選擇是以個人的目標、願望、推動力為依據的。每一個正式的組織都有一個既定的目標。當這個組織系統合作得很成功時，它的目標就能夠實現。這時，這個合作系統是有「效力」的。反之，如果這個組織的目標沒有實現，其合作系統一定存在毛病，將會崩潰或瓦解。所以，系統的「效力」是系統存在的必要條件。系統的「效率」是指系統成員個人目標的滿足程度。

管理人員必須規定組織的任務，闡明權力和責任的界限，並考慮到資訊連結的正式手段和非正式手段。權威存在於組織之中。權威是存在於正式組織內部的一種「秩序」，一種資訊交流的對話系統。如果管理人員發出的指示得到執行，在執行人的身上就展現了權威的建立，違抗指示則說明他否定這種權威。據此，指示是否具有權威性，檢驗的標準是接受指示的人，而不是發布指示的管理人員。

管理巨匠觀點

《管理人員的職能》是一本不易讀懂但卻非常引人入勝的書。這本書成為巴納德的成名之作絕非偶然，因為這實際上是他畢生從事企業管理工作的經驗總結。

巴納德非常重視組織的作用。他對組織下的定義是：組織是一個合作的系統。這個定義適用於軍事的、宗教的、學術的、企業的等多種類型的組織。巴納德在這裡指的是「正式的組織」。他認為透過對正式組織進行考察，可以達到三個基本目標：

一、　在一個經常變動的環境中，透過對一個組織內部物質、生物、社會等各種因素的複雜性的平衡來保證組織的生存和發展。

二、　檢驗必須適應的各種外部力量。

三、　對管理和控制正式組織的各級管理人員的職能予以分析。應當著重指出的是，巴納德在 1930 年代末期提出的，關於一個組織的生存和發展有賴於組織內部平衡和外部適應的思想，是具有獨創性的遠見卓識。

巴納德指出，一個合作系統是由許多個人組成的，但個人只有在一定的相互作用的社會關係之下，與其他人合作才能發揮作用。個人對於是否參與某一合作系統（即組織）可以做出選擇。他們的這種選擇是以個人的目標、願望、推動力為依據的。這些就是「動機」。而組織則透過其影響和控制的職能來協調和改變個人的行為和動機。但是，這種協調和改變並不總是能夠獲得成功的，組織和個人的目標也不一定總是能夠得到實現的。

由於個人目標和組織目標的不一致，巴納德提出了「效力」和「效率」這兩項原則。他認為，每一個正式的組織都有一個既定的目標。當這個組織系統合作得很成功時，它的目標就能夠實現，這時，這個合作系統是有「效力」的。反之，如果這個組織的目標沒有實現，其合作系統一定存在毛病，將會崩潰或瓦解。所以，系統的「效力」是系統存在的必要條件，至於系統的「效率」是指系統成員個人目標的滿足程度，合作「效率」則是個人效率綜合作用的結果。如果一個系統是無效率的，它就不可能是有效力的，因而也就不可能存在。這樣，巴納德就把正式組織的要求與個人的需求結合起來了。這個理論被西方管理學者譽為管理科學思想上的一個重大突破，至今仍為許多人所吹捧。

巴納德認為，管理人員的作用就是在一個正式組織中充任系統運轉的中心，並對組織成員的活動進行協調，指導組織的運轉，實現組織的目標。據此，他認為管理人員的主要職能有以下三個方面：

一、建立和維持一個資訊交通暢通的系統

為此，管理人員必須規定組織的任務，闡明權力和責任的界限，並考慮到資訊聯絡的正式手段和非正式手段兩個方面。非正式手段的資訊交流可以提出和討論問題，而不必做出決定和加重管理人員的工作，可以使不利影響減低到最小程度，並強化符合組織目標的有利影響，所以有助於維持組織的運轉。

二、從組織成員那裡獲得必要的服務

這主要包括，招募和選拔能最好的做出貢獻並協調的進行工作的人員，以及採用巴納德稱之為「維持」的各種手段，如「士氣」的維持，誘因的維持，監督、控制、檢查、教育、訓練等因素的維持，以此來維護合作系統的生命力。

三、規定組織的目標

除了前面的論述以外，巴納德把決策和授權的職能也包括了進來。授權是一種決策，這種決策包括所追求的目標和達到這些目標的手段兩者在內。其結果是在合作系統內部對各種不同的權力和責任加以安排，以使組織的成員知道他們怎樣為所追求的目標做出貢獻。至於決策本身則包括兩個方面：分析和綜合。分析是尋找能使組織目標得以實現的策略因素；而綜合則是認知到組成一個完整系統的各個要素或部分之間的相互關係。

巴納德認為，管理的藝術就是把內部平衡和外部適應和諧的綜合起來。各級組織都是社會這個大合作系統的某個部分和方面，每一個組織必須符合一定條件才能生存。巴納德詳細論述了管理人員的權威問題。他強調，管理人員作為企業組織的

領導核心，必須具有權威。什麼是權威？他認為，權威存在於組織之中。換句話說，權威是存在於正式組織內部的一種「秩序」，一種資訊交流的對話系統。如果經理人員發出的指示得到了執行，在執行人的身上就展現了權威的建立，違抗指示則說明他否定這種權威。據此，指示是否具有權威性，檢驗的標準是接受指示的人，而不是發布指示的管理人員。一些人失敗，因為他們不能在組織內部建立起這種表現權威的「秩序」。當多數人感到指示不利於或有悖於他們的個人利益，從而撤回他們的支持時，權威也就不存在了。巴納德分析了個人承認指示的權威性並樂於接受指示所必須具備的四個條件：

第一，他能夠並真正理解指示。

第二，在他做出接受指示的決定時，他相信該指示與組織的宗旨是一致的。

第三，他認為指示與他的個人利益是不衝突的。

第四，他在體力上和精神上是勝任的。

巴納德逐一作了如下闡述：

第一，無法被人理解的指示不可能具有權威性。例如，發布的指示語言晦澀，令人費解，或者只羅列一些空洞的原則，連發布指示的人自身都難以做到。在這種情況下，執行人對待指示的態度是可想而知的：或是不予理睬，或是敷衍塞責，應付差使。許多情況在發布指示時預見不到，作為彌補，就需要在貫徹過程中做出補充和修正。組織行政工作的重要任務在於結合具體實際，保證指示的執行。

第二，如果執行人認為指示與組織的宗旨不相符合，指示也難以得到執行。最常見的例子是許多指示自相矛盾，使人無所適從，難以執行。對這一類指示，聰明人就採取陽奉陰違的態度。所有有經驗的管理人員都懂得實際情況要求發布一項看來與組織宗旨不相符合的指示時，應該採取必要的措施，做出補救性的解釋和說明，力求使得這種不相符合的情況顯得並不存在。否則，這類指示很可能得不到執行，或執行得不好。

第三，如果一項指示被認為會損害作為組織一員的個人利益，人們就缺乏執行的積極度，而這種積極度正是使任何指示具有權威性的客觀基礎。在這種情況下，很可能出現不服從指示的現象。在日常生活中，許多人可能採取迴避態度，假裝生病或敷衍應付。也有人因此而自動辭職，離開組織。

第四，如果勉強一個無法完成指示任務的人去執行指示，結果只能是拒絕執行或敷衍了事。生活中常有這樣的例子，要求一個人去從事他力所不能及的事情，即使這種要求與他的能力之間的距離只相差「一點點」，但這「一點點」卻是決定性的，會影響他完成任務。

有人會問：既然權威的決定因素存在於被領導者之中，怎麼可能實現組織內部的協調一致和團結合作呢？回答是可能的。這是因為被領導者通常是在下列情況之下做出個人的決定；第一，組織發布的命令符合上述四項條件；第二，每個人都存在一個「中性區域」，在這個區域的界限之內，樂於接受命令，而不太過問命令的權威性；第三，大多數關心組織命運的人的態度會影響少數個人的態度，這有助於維護「中性區域」的穩定性。

巴納德在這裡做了進一步的闡述：

（一）　對於管理人員來說，建立和維護威信的最重要原則是不要發布無法執行或得不到執行的命令。有經驗的管理人員都懂得那樣做只能導致權威的削弱，破壞紀律，影響士氣。重要的是當你需要發布有可能難以接受的命令時，事先進行必要的說明和教育。採取必要的刺激積極度的措施，以防止出現有損權威的現象而確保命令得到執行。一些缺乏經驗的基層管理人員由於不了解這一原則，結果導致他們領導的組織出現混亂局面。有經驗的管理人員有時由於失去自制力或濫用職權，也會發生類似問題，這就是常說的「濫用權威」。

（二）　「中性區域」這個詞也可以做如下解釋：如果把所有的命令按接受者可能接受的程度排一排隊，可以想像其中有一部分是明顯不能接受的，也就是說，不會被服從的命令；另一部分處於中間狀態，即可能被接受，也可能不被接受；第三部分則是毫無疑問的會被接受的。這中間一類就是屬於所謂的「中性區域」。接受者採取一種無所謂的態度對待這一類命令，而不過問命令的權威性問題。

「中性區域」的範圍可大可小，取決於對個人的利誘和物質刺激超過他所做出的努力和犧牲的程度。因此，一味要求個人做出貢獻，而不考慮給予相應的報酬，最終會使樂於接受命令的範圍越來越小。

（三）組織的有效性取決於個人接受命令的程度。因此，不服從組織的指示，否定組織的權威，對所有與這個組織休戚相關的其他人來說，實際上構成了一種威脅，除非他們也認為這種指示是不能接受的。在特定的時間內，多數人對於「中性區域」範疇的命令樂於接受，以維護組織的權威。這種多數人的意志是無形的，這就是人們常說的「輿論」、「組織意願」、「大眾情緒」、「集體態度」等等。這種多數意志有助於產生一種幻覺，似乎權威是來自上面。這種幻覺又有助於鼓勵個人接受上司的命令，而不使他們感到這樣做是出於卑躬屈膝，或害怕脫離大眾。

巴納德指出，以上所談論的僅僅是權威的主觀性質方面，這當然是重要的，但管理人員更關心的還是權威的客觀性質方面，即他的指示得到執行和被服從的實際情況。

「上級」本身並不等於權威。嚴格的說，只有當「上級」能代表組織的意志或組織的行動時，才具有權威。這就是我們常說的，只有當一個人作為正式組織的（官方）「代表」進行活動的時候，他才具有權威並能發揮相應的作用。這就是前面所說的「權威存在於組織之中」。

一個組織發布的指令只對本組織的成員發生效用，對於組織以外的人毫無作用，就像一個國家的法律只對本國公民具有效力一樣。一項由權力中心發布的指令具有權威的性質，反之則無。這種權威與身處權力中心的個人的能力關係不大。一個人可能本身能力有限，但由於處在「上級」的地位，他的意志自然的會得到重視和貫徹，這就是「職位權威」。另有一些人很有可能，他們的學識和理解能力深受人們尊敬，雖然他們在組織內部並不居於高位，但大家樂於聽從他們的意見，這就是「領袖權威」。當「職位權威」和「領袖權威」合二為一的時候，就會在組織內部產生龐大的信任感，包括處在「中性區域」以外的大眾也樂於接受組織的指示，這樣就能建立起真正的權威。

說到底，權威者終決定於個人。如果上述「職位權威」一旦暴露出無能，無視客觀條件而濫發指令，或者「領袖權威」忽視大眾的意願，權威就會喪失。所以，要維護這種權威，身處領導地位的人必須隨時掌握準確的資訊，做出正確的判斷。當然，生活中常有這樣的情況：一些人具有廣博的知識、遠見和能力，又能審時度勢，做出正確的判斷，雖然他們並不處於管理人員的領導職位上，但他們提出的意見經常被採納或運用，這些人具備影響力，卻不具有權威。在通常的情況下，提出指導組織行動的意見，應該是被賦予領導職位的人的責任。領導者把學識和才能化作組織的具體行為，對於建立起組織的權威是至關重要的。也就是說，不擔負相應的領導責任，就不可能具有相應的權威。

巴納德進一步就決定資訊交流（對話）系統的主要因素進行了探討。他認為，首先應該明確的宣布這種資訊交流溝通（對話）管道，做到人人知曉。換句話說，應該盡可能明確的建立起「權威的脈絡」。做到這一點的辦法有：及時公布官方的所有任命；明確個人的職位責任；明確宣布組織機構的設置和調整；進行說服等等。

其次，客觀權威要求把組織內部的每一個人都置於這種資訊交流（對話）系統之中，無一例外。換言之，「每個人必須向某個人做出報告」（這是組成資訊交流系統的一個方面），「每個人必須在某個人的領導之下」（這是組成資訊交流系統的另一方面），缺一不可。也就是說，在組織內部，必須建立起個人與組織之間的明確關係。

再次，這種資訊交流（對話）的途徑越直接，層次越少，距離和時間越短，就越好。這就是說，所有指令（書面的或口頭的）應該見諸文字，內容簡明扼要，避免任何誤會。為保證指令在傳達過程中不走樣，應當減少層次。

第四，應當注意資訊交流（對話）系統的完整性。組織領導者的指令要確保做到逐級傳達，人人皆知，防止越級現象的發生。

第五，應當注意的是主管機關或總部的工作人員必須勝任愉快。組織越大，主管機關越集中，對工作人員的要求也越高，特別是要具有應變的廣泛能力。

第六，應確保資訊交流（對話）系統在組織運行過程中，不出現中斷或停頓現象。

第七，每一項指令必須具有相應的權威性。也就是說，發布指令的人必須是享有「職位權威」的人，其所發布的指令應該符合他的身分和地位，即在他的職權範圍之內。這一點非常重要，必須做到人人皆知。授職儀式、就職典禮、宣誓就職、發布任命書、大會或適當場合公開介紹等等，都是達到上述目的的普遍做法。

以上所述的各項原則，對於大型組織（企業集團）建立客觀權威至關重要。至於大型組織的下屬機構，情況就要簡單得多。因為在下屬機構裡，資訊交流（對話）系統明確，「權威的脈絡」分明，這裡最重要的因素恐怕是本單位管理人員的個人能力，資訊交流（對話）系統的重要性相對要小得多。

延伸品讀

切斯特·巴納德寫《管理人員的職能》一書的直接原因，是他不能在經典組織學或管理學理論中為自己的管理經歷尋找充足的解釋。「如此嚴肅和難懂的一本書」被再版了那麼多次，且發行量和影響都在穩步上升，這事實上就是對巴納德的讚美，讚美他結合自己的智慧和經驗，以自己的力量和直覺發展了理論。實際上在任何關於組織學的文獻上，不管是關於專業知識的還是關於經營的，都能找到他的名字，或者作為一個奠基人，或者作為一種理論的發明人，每個時代的人都能在這種理論中發現某些東西是非常適用的。

巴納德的過人之處就在於他那異常複雜的理論和完整主義的方法，以至於很難把他歸入哪一派學說。由於他與哈佛和西方電器公司研究者的來往和他對合作的強調，很多人都把他歸於「人際關係」學派。而其他人又因為他對配合、溝通、主管行為準則的強調，而認為他仍屬於經典的「POSDCORB」（計劃、組織、人事、指揮、合作、報告、預算）傳統。

所有他的反對者和擁護者都批評了他深奧、抽象的敘述和缺少具體事例的評說。對於內容，批評他的遺漏超過了批評他的觀點，例如他忽視了對策略的闡述過程、董事會的責任、領導中的實際問題、如何促進雇員的參與等問題的論述。

巴納德奠定了美國「管理狀況」的基礎，使公司管理方式、程序和道德觀取代了政治系統，使得無論是對具體可數的事物還是對不可數的管理都表示認可。但巴納德沒有看到，他對高層主管、管理者們的道德正直期望過高，可能在現實中無法實現。

巴納德能夠恰當的把專業演講和作為實踐者的回憶結合起來，來說明研究和實踐可以相互協調、發展，這種能力一直被人們所稱道。

人性假設理論創始人
—— 道格拉斯・麥格雷戈

管理巨匠檔案

全　名　道格拉斯・默里・麥格雷戈（Douglas M.McGregor）
國　別　美國
生卒年　西元 1906-1964 年
出生地　美國底特律

經典評介

道格拉斯．默里．麥格雷戈，人際關係學派最具影響力的思想家之一，人性假設理論創始人，美國著名的行為科學家。他的學生評價他說：「麥格雷戈有一種天賦，他能理解那些真正打動實際工作者的東西。」

管理巨匠簡介

道格拉斯．默里．麥格雷戈，出生於 1906 年，他是 1950 年代末期湧現出的人際關係學派的中心人物之一（其他還有馬斯洛、赫茲伯格等人）。麥格雷戈在 1924 年他 18 歲的時候，還是一個服務站的服務生，後在韋恩大學獲得文學學士學位；1935 年，他獲得哈佛大學哲學博士學位，隨後留校任教。

1937-1964 年期間在麻省理工學院任教，他教授的課程包括心理學和工業管理等，並對組織的發展有所研究。但其中有六年（1948-1954 年）在安蒂奧克學院任院長。任院長期間，麥格雷戈對當時流行的傳統的管理觀點和對人的特性的看法提出了疑問。

1960 年 11 月在美國《管理評論》雜誌上發表了〈企業的人性面〉（The Human Sideof Enterprise）一文，這篇文章是他的代表作，在這裡他提出了有名的「X 理論和 Y 理論」，X 理論闡述了獨裁式的管理風格，而 Y 理論則闡述了民主式的管理風格。根據人類行為假設不論人們是否承認，都存在著某些管理風格。獨裁式的和監督式的管理風格反映了 X 理論的思想，而參與式的、社團式的管理風格，則表現了 Y 理論的思想。麥格雷戈在以後的著作中將這個理論進一步發揮，該文 1960 年以書的形式出版，這個思想對管理實踐產生了深刻的影響。

經典著作

* 1954 年，《管理的哲學》
* 1960 年，《企業的人性面》
* 1961 年，《管理人員在技術爆炸時期的責任》

管理智慧

除了人的工作動機之外，我們還必須知道人是如何看待工作的。這個問題在學術界一直有爭議。麥格雷戈認為，有關人的性質和人的行為的假設對於決定管理人員的工作方式來講是極為重要的。各種管理人員以他們對人的性質的假設為依據，可用不同的方式來組織、控制和激勵。基於這種思想，道格拉斯．麥格雷戈提出了有關人性的兩種截然不同的觀點：一種是消極的 X 理論，即人性本惡，另一種是基本上積極的 Y 理論，即人性本善。這一理論，任何一位管理者都應當熟知並嫻熟運用。X 理論闡述了獨裁式的管理風格，而 Y 理論則闡述了民主式的管理風格。透過觀察管理者處理員工關係的方式，麥格雷戈發現，管理者關於人性的觀點是建立在一些假設基礎之上的，而管理者又根據這些假設來塑造他們自己對下屬的行為方式。

X 理論精要

麥格雷戈把傳統的管理觀點叫做 X 理論。X 模式的特點，是管理者對人性做了一個假定 —— 人性醜惡，人們基本上厭惡工作，對工作沒有熱情，如非必要就會加以逃避。人類只喜歡享樂，凡事得過且過，盡量逃避責任。所以要使之就範，雇主必須用嚴密的控制、強迫、懲罰和威逼利誘的手段來對付之，例如扣減薪資、取消休假等，使工人能夠保證生產水準。其主要內容是：

多數人天生是好逸惡勞的，工作對他們而言是一種負擔，工作毫無享受可言。只要是有機會，他們就盡可能的偷懶，逃避工作。大多數人都沒有雄心壯志，沒有自己為之奮鬥的大的目標，也不喜歡負什麼責任，而寧可讓別人領導。他們缺乏自信心，把個人的安全看得很重要。

大多數人的個人目標與組織目標都是相互矛盾的，為了達到組織目標，必須靠外力嚴加管制。必須用強迫、指揮、控制，並用處罰威脅等手段，使他們做出適當的努力去實現組織的目標。大多數人都是缺乏理智的，不能克制自己，只憑自己的感覺行事，很容易受別人影響。而且容易安於現狀。大多數人都是為了滿足基本的生理需求和安全需求而工作的，所以他們將選擇那些在經濟上獲利最大的事去做，而且他們只能看到眼前的利益，看不到長遠的利益。人群大致分為兩類，多數人符合上述假設，少數人能克制自己，這部分人應當負起管理的責任。

X理論假設人對於工作的基本評價是負面的，即從本質上來說，人都是不喜歡工作的，並且一有可能就逃避工作；一般人都願意被人指揮並且希望逃避責任。基於上述假設，X理論得出這樣一個結論：對大多數人都必須實施強迫、控制以及指揮，甚至要以懲罰相威脅，才能使他們盡到自己的努力。管理人員以這些假設為指導，在完成其任務時有各種可能性。在一個極端，管理人員是「嚴厲的」，指揮人們行為的方法包括強迫和脅迫，嚴密監督。在另一個極端，管理人員可能是「溫和的」，指揮人們行為的方法包括寬容，以求相安無事。「嚴厲的」做法存在著一些困難，壓力引起反抗，員工會有敵對情緒。「溫和的」做法也有困難，它常常導致放棄管理。管理者為了相安無事，最終導致對業績的漠不關心。一種流行的做法是「堅定而公正」，這是一個兼軟硬兩種態度之長的企圖。正如老羅斯福的「言語溫和，但手中拿著棍子」。麥格雷戈提出的就是後面的這種胡蘿蔔加棍子式的管理方法。這時管理人員的職責和相應的管理方式是：管理者的角色是家長，是指揮，是督導。管理人員主要是要應用組織賦予的職權，發號施令，使對方服從，要求員工服從並符合工作和組織要求，而不考慮在情感上和道義上如何給予人尊重；管理人員關心的是如何提高勞動生產力、完成任務，他的主要職能是計劃、組織、經營、指引、監督；強調嚴密的組織和制定具體的規範和工作制度，如工時定額、技術規程等，讓員工服從，違反這些規定的人，就使用懲罰；應用金錢報酬來收買員工的效力和服從。

由此可見，此種管理方式是一方面靠金錢的收買與刺激，一方面靠嚴密的控制、監督和懲罰迫使其為組織目標努力。麥格雷戈發現當時企業中對人的管理工作以及傳統的組織結構、管理政策、實踐和規劃都是以 X 理論為依據的。胡蘿蔔加棍子的激勵理論在一定的環境中能夠合理發揮作用。管理人員可以提供或不提供用以滿足人的生理需求以及安全需求的各種條件。這種管理方式或者給員工一定的好處來誘惑他們，或者靠制定嚴格的制度來懲罰限制他們，但無論哪種都是從外部來刺激員工，提高他們的工作熱情。

儘管各種激勵的研究和理論已居顯要地位，但獎勵和懲罰仍然是一種有力的激勵因素。通常使用薪資或者獎金的形式向員工發錢。但是如果是不顧工作業績，透過一定時期的工作，每個人都能夠得到一根胡蘿蔔的話，例如，按年資調薪和升遷，定期論功加薪，或者是高階管理人員的獎金也不依據他們的業績標準，這樣是產生不了激勵的目的的。然而，麥格雷戈認為，人們經常過分的將它們認為是能夠激勵員工的唯一力量。實際上還有很多其他的因素。恐嚇形式的棍子在過去還能發揮一定的作用，如員工害怕失去工作、失去收入、扣發獎金，降級或者是其他的懲罰。然而，在現在的社會中，這種管理方式是很難產生應有的效果的。而且這樣的管理很容易導致員工的報復性行為。當人一旦已經達到了相當的生活水準而主要由較高需求來激勵時，管理人員不能為他提供自尊、同伴對他的尊重或滿足其自我實現的需求，他們只能創造出一些條件來鼓勵他，讓他便於為自己尋求這些滿足，也可以用不提供這些條件來使他不能得到滿足。根據馬斯洛的需求層次理論，人有五種需求，分別為：生理需求、安全需求、社交的需求、尊重的需求和自我實現的需求。現代社會人們的生活水準普遍提高，人們的最基本的生理和安全的需求都得到了相當的滿足。

麥格雷戈的 X 理論的那種胡蘿蔔加棍子式的管理理論，針對較低層次的生理和安全的需求有效，而對於社交、尊重和自我實現這三種較高層次的需求，無法給予滿足。但是，由於使得員工的較低需求得到了滿足，管理人員就使得自己再也不能應用傳統所講的各種方法作為激勵因素。

要想真正有效的管理，人性的基本假設就要變化。如果人性的基本假設不變，即使有的時候採用了分權式的目標管理、民主協商的管理方式等新的管理策略，那也只是新瓶裝舊酒，雖然表面上像是新的一樣，實質上說來也是發揮不了作用的。然而麥格雷戈認為，雖然當時工業組織中人的行為表現與 X 理論所提出的各種情況大致相似，但是人的這些行為表現並不是人固有的天性引起的，而是現有工業組織的性質、管理思想政策所造成的。他確信 X 理論所用的傳統的研究方法建立在錯誤的因果觀念的基礎上。透過對人的行為動機和馬斯洛的需求層次論的研究，他為「X 理論通行在美國工商界，並實實在在的影響了管理策略」而感到悲哀。

Y 理論精要

實踐證明，以 X 理論為前提的管理模式，造成人才創造性和奉獻精神的不斷下降、員工對工作績效的毫不關心等等不良後果，日益使人懷疑X理論是建立在錯誤的因果概念的基礎上的。因此，麥格雷戈又提出了一個新的 Y 理論。

與 X 理論消極的人性觀點相對照，麥格雷戈提出了 Y 理論。麥格雷戈認為，由於上述的以及其他許多原因，需要有一個關於人員管理工作的新理論，把它建立在對人的特性和人的行為動機的更為恰當的認知基礎上，於是他提出了 Y 理論。

Y 理論對於人性假設是正面的，假定人性本善，假設一般人在本質上並不厭惡工作，只要循循善誘，雇員便會充滿工作熱忱，在沒有嚴密的監管下，也會努力完成生產任務。

而且在適當的條件下，一般人不僅願意承擔責任，而且會主動尋求責任感。其主要內容是：

一般人都是勤奮的，並不是天性就不喜歡工作的，工作中體力和腦力的消耗就像遊戲和休息一樣自然。對有的人來說，工作可能是一種滿足，因而自願去執行；而對另外的一些人來說，也可能是一種處罰，因而只要可能，就想逃避。到底如何，要看環境而定。

外部控制、懲罰和威脅並不是使人們為組織目標奮鬥的唯一手段；沒有人喜歡外來控制和懲罰，外來的控制和懲罰並不是促使人們為實現組織目標而努力的唯一方法。它甚至對人是一種威脅和阻礙，並阻擋了人前進的腳步。人的自我實現的要求和組織要求的行為之間是沒有矛盾的。如果為人提供適當的機會，就能將個人目標和組織目標統一起來，使得承擔目標的程度與他們成績連結的報酬大小成比例，這時個人的積極度就大得多了。人類不僅是經濟人，還是社會人，人在追求不斷滿足的同時，不僅學會了接受職責，而且還學會了主動承擔職責。一般而言，每個人不僅能夠承擔責任，而且會主動尋求承擔責任。逃避責任、缺乏抱負以及強調安全感，通常是經驗的結果，而不是人的本性。人總希望自己在工作中獲得成就及成功，希望獲得高的成就。

大多數人都有一種實現自我、發揮自己潛能的欲望，這樣在解決組織的困難問題時，就會發揮較高的想像力、聰明才智和創造性，都充滿活力。在現代工業生活的條件下，一般人的智力潛能只是部分的得到了發揮。只要管理者給他們一定的條件和環境，對他們進行激勵，他們都會發揮很大的作用。激勵人們的最好辦法是滿足他們的成就感、自尊感和自我實現感等高層次的需求；而且，激勵在每一個階梯上都在發揮作用。

根據以上假設，相應的管理措施為：管理人員要負責為了經濟目的而安排生產企業的各項要素，消極被動或抵制組織需求並不是人的天性。他們之所以會這樣，是由於他們以往在組織中獲得的經驗；管理職能的重點上，在 Y 理論的假設下，管理者的重要任務是創造一個使人得以發揮才能的工作環境，發揮出員工的潛力，並對員工進行合理的引導，並使員工在為實現組織的目標貢獻力量時，也能達到自己的目標。此時的管理者已不是指揮者、調節者或監督者，而是輔助者和訓練者，這主要是一個創造機會、發掘潛力、鼓勵成長、提供指導的過程，他們對組織條件和作業方法進行安排，在旁邊給予員工支持和幫助；管理人員的責任在於使得人們有可能自己認知到並發展人的這些特性。

在激勵方式上，根據 Y 理論，對人的激勵主要是給予來自工作本身的內在激勵，讓他擔當具有挑戰性的工作，促使其工作做出成績，滿足其自我實現的需求；在管理制度上給予員工更多的自主權，給員工更多的信任、實行自我控制，讓員工參與管理和決策，並共同分享權力。

Y 理論並不是一種單純的理論。1950 年代初，麥格雷戈幫助 P&G 公司設計在喬治亞的工廠，依靠 Y 理論，使得這個工廠的工作業績迅速超過了 P&G 其他的工廠。不僅如此，在運用 Y 理論的過程中，也有一些創新思想和改革措施。

分權化與授權

隨著企業規模的擴大，授權逐漸成為一種必要。由於企業規模大，業務量大，管理人員能夠有效管理下屬的人數是有限的，因此就應該進行適當的授權，讓下屬在他們制定的範圍內做出決策。這些措施建立在上級對下屬信任的基礎上，使人免於受到傳統組織過於嚴密的控制，使他們有一定程度的自由來指揮自己的活動，承擔責任，滿足他們的自我需求。

參與及諮詢管理，就是讓員工在不同程度上可以參與企業的決策和各級管理工作的研究討論。在恰當的條件下，參與及諮詢管理鼓勵人們把創造性力量投向組織目標，使人們在涉及他們自身的事務上有某些決策權，為社會需求及自我需求的滿足提供了重大機會。這可以展現對下級的信任，也讓下級更有主人翁的意識，感覺到自己的利益是和公司的利益融為一體的，從而產生強烈的責任感和成就感。這樣員工的積極度會更高，對企業更加忠誠，對他們的工作更加滿意。鼓勵員工對自己的工作進行績效評價。以往的績效評價方法，都是上級對下級進行評價，事實上，絕大多數這類方案傾向於把人看成是裝配線上等待檢驗的一件產品。有少數公司（例如奇異公司等）在試行一些新辦法，其中包括由個人自己確定目標，每半年或一年對實績做出自我評價。在這種評價中，上級在這個過程中當然有著重要的作用，但是卻給了下屬很大的自主權。

X 理論與 Y 理論的比較

麥格雷戈的人性觀點對於激勵問題的分析具有什麼意義呢？這一問題在馬斯洛需求層次的框架基礎上，進行解釋效果最佳：X 理論假設較低層次的需求支配著個人的行為；Y 理論則假設較高層次的需求支配著個人的行為。

麥格雷戈本人認為，與 X 理論的假設相比，Y 理論更實際有效，因此他建議讓員工參與決策，為員工提供富有挑戰性和責任感的工作，建立良好的群體關係，這都會極大的激發員工的工作積極度。在過去的數十年中，世界許多大公司企業都較為堅定的相信道格拉斯．麥格雷戈的Y理論，他們相信人是願意負責、具有創造性和進取心的，每一位員工應當受到尊重和值得信任。並據此制定了大量的人才招聘、培訓、選拔和激勵制度和方案，結果在實踐中獲得了龐大的成功。麥格雷戈在《企業的人性面》一書中，把Y理論稱為「個人目標與組織目標的結合」，他認為關鍵不在於採用強硬的或溫和的方法，而在於要在管理思想上從X理論變為Y理論。X理論的假設是靜止的看人，現在已經過時了；Y理論則是以動態的觀點來看人，但這一理論也有很大的局限性。

「什麼也別想，只能按我們所說的去做。」

假設：工作者在思考方面受到先天性的限制並且懶惰，因此應對他們施加一些控制，甚至使用威脅和懲罰手段，以達到使他們生產出更多產品的目的。

「我們會照顧到你，但你只能做我們告訴你應該做的事。」

與獨裁式相比，這是仁慈的。假設：管理者清楚他的員工最急需什麼？

「讓我們一起工作，我們需要你的參與（但是我們還具有否決權）。」

假設：正面的自然的激勵（即報酬）和工人自發的願望，促使他（她）自己提高工作效率。

「讓我們平等的一起工作……我們需要你的投入，但絕對不會濫用職權強迫你們。」

假設：正面的自然的激勵（即報酬）和工人自發的願望，促使他（她）自己提高工作效率。

有些行為科學家批評了Y理論的一些缺陷。他們指出，Y理論對人的特性的假設有其積極的一面，而這種樂觀主義的看法，對爭取員工的合作和熱情支持是必須的。但是，不能說所有的人，在現實生活中有些人確實天生就是懶惰而不願負責任的，而且堅決不願改變。對於這些人，應用Y理論進行管理，難免會失敗。而且，要發展和實現人的智慧潛能，就必須有合適的工作環境，要創造出這樣一種環境來，成本也往往太高。所以，Y理論也並不是普遍適用的。當然，並無證據證實某一種假設更為有效。現實生活中，確實也有採用X理論而卓有成效的管理者案例。例如，豐田公司美國市場營運部副總裁鮑伯．麥格克雷（Bob McCurry）就是X理論的追隨著，他激勵員工拚命工作，並實施「鞭策」式體制，但在競爭激烈的市場中，這種做法使豐田產品的市場占有率得到了大幅度的提高。但 Y 理論還是能幫助 HR 改變管人的方式，改善管人的效果。

麥克雷戈認為若按照 Y 理論，領導者應發掘員工的潛力，達到「個人與組織目標的一體化」。除了滿足員工的生理需求外，還有他們的精神需求。然而，也有人發現一些雇員並不像 Y 理論所說的一樣，會珍惜責任和權力。相反，他們視長官為無能之輩，表面謙恭，背後卻飛揚跋扈，做事得過且過，這就是推行 Y 理論的措施時存在的問題。

根據分析結果，我們認為不可以純用 X 理論或純用 Y 理論來分析兩間企業的管理方法。X 模式和 Y 模式的假定都過於片面，並不適用於目前複雜的社會。不同的人有不同的特點，有的人性是善的，而有的人就是惡的。純 X 理論和純 Y 理論最大的缺點乃是忽略了人類的可塑性與多樣性。一個團體中良莠不齊，有的人較積極，有的人較消極，領導者若是先入為主的認同 X 理論或 Y 理論，必不能解決所有成員的問題。因此，X 理論與 Y 理論似乎都過於武斷，領導者必須視情況綜合運用，找出一種比較折衷的方案才是。

管理就是對人的管理，而人又是千差萬別的，因此說管理是一個非常複雜的工作，我們不知道該怎樣把握人的本性，怎樣合理的進行激勵，怎樣才能讓組織的效率最高。對人的認知是一個不斷深化的過程，同時需要管理人員不斷的摸索和實踐，需要他們根據實際的情況做出準確的判斷。雖然麥格雷戈留給我們的是 X 理論和 Y 理論，但是我們今後仍應該從整體上了解他的研究對人際關係的影響。

經典語錄

在一個極端，管理人員可能是「嚴厲的」或「強硬的」。指揮人們行為的方法包括強迫和脅迫（常常偽裝起來），嚴密監督，對行為緊密控制。在另一極端，管理人員可能是「溫和的」或「軟弱的」。指揮人們行為的方法包括寬容，滿足人們的要求，以及相安無事。那樣，人們就會易於控制，接受領導。

為了經濟的目的，管理部門要負責把生產性企業的各項要素組織起來，如貨幣、物資、設備和人員。就人員方面而言，就是一個指揮他們的工作、激勵和控制他們的活動、調整他們的行為以滿足組織需求的過程。

X 理論在美國的各個工業部門都有著廣泛的影響。從這種人性假設出發，使產生了傳統管理的以處罰為特徵的管理，以獎賞為手段的溫和的管理，以及以兩者的折衷為特徵的所謂「嚴格而公平」的管理。這些管理策略和方法或者以「蜜糖」為誘餌，或者以「皮鞭」相威脅，都是企圖透過外力的刺激來提高員工的工作熱情。然而，這些管理策略和方法現在都難以奏效了。一旦人們已達到了適當的物質生活水準，並主要是受到較高層次需求的激勵時，胡蘿蔔加棍子的理論就完全發揮不了作用了。

管理部門不可能給予個人自尊、他人的尊重或其他尋求這些需求的滿足，但可以創造出一些條件來鼓勵個人為自己尋求這些需求的滿足。管理部門也可以提供這些手段對他進行控制。

Y 理論的基礎是關於人性和人類動機的更恰當的假設。一般人並非天性好逸惡勞。人們從事腦力勞動和體力勞動如同休息和遊戲一樣，都是人的天性，如果環境適當，工作同樣是人們獲得滿足的來源。

管理巨匠觀點

1950 年代中期，道格拉斯．麥格雷戈在研究成功的管理者問題時，對當時流行的傳統管理觀點提出了疑問，隨後又對人的特性假設進行了修改。本書是其新管理理論的反映，也是有關企業中人的特性理論的代表作之一。

本書由三大部分（共計十六章）構成：管理的理論假設；Y 理論的實踐；管理才能的發展。現據原書結構將其主要觀點闡述如下：

（一）X 理論與 Y 理論

在這一部分，麥格雷戈對傳統的管理理論與新的管理理論進行了總結，這就是著名的 X 理論與 Y 理論。這一部分是全書的核心，其主要思想都在此得到闡述。

道格拉斯·默里·麥格雷戈將傳統管理觀點稱為 X 理論。X 理論由下述八項對人性的傳統假設而構成。

1. 為了經濟的目的管理部門要負責而把生產性企業的各項要素組織起來，如貨幣、物資、設備和人員。
2. 就人員方面而言，就是一個指揮他們的工作、激勵和控制他們的活動、調整他們的行為以滿足組織需求的過程。
3. 如果不透過管理部門的積極干預，人們會對組織需求採取消極的甚至對抗的態度。因此，必須對他們進行勸說、獎勵、懲罰、控制，即必須指揮他們的活動。這就是管理部門的任務。人們常常把這個意思概括為一句話：管理就是透過別人來完成事情。
4. 一般人生性懶惰，盡可能的減少工作。
5. 他們缺乏雄心壯志，不願承擔責任，寧願被人領導。
6. 他們天生就以自我為中心，對組織需求漠不關心。
7. 他們的本性就是反對變革。
8. 他們輕信而不明智，易於被騙子和野心家蒙蔽。

麥格雷戈認為，這種 X 理論在美國的各個工業部門都有著廣泛的影響。從這種人性假設出發，便產生了傳統管理的以處罰為手段的嚴格的管理，以獎賞為手段的溫和的管理。以及以兩者的折衷為特徵的「嚴格而公平」的管理。這些管理策略和方法或者以「蜜糖」為誘餌，或者以「皮鞭」相威脅，都是企圖透過外力的刺激來提高員工的工作熱情。然而，這些管理策略和方法都難以奏效了。他借用馬斯洛的需求層次理論，指出「蜜糖」加「皮鞭」式的管理策略只對低層次需求未獲滿足的人有效，而對於自尊、自我實現等高層次需求未獲滿足的人就無效了。因此，在現代社會條件下，隨著科學技術的發展，生理需求和安全需求都已得到相當程度的滿足，再想用 X 理論匯出的「蜜糖」加「皮鞭」式的管理方式來激發員工的工作熱情，顯然是做不到的。而且，在他看來，如果管理的人性假設未變，即使有時採用了分權的目標管理、協商的監督、「民主的」指導等新的管理策略，那也只能說是新瓶裝陳酒。

人們會毫不猶豫的承認，受到飢餓折磨的人是會生病的。生理的需求得不到滿足，會在行為上表現出後果。較高層次的需求得不到滿足，也會在行為上表現出後果，雖然這一點並不廣為人知。在安全、交往、獨立或地位等方面的需求得不到滿足的人，也是一種病人。就好像是軟骨症的病人一樣，他的病也會在行為上表現出後果。如果管理者把員工由此而形成的消極、敵對、拒絕承擔責任的態度歸結為天生的「人性」，那就錯了。這些行為的表現形式是病的症狀，病因是社會需求和自我需求未能得到滿足。一個較低層次需求得到了滿足的人，就不會再受到鼓勵去滿足那些需求。

從實際目的看，這些需求已不再存在。管理部門提供了滿足生理需求及安全需求的條件這一事實，已經使激勵的重點轉移到社會需求和自我需求上。除非在工作中存在著滿足這些較高層次的機會，人們就會感到欠缺，而他們的行為就將反映出這種情況。在這種社會條件下，如果管理部門繼續把注意力集中於生理需求，其實必然是無效的。在這種情況下，人們將不斷的要求得到更多的金錢。雖然優質產品和服務，對這些受限制的需求只能提供有限程度的滿足，人們仍然認為購買產品和服務將比任何時候都更為重要。也就是說，雖然在滿足許多高層次需求方面金錢只具有有限的價值，但是如果它是唯一可得到的手段，它就可能成為注意的中心。

麥格雷戈認為，在所有的激勵理論中都承認某種形式的「胡蘿蔔」可以誘發人們的積極度。通常是用薪資或獎金形式出現的金錢。即使金錢不再是唯一的激勵力量了，但它過去是而且將來繼續是一種重要的激勵因素。擔心的倒是用金錢作為「胡蘿蔔」的方法，這種做法通常是不顧工作業績，讓每個人都得到一根「胡蘿蔔」，透過這一類實踐如：按年資調薪和升級、定期論「功」加薪，而且高階主管人員的紅利也不是依據主管人員個人的業績。麥格雷戈簡單明瞭的做了一個比喻，如果一個人把驢子放在裝滿胡蘿蔔的畜欄裡，而站在外面拿一根胡蘿蔔誘惑牠出來，試問驢子還會走出圍欄嗎？

麥格雷戈指出恐嚇形式的「棍子」—— 害怕失去職務、失去收入、扣發獎金、降級或其他懲罰 —— 過去是而且繼續是有力的激勵因素。但是，它不是公認的一種最好的激勵因素。它常常會引起一些自衛性的或報復性的行為，如降低工作品質、高階主管人員對工作漫不經心、主管人員在決策中怠忽職守，不擔風險，或者甚至弄虛作假等。但是害怕懲罰是不容忽視的。而大多數主管人員從來沒有充分的了解他們職位上擁有的權力。無論他們是基層廠長或總經理，他們的地位給予他們的權力，或者扣發獎金，或者施加各種處罰，從而使他們能夠在很大程度上控制其下屬人員的經濟收益和社會福利，這就造成許多下屬人員「唯命是從」，對上級唯唯諾諾而不肯提出他們所考慮的意見，也就不足為奇了。

麥格雷戈指出，一旦人們已達到了適當的物質生活水準，並主要是受到較高層次需求的激勵時，胡蘿蔔加棍子的理論就完全沒有作用了。管理部門不可能給予個人自尊、他人的尊重或其他自我實現需求的滿足，但可以創造出一些條件來鼓勵個人為自己尋求這些需求的滿足。管理部門也可以用不提供這些條件，來使個人不能得到這方面的滿足。這種條件的創造並不是「控制」。控制不是對行為進行引導的好辦法。這樣，管理部門就發現自己處於一種獨特的處境。現代的科學技術創造的高生活水準，已使得生理需求和安全需求得到了較好的滿足，唯一的重要例外是，管理措施沒有造成一種對「公平機會」的信心，因而使安全需求未能得到滿足。但是，由於提供了滿足較低層次需求的可能性，管理部門使得自己再不能應用傳統理論所講的各種辦法來作為激勵因素，諸如報酬、許諾、刺激、威脅或其他強迫手段。

出於上述原因，麥格雷戈認為有必要在對人的特性和人的行為動機更為恰當的認知基礎上建立一個新理論。總結了當時已有的一些新思想，他提出了 Y 理論。Y 理論基於下述對人性的假設之上。

1. 人並不天生厭惡工作。從事體力勞動和腦力工作，對人們來講，就像遊樂和休息一樣，是自然的。根據一定的控制條件，工作可以使人感到滿足（人們就會自願去做），也可能使人感到是懲罰（人們就會逃避）。
2. 控制和懲罰不是使人實現組織目標的唯一方法。人們在自己所參與制定的目標，能夠實行自我指揮和自我控制。

3. 對參與獲得成就的報酬間接相關。

4. 在適當的條件下，人們不但能接受而且能主動承擔責任。

5. 大多數人都只有相當高度的用以解決組織問題的想像力、獨創性和創造力。

6. 在現代工業的條件下，一般人的智力潛能只是部分的得到了發揮。

麥格雷戈認為，傳統的組織理論和過去半個世紀的科學管理學派，把人們束縛在有限的工作上，使他們不能利用自己的能力，不願承擔責任，造成被動，工作也失去了意義。在這樣的環境下，個人對作為一個工業組織的成員的全部概念，比如習慣、態度、期望等都受到其他經驗的制約。在目前的工業組織中，人們習慣於受指揮、操縱和控制，而在工作之外去尋求社會的、自我的和自我實現的需求的滿足。許多工人是這樣，管理人員也是這樣。另外，人的激勵來自人的本性。人是一個有機的系統，而不是一個機械的系統，一個人有了各種「能量」的輸入，包括陽光、食物和水分等等，便能產生「行為」的輸出，包括人的智力活動、情緒的反應，以及其他種種活動。而影響行為的變數不僅有人的個人特性，而且有環境的特性。所謂激勵，就是使人的特性與環境的特性建立起適當的連結，以使其能產生管理者所預期的行為。因此，麥格雷戈認為對於管理者只要創造出某種適當的環境，就能有效的引導員工的行為，使其服務於組織的目的。

(二) Y 理論的應用

在這一部分，麥格雷戈著重研究如何實施 Y 理論，並總結了當時已有的一些與 Y 理論相似的創新思想在應用上獲得的成果。

麥格雷戈將 Y 理論稱為「個人目標與組織目標的結合」，認為它能使組織的成員在努力實現組織目標的同時，也好好的實現自己的個人目標，所以他認為關鍵不在於對採用管理方法的選擇，而在於管理的指導思想的轉變，即將 X 理論變為 Y 理論。這兩種理論的區別在於，是將人們當作小孩看待，還是把他們當作成熟的成年人看待。思想認知的轉變就會導致管理方法的變化。Y 理論的實施方法主要有：

1. 分權與授權。這是將人們從傳統組織的嚴密控制中解脫出來的方法。這種方法使人們有一定程度上的自由來支配他們自己的活動，並承擔責任。更為重要的是，可以滿足他們的自我實現的需求。西爾斯·羅巴克公司的管理層次很少的扁平型組織結構，就是一個很有趣的例子，該公司用某種帶強制性的辦法來推行「目標管理」，即擴大由經理直接領導的下級管理人員的人數，直到使經理無法繼續按傳統的方法去指導和控制他們的業務，只好實行分權與授權的目標管理。組織的職權是授予人們運用其判斷做出決策和發布指示的自由處置之權。分權是在組織結構中把決策的職權進行分散的趨向。在整個組織中，職權應在多大程度上集中或分散？有可能一個人獨攬大權的絕對集權，但這意味著無下屬管理人員，因此也就是無結構的組織。但另一方面也可能存在絕對的分權，因為如果管理人員把他們的職權全部下放，他們作為管理人員的身分不復存在，他們的職位也就此取消，這樣也就不存在組織。所以麥格雷戈認為分權與集權是兩種傾向。

2. 員工對自己的工作成績做出評價。按照 X 理論，通常是由上級替下級的工作成績做出評價。這種做法實際上把員工看成是裝配線上受檢驗的產品。而奇異公司試行過的一種新的管理方法，則要求員工為自己制定指標或目標，每半年或一年對工作成績進行一次自我評定。在這種新的管理方法中，上級仍然發揮著重要的領導作用 —— 事實上它比傳統的方法對領導提出了更高的要求。但對許多管理人員來說，他們寧願擔任這種新的領導角色而不願像以前那樣做「審判官」和「監督者」。最重要的是，這種新的方法鼓勵個人對制定計畫和評價自己對組織目標所做的貢獻承擔更大的責任，有助於員工充分發揮自己的才能，滿足自我實現的需求。麥格雷戈強調管理人員應注意工作豐富化和職務內容有更多變化的辦法，來消除因重複操作帶來的單調乏味感。它意味著職務工作範圍的擴大，只是增加了一些與此類似的工作，而並沒有增加責任。在工作豐富化方面，則是企圖在工作中建立一種更高的挑戰性和成就感，一項工作可以透過多樣化來使它豐富起來。

3. 參與式和協商式管理。在適當的條件下，參與式和協商式的管理可以鼓勵人們為實現組織目標而進行創造性的勞動；在做出與他們的工作有直接關係的決策時，為他們提供某些發言權；並為滿足他們的社會需求和自我實現需求提供重要機會，這是一種能獲得顯著成效的好方法。參與管理是指在不同程度上，讓員工和下級參與組織決策及各級管理工作的研究和討論。處於平等的地位商討組織中的重大問題，可使下級和員工感到上級主管的信任，從而體驗出自己的利益與組織發展密切相關，而產生強烈的責任感。同時，主管人員與下屬們在商討問題時，對雙方來說，都是提供了一個獲得別人重視的機會，從而給予人們一種成就感。多數人會因能夠參加商討與己有關的行為而受到激勵。正確的參與管理既對個人產生激勵，又為組織目標的成功實現提供了保證。

4. 擴大工作範圍。這是一種鼓勵處於組織基層的人承擔責任，並為滿足員工的社會需求和自我實現需求提供機會的方法。實際上，在工廠實行改組，擴大工作範圍，就提供了很大的機會來發展與 Y 理論一致的創新活動。
5. 其他方法。包括改善員工關係，創造良好的管理氣氛，合理利用獎酬和升遷機會等。

（三）成功的管理者

這部分是麥格雷戈早期研究有關成功的管理者的問題而寫的。重點是什麼才是成功的管理者，以及如何發展管理者的才能問題。事實上，前兩部分已在理論上做出了回答。這裡透過具體的分析，加深了對這些問題的了解。

在對主管人員進行了分析之後（領導是一種關係），提出了管理發展的程序問題。他指出，企業中的經濟、技術特性以及企業的組織結構，政策和實踐的影響，都是管理發展過程中的重要因素，成功的管理者就善於從這些因素中，尋找那些適合企業員工特性的發展因素。而所謂管理的技能卻是多方面的。譬如手工技能，解決問題的能力、社會活動能力。這些能力可以透過培訓而獲得，但是主要還是需要在工作實踐中去獲得，而且只有透過實踐才有可能累積成功的經驗。

最後作者對領導者群體進行了分析，認為由於領導者之間的相互關係構成了這種群體，而這種群體對領導的效能有好的結果，也會產生不利因素。合理而謹慎的掌握這種群體的關係，有利於領導獲得成功。

延伸品讀

對麥格雷戈提出的批評並不少。早期對其著作所持的異議是:它「規範」而不「客觀」;是關於信賴他人的一個議題，而不是真正的社會科學;除非你真正相信Y理論，否則你不會去應用它；而一旦你相信了它，你就犧牲了科學的公正。

更深刻的批評是，認為它繼承了「精神應用科學」，而美國人長期以來一直是這種「精神應用科學」的犧牲品。難道這不是戴爾·卡內基的《卡內基溝通與人際關係》及諾曼·文森特·皮爾的《積極思維的能力》的翻版嗎？難道它沒有涉及到「快樂策略」嗎？「快樂策略」是指，你裝作快樂，當別人對你的興高采烈做出相應的反應時，你真的變得很快樂。誰沒有遇到過美國式虛假的熱情所帶來的強制的好心情呢？

此外，Y 理論的效果取決於一個誤解。一個被慷慨的上司想到的員工，錯將幾句表揚誤解成是對他（她）獨特個性的評價。「我的老闆極其欣賞我！」而老闆實際只是以程序化方式對員工讚揚了一番，因為這是行之有效的人際關係策略。

另外，員工們很快認知到，Y 理論和它的普通精神禮物正在應用到每個人身上。因此，對任何人，包括員工中的每個人來說，都無多大意義。正如一部動畫片裡面所講的，「做得不錯，繼續努力 —— 不論你是誰」，老闆對一位不知姓名的員工說。然而我們不應該讓麥格雷戈對美國文化中流行的民間傳說負責任。如果你打算寫一本像這本書一樣的暢銷書，你一定能將國外的趨勢引進到那種文化中。麥格雷戈講述的是十分重要而新穎的東西。自從他去世以後，它們已成為具有重要意義的問題。

人性管理的理論大師
—— 亞伯拉罕・馬斯洛

管理巨匠檔案

全　名　亞伯拉罕・馬斯洛（Abraham Harold Maslow）
國　別　美國
生卒年　西元 1908-1970 年
出生地　美國紐約市布魯克林

經典評介

亞伯拉罕·馬斯洛，美國社會心理學家、人格理論家和比較心理學家，人本主義心理學的主要發起者和理論家，心理學第三勢力的領導人，人際管理理論大師。

管理巨匠簡介

亞伯拉罕·馬斯洛，1908 年出生於紐約市布魯克林區。

馬斯洛在 1926 年進入康乃爾大學，三年後轉至威斯康辛大學攻讀心理學，在著名心理學家哈洛的指導下，1934 年獲得博士學位，留校任教。1935 年在哥倫比亞大學任桑代克學習心理研究工作助理。1937 年任紐約布魯克林學院副教授，同時管理馬斯洛桶業公司。1951 年被聘為布蘭戴斯大學心理學教授兼系主任，開始對健康人格或自我實現者的心理特徵進行研究。1969 年離任，成為加州勞克林慈善基金會第一任常駐評議員。第二次世界大戰後至 1960 年曾任美國人格與社會心理學會主席和美國心理學會主席。

曾任《人本主義心理學》和《超個人心理學》兩本雜誌的首任編輯。

代表著作

* 1941 年，與貝拉·米特爾曼合著《變態心理學原理》
* 1942 年，《婦女中的控制、個性和社會行為》
* 1943 年，《衝突、挫折和威脅理論》
* 1943 年，《人類動機理論》
* 1954 年，《動機與人格》
* 1962 年，《發展中的心理學》
* 1965 年，《精神管理：一份日記》

* 1967 年，《科學心理學》

* 1971 年，《人性研究之父》

管理智慧

馬斯洛需求層次理論與行銷策略

馬斯洛理論把需求分成生理需求、安全需求、社交需求、尊重需求和自我實現需求五類，依次由較低層次到較高層次，從企業經營消費者滿意（CS）策略的角度來看，每一個需求層次上的消費者，對產品的要求都不一樣，即不同的產品滿足不同的需求層次。將行銷方法建立在消費者需求的基礎之上考慮，不同的需求也即產生不同的行銷手段。

根據五個需求層次，可以劃分出五個消費者市場：

1. **生理需求**→滿足最低需求層次的市場，消費者只要求產品具有一般功能即可。
2. **安全需求**→滿足對「安全」有所要求的市場，消費者關注產品對身體的影響。
3. **社交需求**→滿足對「交際」有所要求的市場，消費者關注產品是否有助提高自己的交際形象。
4. **尊重需求**→滿足對產品有與眾不同要求的市場，消費者關注產品的象徵意義。
5. **自我實現**→滿足對產品有自己判斷標準的市場，消費者擁有自己固定的品牌。

需求層次越高，消費者就越不容易被滿足。經濟學上，「消費者願意支付的價格≌消費者獲得的滿意度」，也就是說，同樣的洗衣粉，滿足消費者需求層次越高，消費者能接受的產品定價也越高。市場的競爭，總是越低端越激烈，價格競爭顯然是將「需求層次」降到最低，消費者感覺不到其他層次的「滿意」，願意支付的價格當然也低。

這樣的劃分是以產品分別滿足不同層次的需求而設定的，消費者收入越高，所能達到的層次也越高，拿洗衣粉舉個例子：

1. 「生理需求」消費者關注「產品確實是洗衣粉」，選擇價格最便宜的洗衣粉。
2. 「安全需求」消費者關注「洗衣粉品質好」，在價格相差不是很大的情況下，選擇品質較好的洗衣粉。
3. 「社交需求」消費者關注「產品對於交際的影響」，比如精美的包裝、香味、柔順等附加功能以及品牌的形象，都能讓消費者願意付出更高的價格。
4. 「尊重需求」消費者關注的是「獲得別人認可」，把產品當作一種身分的標誌，最優秀的技術、特殊的桶裝、獨一無二的功能，甚至包括最高的價格，都是他們選擇的理由。
5. 「自我實現」消費者已經擁有第一至第四層次的各種需求，他們對洗衣粉的認知轉變為某個品牌對其生活的影響，在精神上認可某個品牌，也就是洗衣粉的品牌精神內涵對於他們的選擇影響很大。

在低端市場的「生理需求」以價格作為支點，這一市場的競爭是最為激烈的，而且利潤也是非常薄的。產品只需要擁有最基本的功能，特點便是便宜，由於利潤很低，所以很多企業放棄了這一市場。然後，商場名言「薄利多銷」證明了這一市場是可以獲得成功的。

在中端市場的「安全需求」以產品品質作為訴求點，在中高級市場的「社交需求」以「社會認可」作為訴求點，「每眨一下眼睛，全世界就賣出四部諾基亞手機」的諾基亞廣告，表達的正是全世界消費者對諾基亞手機的認可，也即是第三層次的行銷策略。另外，一些廠商熱衷於大力宣傳「銷量第一」、「品牌第一」都是基於這一層次的廣告策略。筆記型電腦市場，大多數的筆記型電腦雖然號稱個性化、時尚（第三層次交際需求），但由於品質經常有問題，又經常表現為價格戰（第一層次），消費者滿意度總是上不去，所以在競爭中價格越降越低，利潤不斷流失。但是 IBM 則將筆記型電腦定位為商用，IBM 筆記型電腦與商務人士的身分融合，商務人士為了在交際中展現自己的身分，選擇 IBM 筆記型電腦就成了一種共識。

在高級市場的「尊重需求」以「價格及品質」的結合點搶占市場，要進入這一市場首先要價格高，然後是品質保證。價格高是吸引消費者關注的最直接因素，其次才是品質。BMW、賓士的品牌價值之所以很高，因為它們都有最高級的產品，最優秀的造型、性能使得它們成為有錢人的象徵。對於普通消費者而言，價格高使得他產生了「敬意」。所以，但凡經營企業，如果搶得市場的最高級，就能產生極強的品牌號召力。IBM 因為「深藍」超級電腦，讓全世界都認為 IBM 的電腦是最好的，這是最為經典的高級行銷案例。

針對「自我實現需求」，也就是對品牌忠誠的消費者，企業除了予以一定的回報，同時要完善服務，並且以品牌內涵來獲得消費者的滿意。品牌的內涵需要根據市場的變化而改變，比如麥當勞的「I'm lovin' it」品牌策略的轉變，就鞏固了年輕人對麥當勞的認可。透過企業與消費者長期的互動，消費者對於企業品牌就會形成一定的忠誠度，這種消費者來自於各個層面，也是企業最需要關注的族群。他們是企業生存的根本，同時他們還常常影響周圍的消費者對品牌的認知。任何一個企業都不能忽略這些忠誠的消費者，所以對於「老客戶」的關注，是任何一個企業都需要重視的行銷環節。

對品牌忠誠的培養，很多企業都已經開始從孩子做起。比如 NIKE，它在品牌上給孩子的印象是穿 NIKE 品牌標誌著成熟與長大，所以孩子們長大了會非常樂意買一雙 NIKE 鞋子。同時，NIKE 還是一種運動精神，NIKE 很完美的結合了運動。

市場競爭千變萬化，但是消費者的需求不變，只有五類。CS 策略要求提高消費者滿意度，企業必須根據市場的具體情況，了解其產品滿足的是哪幾個層次的消費者需求，然後才能有目的的制定行銷策略，有效的去提高消費者的滿意度。

經典語錄

有一種天生就富有創造性的人，這種人身上的創造驅力比其他任何反向決定因素都重要。這種人的創造性的出現，不是由於基本需求得到滿足而釋放出來的自我實現，而是不顧基本需求的滿足的自我表現。

某些有心理變態的人是說明永遠失去愛的需求的生動例子。根據實際資料來看，這種人在生命早期的歲月中就缺少愛，因而永遠失去愛和被愛的欲望和能力，這正如動物出生後沒有立即鍛鍊就會喪失吸吮和啄食的反應能力一樣。

有些人的志向水準可能永遠處於死寂或低下狀態。也就是說，在需求層次結構中較高層次的需求可能乾脆消失了，而且可能永遠消失了。結果，這種人始終生活在低水準，譬如長期失業，他們可能繼續在餘生中僅僅滿足於獲得足夠的食物。

當一種需求已得到長時間滿足時，需求的價值可能被低估。例如：從未受過飢餓的人容易輕視飢餓的後果，把食物看作是無足輕重的東西。如果他們被較高層次的需求所控制，這個高層次的需求的重要性就會壓倒一切。那麼很有可能出現這樣的情況：這種人為了較高層次的需求，而使自己陷入不能滿足更基本的需求的困境。可以預料，在這種較基本的需求長期缺乏之後，就會出現重新評價這兩種需求的傾向。這時，較優先的需求可能在曾經將它輕易放棄的人的意識中置於新獲得的優勢地位。這樣，一個為了保持自尊而辭去工作的人經過六個月的飢餓之後，可能不惜犧牲自己的尊嚴而重新找回工作。

管理巨匠觀點

在馬斯洛之前，西方心理學領域占主導地位的是兩大思潮，即以佛洛伊德為代表的精神分析學派（第一思潮）和以華生為代表的行為主義學派（第二思潮）。以馬斯洛為代表的人本主義心理學，無論在思想內容、研究方法和研究對象上，還是在心理治療方法上，都是對精神分析學說和行為主義理論的突破和揚棄，這樣就形成了西方心理學史上的「第三思潮」。《動機與人格》一書通常被認為是馬斯洛的奠基作，在這本著作中，他的一些主要思想都已形成，其中包括影響極大的「需求層次論」和「自我實現論」。

人本主義心理學的思想方法

馬斯洛始終強調在心理學研究中要採用整體論的方法。他認為，一種綜合性的行為理論必須既包括行為內在的、固有的決定因素，又包括外在的、環境的決定因素。佛洛伊德學說只注重第一點，而行為主義理論只注重第二點。這兩種觀點需要結合在一起。僅僅客觀的研究人的行為是不夠的。力求完整的認識必須研究人的主觀，必須考慮人的感情、欲望、企求和理想，從而理解他們的行為。馬斯洛認為應該把人作為一個整體、一個系統來研究，既然每個部分與其他部分都緊密相關；那麼除非研究整體，否則答案將是片面的。大多數行為科學家都企圖分出獨立的驅動力、衝動和本能來，對它們分別做研究。但這麼做通常都不如整體論方法有效，因為整體論方法認為整體要大於其他部分的總和。

人類動機理論

人類動機理論是本書的核心，從某種程度上也可以說，本書自始自終都在闡述人類動機理論。這種理論幾乎可以運用到個人及社會生活的各個領域。馬斯洛認為，個人是一個統一的、有組織的整體，個人的絕大多數欲望和衝動是互相關聯的。驅使人類的是若干始終不變的、遺傳的、本能的需求，這些需求是心理的，而不僅僅是生理的，它們是人類天性中固有的東西，文化不能扼殺它們，只能抑制它們。至於這些基本需求如何界定，馬斯洛指出作為一種基本需求，必須符合以下一些情況：

(一) 缺少它會引起疾病。

(二) 有了它免於疾病。

(三) 恢復它治癒疾病。

(四) 在某種非常複雜的、自由選擇的情況下，喪失它的人寧願尋求它，而不是尋求其他的滿足。

(五) 在一個健康人身上，它處於靜止的、低潮的或不起作用的狀態中。基於這種界定，馬斯洛把人類的各種需求分成幾種遞進的需求等級。

生理需求是人的需求中最基本、最強烈、最明顯的一種，人們需要食物、飲料、住所、性交、睡眠和氧氣。一個同時缺少食物、自尊和愛的人會首先要求食物，只要這一需求還未得到滿足，他就會無視或把所有其他的需求都推到後面去。馬斯洛認為，生理需求在所有的需求中是最優先的。其具體的意思是：在某種極端的情況下，一個缺乏生活中任何東西的人，主要的激勵因素多半是生理需求，而不是其他。一個缺少食物、安全、愛和尊重的人，他很可能對食物的渴望比其他的東西更強烈。如果所有的需求都得到滿足，機體就會受到生理需求的支配，所有其他的需求簡直變得不存在了，或者被推到了一邊。這時可以用「飢餓」一詞來描述整個機體的特徵，人的意識幾乎完全被「飢餓」占有。所有的機能都被用來滿足飢餓，這些組織機能幾乎都為一個目的所支配：消除飢餓。此刻，感受器官和反應器官，智力、記憶、習慣，這一切都可能被看作是消除飢餓的工具。那些對達到這個目的的無用的機能則潛伏起來，或被退入隱蔽狀態。在那種極端情況下，吟詩作賦的願望，購買汽車的願望，對美國歷史的興趣，買一雙新鞋的願望，所有這些全部被人遺忘，或者成為次要的要求。對一個極度飢餓的人，他唯一的興趣一定是食物而不是其他東西。他所夢見的、所想到的、所渴望的都只是食物；他所意識到的是食物，他所追求的也只是食物。其他更微妙的行為決定因素，通常與生理驅動力融合在一起，左右人的行為，甚至是人的性行為，在此時也被完全壓倒。人們在這個時候（也僅在這個時候）可以談到純粹的飢餓驅動力，而人的行為也只有獨一無二的目標：充飢。人體的另一個獨特的特徵是：當機體受到某種需求支配的時候，對未來的看法也隨之改變。對一個長期忍受極度飢餓的人來說，烏托邦可能被看作有豐富食物的地方。他往往這樣想：如果在他的有生之年，食物有保障，他將萬分幸福，不再祈求太多的東西了。他把生活本身看成是吃飯，其他任何東西都被看成是次要的。自由、愛情、群體的感情、尊重、哲學可能統統被置之一旁，都是無用的東西，因為它們不能填飽肚子。這種人可以說只為麵包而活著。馬斯洛指出，絕不能否認以上情況是真實的，但是也絕不能認為這是具有普遍性的。在一個正常運轉的和平社會中，所謂特殊緊急情況總是比較少的。這從它的定義本身就可以看出來，文化是一種具有適應性的工具。它的主要功能之一就是要使這方面的特殊緊急情況越來越少。在人們已知的絕大多數社會中，長期嚴重飢餓的情況不是常有的，而是極為罕見的。當一個普通的人說「我餓了」，實際上他所感受的不是飢餓而是食慾。只有在偶然的情況下，他才會感受到真正生死攸關的飢餓。這在他一生中是難得有幾次的。如果人們有了很多的麵包，肚子經常填得飽飽的，那麼，他的欲望將發生什麼變化呢？答案是立即就出現其他（更高級）的需求。正是這種需求而不是生理上的飢餓，對人的機體產生了統治的作用。當這種需求得到滿足時，又有新的（更為高階的）需求出現，依此類推。這就是人們所說「人的基本需求組織起來成為相對的優勢需求等級」的意思。

如果生理需求相對充分的得到了滿足，就會出現了一整套新的需求，我們可以把它們大致歸為安全需求。這類需求大致包括對安全、穩定、依賴的需求，希望免受恐嚇、焦躁和混亂的折磨，對體制、稅收、法律和保護者實力的需求等。由於在健康正常的成人身上，安全需求一般都得到了滿足，因此觀察兒童或有精神官能症的人員有助於理解這種需求。因為在嬰兒和兒童身上，這類需求表現得更簡單更明顯。嬰兒所以會比較明顯的表現出對威脅和危險的反比，一個原因是他們對這種反應沒有任何抑制，而社會中的成年人都已經學會了無論如何要克制自己的反應。因此，儘管感到安全受到了威脅，成年人可能還是不會將他的表情顯現出來。此外，生活在現實中的兒童感到很不安全，生長在沒有威脅和充滿愛的家庭裡的兒童，通常沒有上述這種反應。那些在兒童當中常常引起恐懼反應的事物和情景，成人多半也會感到是危險的。在現實的社會中，凡健康、正常和幸運的成人，其安全需求基本上得到了滿足。一個和平安定的「良好」的社會，通常使其社會成員感到安全，不會受到野獸、極冷或極熱的氣溫、罪犯、攻擊、暴政等的威脅。因此，就實際意義而言，這不再有安全需求的激勵，就像吃飽的人不知飢餓一樣，一個安全的人也不再感到危險。如果人們直接的、清楚的看到安全需求，就必須觀察那些有精神官能症的人，以及那些經濟上或社會上的失敗者。在上述這兩個極端情形之間，人們只能看到安全需求在下列心理現象中的表現：人們偏愛有職位保障的固定工作，要求在銀行有積蓄以及加入各類保險（醫療、口腔、失業、殘廢、老年）。在這個世界上，人們尋求安全和穩定的另一較大的表現方面是：人們普遍喜愛熟悉的事物，而非不熟悉的事物；已知的事物，而非未知的事物。人們傾向於信奉某種宗教或世界哲學已把宇宙和人類組合成一種意義上的令人滿意的和諧整體。這種傾向也部分的受到了安全需求的激勵。可以這樣講：科學和哲學都部分的受到了安全需求的激勵。此外，安全需求還被看作是在緊急情況下，即戰爭、疾病、自然災害、犯罪浪潮、社會騷亂、精神官能症、腦損傷或長期處於逆境下的刺激機體能源的主要積極因素。馬斯洛認為，在現實社會中有些患病的成人，其安全需求往往與缺乏安全感的兒童一樣，只是成人的表現有些不同，他們通常是對世界那些未知的心理危險做出反應。在他們看來，這個世界是充滿敵意的和不可抗拒的，並具有危險性。這種人的行為好像大禍隨時都可能臨頭，換言之，他好像在應付緊急情況。他的安全需求往往具體表現為尋求保護人，或尋求其他可以依賴的強者，或許是一群可以依附的首領。馬斯洛指出可以從略微不同的角度來看待這種人，這樣更能說明問題，這種人是成人，可他對世界仍懷有兒童般的態度。也就是說，患神經質的成人行為如同兒童；他好像還怕打屁股，怕母親斥責，怕父母拋棄自己，怕事物被人奪走。看來他把兒童時對危險的外部世界的恐懼反應，深深埋藏在心裡，從未因年齡成長和讀書過程所觸及，而現在這種深埋的反應，隨時可能被任何使兒童感到恐懼和威脅的刺激誘發出來。

社交的需求是指人對於友誼、愛情和歸屬的需求。馬斯洛認為，當生理需求和安全需求得到滿足之後，人們便希望友誼和愛情，希望受到群體的接納，得到群體的幫助。此時，個人將前所未有的、強烈的感受到朋友、情人或妻子和孩子不在身邊的寂寞。他將產生與人廣泛交往的欲望，換言之，他要在群體中找到一個位置，他將竭盡全力達到這個目的。他希望得到一個位置勝過世界其他的一切。他甚至可能忘記這樣的事實：當他挨餓時，他曾譏笑過愛情。在現實社會中，社交需求受到挫傷的現象在精神病理中是最常見的核心問題。人們看待友誼、愛情和可能的性慾表現時，均有一種矛盾的心理，習慣上要受到許多清規戒律的束縛，實際上，所有的精神病理學理論家都強調，愛的需求受挫傷是適應不良的基礎。許多臨床研究因此對這種需求進行了研究，所以對這種需求的理解比其他需求的都更多一些。在此，有一點必須強調：愛不是性慾的同義詞。性慾可以作為純粹的生理需求來研究。

通常，性行為是由多重因素決定的，也就是說，性行為不完全取決於性慾，還取決於其他種類的需求，其中主要是愛的需求。同時，也不能忽視另一事實：愛的需求包括愛和被愛的兩個方面。

馬斯洛發現，人們對尊重的需求可分成兩類：自尊和來自他人的尊重。尊重的需求是指人的受人尊重和自尊的需求。人一方面都希望得到名譽、地位和聲望等，希望受到他人的尊重和承認；另一方面也希望自己具有實力、自立、獨立性等，感到自己存在的價值，從而產生自尊心、自信心。這兩方面中，後者要以前者為基礎，否則便形同孤芳自賞，難以持久。這類需求很難得到完全的滿足，然而它一旦成為人的內心渴望，便會成為持久的推動力。馬斯洛認為，在現實社會中，所有的人都有一種需求或欲望，要求對自己有一種堅定的、基礎穩固的並且通常是高度的評價，要求保持自尊和自重，並得到別人尊敬。所謂基礎穩固的自尊，意思就是說這種自尊是以真實的才能和成就，以及別人的尊敬為基礎的。這種需求可以再分類：首先是那種要求力量，要求成就，要求合格，要求面對世界的信心，以及要求自由和獨立的欲望。其次，還有一種欲望，可以稱之為要求名譽或威信、表揚、注意、重視或讚賞的欲望。馬斯洛認為自尊的需求得到滿足後，就會使人感到自信、價值、有力量、有能力並適於生存。如果這種需求得不到滿足，則使人感到低人一等，軟弱或無能為力。後述的那些感覺，又使人容易產生嚴重的沮喪情緒或神經質的傾向，在某些關於人們的基本自信的必要性及缺乏這種自信會造成如何無能為力的狀況。

自我實現的需求是指人希望從事與自己能力相稱的工作，使自己潛在的能力得到充分的發揮，成為自己久已嚮往的人物。就像音樂家必須奏樂，畫家必須繪畫，詩人必須作詩一樣，人都要求從事自己所希望的事業，並從事業的成功中得到內心的滿足。自我實現是馬斯洛需求層次理論中最高層次的需求。它的產生依賴於四個需求層次的滿足。自我實現指的是一種自我實現的欲望。也就是說，人們有一種意向要使他潛在的本質得以現實化。這種意向可以簡單的描述為人們越來越真實的表現自己的欲望，要求盡可能的實現自己的欲望。實現這種欲望所採取的形式，在個人之間當然有很大的區別。在某個人身上可能表現為要求成為模範母親的欲望，在另一個人身上則可能表現為要求成為一個體育明星的欲望，在第三個人身上可能表現出繪畫或創造發明方面。它不一定是一種創造性的衝動，但是一個有創造能力的人是會採取這種形式的。自我實現需求的產生有賴於生理需求、安全需求、愛的需求和自尊需求都得到滿足。馬斯洛把這些需求都得到滿足的人，稱為基本滿足的人。由此，可以期望這種人擁有最充分的（最健康的）創造力。在現實社會裡，得到基本滿足的人為數不多，而且不論在臨床經驗和實驗方面，對自我實現的了解還都十分有限。這方面的研究始終是一個有待研究的富有挑戰性的問題。馬斯洛認為基本需求得到滿足有幾個先決條件，危害這些先決條件如同危害基本需求本身。這些條件包括：言論自由，不造成對他人威脅的行動自由，表達意見的自由，調查和獲得資訊的自由，維護自身權益、正義、公正、誠實和群體秩序的自由。損害這些自由將使人感到威脅並做出緊急反應。這些條件之所以受到保護，是因為沒有這些條件，基本需求就可能得到滿足。上述需求層次理論僅是一般人的需求，實際上每個人的需求不一定是嚴格的按以上的順序由低到高發展的。人的基本需求一般呈現出前面所列出的那種順序，但不要過於拘泥的理解這種順序。

在這個社會中的人，並不是在對食物的欲望得到了完全的滿足以後，才會出現對安全的渴望。有很多人，他們的絕大多數基本需求部分的得到了滿足，但仍有幾種基本需求還沒有得到滿足，而正是這些尚未得到滿足的基本需求，強烈的左右著人的行動，在這種順序下，馬斯洛又把需求大致分成高級需求和低級需求兩類，並專門討論了在高級需求和低級需求之間的各種差異，得出十六點結論。

除了基本需求理論，或說需求層次論以外，馬斯洛還在本書中提出了自我實現的理論。他把自己所研究的傑出人物稱為自我實現的人。普通人的動機來自於缺乏，即力圖滿足自己對安全、歸屬、愛情、自尊等的基本需求，而自我實現的人的動機主要來自於他對發展、實現的潛力及能力的需求，即主要來自於自我實現的欲望。創造性是這類人的一個普遍特點，此外他們都具有很強的洞察生活的能力，很少有自我衝突。善於自我控制，喜歡超然獨立、離群獨處，具有深刻的深厚的人際關係等等，但也偶爾會表現出異常的、出乎意料的無情。

大多數人都不屬於自我實現的人，他們尚未達到這個境地，但他們正走向成熟，實現的過程意味著發展或發現真實的自我，發展現有的或潛在的能力。在此馬斯洛明確批評了佛洛伊德心理學，指出研究有缺陷、發育不全、不成熟和不健康的人，只會產生殘缺不全的心理學和哲學，而對於自我實現者的研究，必須將為一個更具有普遍意義的心理科學奠定基礎。

亞伯拉罕 · 馬斯洛心理學不僅有重要的理論意義，而且還日益廣泛的被運用到教育、醫療、防止犯罪和吸毒行為，以及企業管理等實踐領域。道格拉斯 · 麥格雷戈將馬斯洛的動機理論運用到工業環境當中，創立了 Y 理論，獲得了良好的效果，就是一個很好的例證。

延伸品讀

馬斯洛自稱他的結論來自於經他篩選的優秀人物，佛洛伊德屬於肯定有些不足但仍可用於研究的人物，而美國總統林肯和傑佛遜只有晚年才能列入。

在馬斯洛開列的被研究人物的名單中當然絕不會有牛頓，他的一輩子被捲入了多次遭受他人控告剽竊的法律漩渦；也不會有海明威，因為他太有惡霸的作風了；也沒有愛迪生，因為他把他們一群人的發明全攬到了自己名下，而且他聲明交流電如何有害，僅是為了攫取利潤而不惜背叛自己科學的良知；也不會有諾貝爾，他小氣到因為戀人嫁給了數學家而不設立諾貝爾數學獎；不會有對資產階級啟蒙發揮過極大作用的曾循私枉法的大法官培根，和那個一生在石榴裙下討生活並染有小偷習性的盧梭。

在好人馬斯洛的晚年，他陷入了深深的煩惱，他的理念受到了極大的衝撞。人們責問他，如果你說得有理，為什麼自我實現的人如此之少，於是他提出了因為他們缺乏「高峰體驗」的經歷。最後，好人馬斯洛似乎在退怯了。他發表了《存在認知的一些危險》，他說道，你們對自我實現誤解了，我只是把自我實現描繪成一種人格的發展，他們從青春期湧現出來的種種匱乏性問題中跳脫出來，從生活中那些神經病態的問題中擺脫出來，從而能夠正視、忍耐和盡力解決生活中那些真正的問題（那些內在的、終極的人類問題，那些迄今尚未得到圓滿解決的不可避免的、「存在主義」的問題）……即便是（或者特別是）那些達到了最高成熟的人也面臨著這樣一些真正的問題……例如真正的罪過，真正的憂傷，真正的孤獨，健康的自私，勇氣，責任以及對他人應盡之責等等。「存在認知」作為自我實現的一個方面，也難免有這樣或那樣的危險。接著馬斯洛提到了佛家與道家均言的「至理妙道，不落言筌，不可言喻」。

好人馬斯洛的難堪是由於他對人的需求的複雜性，缺少剖析。他提示了人類善的一面，不但推崇備至，而且認為是人的發展的必然。他沒有去提示「惡」的一面，對人類在現實環境中「對立統一」認識不足，從而陷入了左右受制的局面。

說句實話，我從未拜倒在某位名家腳下去深究過他們的理念與體系，只是浮光掠影的，道聽塗說的，知道一些文學家、哲學家、心理學家、社會學家的說法罷了，大概只能屬於「好讀書、不求甚解」之流。需求理論只是我對現實社會中人生眾相產生根源的辨識，是我對學生的了解為基礎的一種靜態的白描，這裡沒有馬斯洛先生美好的願望，也沒有杜斯妥也夫斯基筆下的陰冷，也缺乏車爾尼雪夫斯基那種羅曼蒂克的想像，在我看來，人世是一個萬花筒，杏花與毒草並存於陽光下的草原和樹蔭下濕冷角落。而這就是人。

對於教育工作來說，認識人、認識學生是教育工作的出發點，培育出符合社會需求的和諧而美好的人是教育的歸宿。揭露人性之善惡，也正是在教育中因勢利導與揚長避短之必須。

管理過程學派代表人
——哈羅德 · 孔茲

管理巨匠檔案

全　名　哈羅德 · 孔茲（Harold Koontz）

國　別　美國

生卒年　西元 1908-1984 年

出生地　美國俄亥俄州芬雷

經典評介

哈羅德·孔茲，管理過程學派的主要代表人物之一。人們稱他是穿梭在管理叢林中的遊俠，走在時代前面的人。他認為分析管理的最好方法就是將管理劃分為若干主要管理職能，圍繞這些職能形成基本的概念、觀念、原理、原則以及技術等，如今按照管理職能使管理知識分類的方法得以推廣，並已經成為在世界各地使用的一種結構體系。

管理巨匠簡介

哈羅德·孔茲對很多從事管理工作的人來說都不會陌生，這位已故的美國著名管理學家所著的《管理學原理》是 1950 年代最早被翻譯成中文的管理學教材。

從 1955 年孔茲與人合著的《管理學原理》出版以來，該書便不斷被修訂，並已經被譯成十六種文字。

孔茲在獲得耶魯大學博士學位以後，曾先後擔任過企業和政府的高階管理人員、大學教授、公司董事長和董事、管理顧問，曾多次為世界各地的高階管理人員舉辦管理學講座。從 1950 年起，孔茲任加州大學洛杉磯分校的管理學教授，並從 1963 年開始，擔任該校的米德·詹森講座管理學教授。1978-1982 年間，他擔任國際管理學院院長。孔茲教授還獲得以下殊榮：當選為美國管理學院和國際管理學院院士；並擔任一屆管理學院院長；1962 年獲得米德·詹森獎；1974 年獲泰勒·凱促進管理獎。此外，他被收入《美國名人錄》、《金融和工業界名人錄》。

代表著作

* 1941 年，《企業的政府控制》
* 1955 年，《管理學》（與海因茲·韋里克合著）

* 1956 年，《私人企業的公共控制》
* 1961 年，《管理理論的叢林》
* 1964 年，《走向統一的管理學》
* 1978 年，《經營的實踐入門》
* 1980 年，《再論管理理論的叢林》

管理智慧

對管理的本質的認識會直接決定一個管理者的管理風格並影響管理效果。孔茲先生的思想把管理提升到了一個藝術的高度，他把管理闡釋為透過別人使事情做成的各項職能，他非常強調管理的概念、理論、原則和方法，認為管理工作是一種藝術，其基本原理和方法可以應用於任何一種現實情況。至於管理的各項職能，劃分為計劃、組織、人事、指揮和控制等五項：他認為協調的本身不是一種單獨的職能，而是有效的應用了這五種職能的結果。

(一) 管理中的計劃

計劃乃是五種管理職能中最基本的，它涉及到的問題是在未來的各種行為過程中抉擇，其他的四種管理職能都必須反映計劃職能的要求。

(二) 管理中的組織

關於組織，孔茲著重研究的是組織層次和管理跨度問題。孔茲認為進行安排工作的理由在於使人合作得更有效率，同時，人們在管理跨度的限制中發現了必須要有層次的理由，也就是說，管理層次的存在是因為一個主管人員能有效加以管理的人數是有限的，即使這種限制隨情況不同而有變化：管理跨度寬是與組織層次少相關的，管理跨度窄造成組織層次多。目前存在著這種傾向：即把組織和劃分部門本身看成是目的，並且以部門與部門層次的明確性和完整性來衡量組織機構的效率，把業務活動分成各個部門，等級組織和多層次的建立本身並非是完全合意的。

首先，層次越多，費用就越多。層次越多，用於管理的精力、資金就越多，因為管理人員和協助管理人員的工作人員增加了，協調各部門的活動的需求增加了，再加上為這些人員的設施的費用增加了。會計人員把這種費用稱為「管理費用」；完成實際生產的是工廠、工程部門或銷售雇員，可把他們稱為或在邏輯上把他們稱為「直接勞動」。在「第一線」層次的人員主要是管理人員，如果可能，他們的費用最好是取消的。

其次，部門的層次使聯絡複雜化。一個有很多層次的企業透過組織結構向下傳達目標、計畫和政策要比一個最高管理人直接與雇員聯絡的企業困難得多。當資訊按直線向下傳達時便發生遺漏和曲解現象。層次也使從第一線基層向上一級指揮人員的消息溝通複雜化，自下而上的溝通與自上而下的溝通是同等重要的。有句話說得好，層次是資訊的「篩檢程序」。

最後，過多的部門和層次會使計劃工作和控制複雜化，在高層可能是明確的完整的計畫，經過向下一級安排下去，就失去協調一致和明確性了。增加層次和管理人員會使控制更加困難，與此同時，正是由於計劃工作的複雜性和溝通的困難性，使得控制工作更加重要。

毫無疑問，儘管有發展扁平型的組織結構的願望，管理跨度仍然受實際的和重要的約束條件所限制。儘管管理人員授權了，進行了培訓，明確的制定了計畫和政策，並且採用了有效控制與溝通的辦法，但他們還是可能管轄著比他們更能進行管理的下屬，實際是，企業一旦發展，由於有更多的人需要管理，管理跨度的限制迫使企業非增加層次不可。在一定情況下，所需要的是所有相關因素之間更為恰當的平衡，在某些情況加寬跨度減少層次可能是個好辦法：在另外的情況下，相反的做法也可能是正確的，人們必須對採用不同方法的一切代價進行權衡比較，不僅是財務上的費用，還要比較士氣、人力開發以及實現企業目標等方面。在軍事組織中，或許快速無誤在實現目標是最重要的，而在百貨公司經營中，可能最好是透過在基層組織加強推行首創精神和人力開發，來實現長期的利潤目標。

既然是這樣，我們怎樣才能讓組織不斷完善起來呢？以下的建議是提供考慮的：

1. 透過設計來避免出錯

如同其他的管理職能一樣，良好的組織必須確定目標並有條理的進行規劃：如孔茲在他的書中所述的那樣：「（組織）缺乏設計是沒有道理的，是要吃苦頭的，是浪費的，無效能的。」說它是沒有道理的，是因為不管是工程技術問題還是社會實踐，首先應有良好的設計或規則，說它是要吃苦頭的，是因為「組織上缺乏設計的主要受害者，是那些在企業中工作的人」。說它是浪費的，是因為「除非按職能專業化的界限把各項工作結成整體，否則就無法培訓新人去接替那些晉升、辭職或退休者留下的職位」。說它是無效能的，是因為除非根據原則進行管理。否則將憑個性進行管理，而由此導致公司內部的爭權奪利，因為「一旦在建造時忽視了基本的設計原則，一部機器就不會順利運轉」。

2. 避免組織的僵化

組織應該是一個對外開放的充滿活力的系統。但在實際情況中並非如此，因此避免組織僵化的方法層出不窮，孔茲總結了前面各個管理學家關於避免組織僵化的方法，組織計劃工作的一個基本特點是避免組織僵化，許多企業，特別是那些經營多年的企業，已經變得太僵化了，無法透過有效的組織結構的第二項檢驗標準——具有能適應環境變化及能應付新的突發事件的能力，這種對變革的阻力會使組織的效能嚴重喪失。

除了迫切需要重新組織的原因外，還有只是為了使組織不致成為一潭死水而進行適度和持續調整的某些需求。對於發展一種適應改革的傳統還有許多理由。習慣於變革的人們往往會接受這種傳統，不會在當改革的需求已發展到必須澈底變革階段時灰心失望，喪失勇氣。但另一方面，持續進行重大改組的公司會破壞士氣，人們會花費大量時間去猜測組織的變化將對自己有什麼影響。

3. 明確責任避免衝突

組織產生矛盾的一個重要原因是，人們不了解自己及同事的職責：一種組織結構無論把它設想得如何完善，人們必須懂得它之後，才能使其工作，適當的使用組織結構圖、精確的職位說明、明確職權關係和資訊關係、並介紹具體職位的具體目標，將會大大有助於人們的理解。

4. 促進適當的組織文化

組織的效力受組織文化的影響、織織文化影響著計劃、組織、人事、領導和控制等各項管理職能的實施方式。如果可以任意選擇，人們大都願意在具有組織文化的環境下工作，在這種環境下，人們可以參與決策的過程。評價一個人是根據他的工作業績而不是根據他與人的交情，人們可以與各方公開交往，人們有行使很大程度的自我管理的機會。

在許多成功的公司中，有價值觀推動的公司，領導者發揮了模範帶頭作用，他們制定了行為的標準激勵雇員們，使自己的公司具有其特色，並且成為對外的一種象徵，公司的領導者創造的組織文化可以導致以完全不同的方式執行管理職能。人們出於一種共同目標明確觀點，會承擔一切義務。此外，當人們參與決策過程並且自尋方向，進行自我控制的時候，他們也感到要對自己的計畫承擔義務。但是採納的價值要看獎賞、激勵、禮節、閱歷、信仰活動等因素。

管理的人事職能

有關人事職能包括對員工的選擇、僱用、考評、儲備、培養和其他一些有關員工的工作。關於對員工進行選擇的測驗方法，常用的有一下四類：

（一）　**智力測驗**。其目的在於衡量員工的腦力和記憶力、思想的靈敏性和觀測複雜事物相互關係的能力。

（二）　**熟練和適應性測驗**。其目的在於發現員工現有的技術熟練程度以及掌握這類技術的潛在能力。

（三）　**職業測驗**。其目的在於發現員工最適宜從事的工作。

（四）　**性格測驗**。其目的在於衡量員工在領導方面的才能。

隨著管理層次的不同，這些能力的相對重要性也不同。一般認為，人事能力和認知問題、分析問題、解決問題的能力，對每一層次的主管人員來說都是重要的，而且這兩種能力則是隨著組織層次的提升。技術能力占的比重相對變得較小，而計劃決策能力占的比重則相對變化較大。

除了按個人品格和工作特徵對員工進行評價以外，還可按目標的實現情況對員工進行考評，這主要用於目標管理中，此外，孔茲還提出了一種對管理人員進行考評的方法，即將管理的職務進行分類，然後用一系列的問題來說明每一種職能。這些問題要能反映管理工作各種職能範圍內最主要的基本原則。

對管理人員進行培訓的基本方法有：有計畫的提升、職務輪換、設立「副手」職務、臨時升遷、委員會與初級董事會等；培訓管理人員的方法主要有：靈敏性訓練、組織發展、組織行為的修正、內部討論會、請大學院校或管理協會培訓等。

管理的指揮職能

所謂的指揮職能就是引導下級人員有效的和出色的實現企業的既定目標。因此，要理解指揮與領導的性質，就要先考察企業的目標及人的性質。企業的目標是生產、某種產品或勞務。為了實現企業的目標，就要把生產中的各種因素（土地、資本、人員等）組織起來。其中最重要的是人的因素。指揮和領導工作的三個重要原則是：指明目標的原則、協調目標的原則、統一指揮的原則。授權則是指揮和領導的一種重要方法。激勵是指揮與領導下的一項重要內容。激勵可以看成是一系列的連鎖反應：從需求出發，引起欲望或所追求的目標，促使內心緊張（由於需求未得到滿足），導致實現目標的行動，最後使欲望得到滿足。以往的管理學家提出了各種激勵理論，理論研究和實際應用顯示，必須以一種系統的和隨機應變的觀點來看待激勵，因為激勵問題是較複雜的，因個人的品德和情況而異。如果不考慮這些變數而應用某種激勵方法，就可能失敗。

關於領導，孔茲的論述是相當經典的。所謂領導，一般可解釋為影響力，人們施加影響的藝術或過程，從而使人們心甘情願的為實現團體目標而努力。藝術大致有三個部分組成：

（一）　了解人們在不同時間與不同條件下具有不同的激勵因素的能力。

（二）　鼓舞人們士氣的能力。

（三）　按照某種方式去形成一種環境，以便使人們對激勵做出反應的能力，這與領導方式有關。

管理的控制職能

管理的最後一個職能是控制職能，在孔茲看來，控制職能就是按照計畫標準，衡量計畫的完成情況並糾正計畫執行的偏差，以確保計畫目標的實現。在某種情況下，控制職能可能導致確立新的目標、提出新的計畫、改變組織機構、改變人員配備或在指揮和領導方法上做出重大的改革等，控制職能在很大程度上使管理工作成為一個封閉系統。

孔茲的思想在為我們精闢的分析了管理應該具有的重要職能外，也向我們昭示：管理就是設計和維護一種環境，使身處其間的人們能夠在群體內一同工作，以完成預定的使命和目標，孔茲把管理分為計劃、組織、人事、指揮和控制五項職能。但是不管管理者對管理的真體理解得多透澈，孔茲還是告訴人們，管理原理與管理實踐是有區別的，管理原理來自管理實踐並可靈活應用於管理實踐；而管理實踐都不能生搬硬套管理原理和原則，原理和原則只能發揮指導作用，實踐中應該視具體情況採用與其相符合的管理辦法，管理是沒有最佳模式的，任何紙上談兵的管理空想家都是徒勞的，而只有親身站在管理的最前線，才會嗅到其中滋味。

經典語錄

所謂計劃，就是從各個抉擇方案中選取未來最適宜的行動方針。

所謂領導，就是影響別人，使之心甘情願的為實現群體目標而努力的藝術或過程。

資訊溝通是組織生存和活動的基礎。

控制職能就是按照計畫標準，衡量計畫，完成情況，並糾正計畫執行中的偏差，以確保計畫目標的實現。

管理巨匠觀點

管理過程學派又稱管理職能學派、經營管理學派，是西方古典管理學派和行為科學管理學派之後出現的影響最大的一個管理學派。該學派源於法約爾，他提出了管理的五要素。後來孔茲再將其理論進一步完善。

《管理學原理》一書是孔茲的代表作，與奧唐奈合著。在內容上本書對管理五步驟分別進行了詳細闡述。孔茲認為：分析管理的最好方法就是將管理劃分為若干主要管理職能，然後，圍繞這些職能形成基本的概念、觀念、原理、原則以及技術等。他劃分的五個職能與法約爾的有一些區別，但也有其共同點：一是認為管理的職能是普遍的，對企業和機關都適用，對一個組織各個層次的管理者也都適用；二是按管理職能建立起來的理論框架是長久有用的，無論是出現了什麼新的知識、觀點以及方法或成果，都可以將它們納入到這個框架中去。

管理工作是一門藝術，它具有五個職能。首先是計劃，計劃是指從各個抉擇方案中選出未來最適宜的行動方針，就是要預先決定做什麼、如何去做、什麼時候去做以及誰去做等問題。計劃是最基本的管理職能，其作用表現為四：一是它可以幫助消除一些不確定性因素及變化；二是可以把人們的注意力集中到目標上來；三是可以獲得良好的社會利益；四是可以作為考核和控制企業員工的依據。

計劃的本質表現為它的目的性、領先性、普及性以及有效性等方面。計劃的目的是促進企業目標的實現；其領先性是指在管理的各項職能中，計劃位於組織、領導和控制之前；其普及性是指它是所有管理者都具有的功能，也是所有行業中都需要的職能；其有效性是指它能對企業目標的實現做出貢獻。

計劃的具體步驟如下：

1. 建立企業整體計畫目標。
2. 決定制定計畫一定要考慮的前提條件的運行環境。
3. 決定備選方案，方案可以有許多個。
4. 評估備選方案，評估標準是企業的目標和計畫的前提，選擇高利潤低成本的方案。

5. 挑選方案。
6. 制定衍生計畫。衍生計畫是為支持主要計畫具體貫徹實施而制定的。
7. 編制預算，使計畫數字化。

計畫的制定原則有：

1. 承諾原則。所謂承諾原則，是指在制定計畫時，根據前提條件，預見透過一系列行動，包括當前制定的決策在內，可以在規定的未來期間實現承諾，則可按此期間來制定計畫。
2. 彈性原則。所謂彈性原則，是指在制定計畫時要有一定彈性，在遇到意外時，能在合理的成本情況下，有修正方向的能力。
3. 改變航線原則。所謂改變航線原則，是指在計畫執行中，必須不斷檢查，發現問題及時修正計畫。計畫的重要性盡人皆知，但是在實踐操作中，它卻往往是最差的效果，原因在於管理者沒有營造出一種適合於計畫運行的外部和內部環境。

計劃者應該掌握計劃工作的安排，組織檢查，不能放任自流，計劃工作必須從最高主管部門開始。計劃工作必須相當具體，而不應當使它僅僅表達一種願望，應當盡可能的讓更多的員工參與計劃工作，尤其是重視計畫的目標、前提、策略、政策之間得到良好的交流與溝通。

接著孔茲談到了組織。為了使人們達到企業預定的目標而有效的工作，必須按任務或職位制定一套合適的職位結構，這套職業結構的設定就是組織。組織的管理功能就是要設計和維持一套良好的職位系統，以使人們能分工合作。

良好的組織應有這樣幾個特點：

1. 目標切實可行。
2. 主要的任務和業務清楚。
3. 職務範圍明確，使工作人員知道為了達成目標，自己應該做什麼。

組織應當是一個動態過程，因為：

1. 組織結構必須反映目標和計畫，而目標和計畫是隨時在變的。
2. 結構反映了管理者可以適用的職權，而這個由社會決定的處理問題的許可權是會變化的。

3. 組織機構必須與其環境相容，不斷變化的經濟、技術、政治、社會以及倫理因素，構成了組織結構的前提條件。
4. 組織結構由人員組成，各種業務分類與職能分配要考慮人的習慣和能力。

組織的分類按不同標準有不同分類方法：

按企業功能劃分。這可以表現出企業所從事的業務種類。如生產、銷售、財務、供應等。優點在於合理而穩定，並能使高階主管在企業的主要業務方面成為權威；缺點在於容易忽視企業整體目標，而且部門之間難以協調。

按地區劃分。對於營業分布廣泛的企業有用，特別是跨國企業，比如國內部和國際部等。優點在於可促進地區生產銷售業務，節省成本，訓練全才經理；缺點在於總經理對下面的控制比較困難。

按產品劃分，在產品多元化的企業特別常見。由高階主管授權給各產品主管，讓他們全權處理該產品或產品設計、生產、銷售及服務等業務。優點是對一種產品容易協調，也便於發揮個人技能和專長；缺點在於需要較多的全才組織，經理對各產品部門難以控制。

在建立組織結構時，注意避免一些錯誤，如：

1. 組織結構的規劃不當。
2. 組織內部相互關係不明確。
3. 授權不當。
4. 權責脫鉤。
5. 多頭領導。
6. 機構重疊以及其他。

接下來孔茲談到了人員配備。所謂人員配備，是指對人員進行有效的招聘、選拔、安置、考核和培養，以充實組織結構中的各種職務：人員配備的好壞，將會影響到其他管理職能的實施。對人員配備有影響的外部因素有：教育程度、社會上流行的處事態度，有關人員配備的法令、條例等經濟條件，以及社會對管理者需求情況；內部因素有：組織目標、任務、工藝技術、組織結構，以及報酬等等。有效的人員配備工作要求認清那些與職能要求特別有關的內外部因素。

然後孔茲談到了領導。領導工作涉及管理者與被管理之間的關係。即使其他管理職能都很有效，也還需要輔之以對員工的激勵、引導，把員工的個人目標與組織目標協調起來，促使員工為企業做出貢獻。領導職能就是要創造並維持一種良好的人際關係，使在其中從事群體工作的個人能夠得以實現目標。

作者對激烈問題進行了探討，認為現有的理論研究和應用分析都顯示，必須用系統的觀點和全面的觀點來看待激勵問題。由於人的性格和外界情況的差異，激勵問題很複雜，如果只來自一個或一組激勵因素，而不考慮各種變數，就有可能導致失敗。領導者應該懂得激勵理論的發展，懂得正確行使各種激勵方法，應該具備激發和鼓舞追隨者全力以赴從事工作的能力，還應該善於根據環境變化來選擇正確的領導方式。

領導職能的完成方法是資訊溝通，實際上資訊溝通的意義已經超過了激勵、引導和協調。它對於參與擬定宣傳目標和計畫，可高效率的統整各種資源，選拔人才，激勵員工，控制工作進程等。可以說，資訊溝通是組織賴以生存和活動的基礎。

最後孔茲談到了控制。控制是指按計畫標準來衡量所得的成果，並糾正所發生的偏差，以保證計畫目標的實現。這是上自總經理，下至員工的每個管理者都必須具備的功能。

控制的基本程序有：

1. 目標的制定。
2. 績效的衡量。
3. 偏差的糾正。

有效控制的條件有：

1. 控制應該是客觀的。
2. 控制應該有適時性。
3. 控制應該有靈活性。
4. 控制必須符合計畫和職位。
5. 控制要有經濟性。

6. 控制要注意例外之處。

7. 控制應能匯出矯正措施。

在技術上，傳統的控制有預算及非預算控制，現代控制技術則很多。預算是計畫的數量表現，即用數字方式對預算結果的某種表達方式，這種結果可以是財務方向的，也可以是非財務方面的。

做好控制，首先要認識控制的基本原理和複雜機制；其次要「量身打造」的設計控制方法和資訊系統；第三要注意形成全域性控制；第四是保證管理者的資質。

延伸品讀

孔茲特別強調管理的概念、理論、原理和方法，認為管理工作是一種藝術，它的各項職能可以分成五類，即計劃、組織、人事、指揮和控制，組織的協調是五種職能有效應用的結果。

《管理學原理》是孔茲與奧唐奈合著的一部著名管理學著作。此外，他還著有：《企業的政府控制》(1941 年)，《私人企業的公共控制》(1956 年)，《管理理論的叢林》(1961 年)，《經營的實踐入門》(1978 年)，《再論管理理論的叢林》(1980 年)。

《管理學原理》這部著作是西方企業管理過程學派的代表作之一。1955 年初版時原名為《管理原理》，1980 年第七版時改書名為《管理書》，由美國麥格羅—希爾·科加庫沙出版公司出版。

孔茲的《管理學原理》這部著作，奠定了孔茲作為管理過程學派的主要代表人物之一的學術地位，從而在西方管理學界產生了很大的影響。

現代管理之父
—— 彼得・杜拉克

管理巨匠檔案

全　名　彼得・杜拉克（Peter F. Drucker）
國　別　美國
生卒年　西元 1909-2005 年
出生地　奧地利維也納

經典評介

彼得·杜拉克，美國著名的管理學家、經濟學家、政治學家、西方現代經濟管理理論中經驗主義學派的代表人物。被尊為「大師中的大師」、「現代管理之父」。《哈佛商業評論》曾有過這樣一句話：「只要一提到彼得·杜拉克，在企業的叢林中就會有無數雙耳朵豎起來聽。」

管理巨匠簡介

杜拉克，1909 年出生於奧地利維也納。

1929 年，擔任倫敦經濟出版社經濟顧問，同時兼任該出版社在歐洲的通訊員。

1931 年，獲得德國法蘭克福大學法學博士學位。為了逃避納粹迫害，1937 年移居美國。從此，他以一名由若干美國銀行和保險公司組成的集團學者的身分，活躍在美國經濟學界。

1942-1949 年，任教於美國本寧頓學院的政治學系和哲學系，並成為一名著名的教授；1950-1972 年，任教於紐約大學工商研究院並成為管理學研究所的主要成員；1972 年，被評為該大學的資深教授。杜拉克不僅是一位資深的教授，同時也是一位著名的高級顧問。他擔任過美國通用汽車公司、克萊斯勒公司、IBM 公司等大企業的顧問，還為多屆美國總統擔任顧問，曾接受奧地利和日本政府頒發獎章。

1963 年，榮獲克拉克國際管理獎；1967 年獲管理促進會泰勒金鑰匙；2002 年 6 月 20 日，美國總統喬治·布希宣布彼得·杜拉克成為當年的「總統自由勳章」的獲得者，這是美國公民所能獲得的最高榮譽。

杜拉克在經濟學理論所獲得的成就具有深遠的影響，尤其在管理理論領域方面見解獨到。他先後與戴爾·紐曼、斯隆等人，從企業管理的實際出發，以大企業的管理經驗為主要研究對象，對經驗加以概括和理論化，形成了具有鮮明特色的「經驗主義」的管理學派。

代表著作

* 1936 年，《經濟人的末日》
* 1942 年，《工業人的未來》
* 1946 年，《企業的概念》
* 1954 年，《彼得 · 杜拉克的管理聖經》
* 1964 年，《成效管理》
* 1967 年，《杜拉克談高效能的五個習慣》
* 1973 年，《人與績效》
* 1974 年，《杜拉克：管理的使命》
* 1976 年，《看不見的革命》
* 1979 年，《旁觀者》
* 1981 年，《邁向經濟新紀元及其他論文》
* 1985 年，《創新與創業精神》
* 1987 年，《管理的前沿》
* 1999 年，《二十一世紀的管理挑戰》

管理智慧

杜拉克和經驗主義

在他的兩部巔峰之作《彼得 · 杜拉克的管理聖經》和《杜拉克：管理的使命》中，杜拉克首先對組織存在的理由和本質，提出了啟發性的見解：組織本身的存在並不是目的，它只是實現商業營運和商業成就的手段。其次，他提出了迄今為止對企業影響最為深刻的「目標管理」（Management By Objective，簡稱 MBO）。他闡述道：「管理者的工作基本點就是完成任務以實現公司的目標……指導和控制管理者的是行動目標，而不是他的老闆。」他還提出了管理責任的「五大基礎」，即制定目標、組織、溝通和激勵、衡量，以及人的發展。杜拉克的天才之處，在於以自己特有的方式執行著管理研究的使命。他將管理確定為一種永恆的人類準則，「管理是任務，管理是紀律，但管理也是人」。他認為是管理者的眼光、奉獻精神和誠實決定了管理的水準。

經驗主義學派又被稱為經理主義學派，杜拉克是它的主要代表人物，他發表了很多關於這方面的理論。這個學派的宗旨，是為大企業的領導者提供管理企業的成功的經驗和科學的方法。杜拉克非常重視企業決策者個人的作用，他認為未來的世界應由一些完全獨立的個人來創造，這些人的能力和素養決定了未來世界的發展變化。重視成功企業領導人經驗的研究，成為西方管理學發展的重要趨勢。杜拉克認為：「管理是一種實踐，其本質不在於『知』，而在於『行』；其驗證不在於邏輯，而在於成果；其唯一權威就是成就。」

「管理是一門學科，這首先就意味著管理人員付諸實踐的是管理學而不是經濟學，不是計量方法，不是行為科學。無論是經濟學、計量方法還是行為科學，都只是管理人員的工具。管理人員付諸實踐的是管理學。」正是從杜拉克開始，管理才真正開始成為一門學科。杜拉克認為：管理在不同的組織裡會有一些差異。不同的企業，目標不同，經營的方式也就不同。其他的差異主要是在應用上，這些差異是非常小的。所有組織的管理者，都要面對決策。所有組織的管理者都面對溝通問題，管理者要花大量的時間與上司和下屬進行溝通。在組織中，管理活動的 90%左右的問題是共同的，不同的只有 10%。只有這 10%需要符合這個組織特定的使命、特定的文化和特定語言。杜拉克非常看重經理人的作用，他認為經理人是企業中最昂貴的資源，而且也是折舊最快、最需要經常補充的一種資源。經理人素養的好壞對企業的經營成果有著非常大的影響，同樣的企業，開始的時候大致相同，但過幾年後，它們的狀況就會有很大的差異。這種差異產生的原因，有很大一部分在經理人那裡。企業的目標能否達到，取決於經理人管理的好壞，也取決於如何管理經理人。企業員工的工作態度，反映的是管理他們的經理人員的態度。建立一支管理團隊需要多年的時間和極大的投入。

管理理論有效性的判斷

作為一個管理者，該如何判斷一個管理理論是否有效？杜拉克提出了以下的幾個原則：

有關環境、使命和核心能力的設想必須符合實際。如果這些設想很明顯的與實際情況不相符合，那麼這些理論就是不可行的。當然這也不是很容易就可以看出來的，只有具備一定的管理經驗和洞察力，才可以看得出來。例如福特汽車公司在剛成立之時，管理者們認為應該生產一種價格比較低的家用汽車，這項決定符合了當時的情況，使福特汽車獲得了很大的成功。關於這三方面的設想必須彼此相互符合。通用公司將關於市場的設想和關於生產流程的最佳化的設想很完美的結合在一起，這也許是它長盛不衰的一個原因。較為知名的是：通用公司創造的現代成本會計和合理的資本流程。

經營管理理論必須要讓組織成員知道和理解。你在公司裡隨便找一個員工問一下，看他是否知道公司的管理理論，如果他的回答是否定的話，你也千萬不要吃驚。在小公司裡，員工知道公司的管理理論很容易，但在大公司裡，如果管理者不採取一定的措施的話，就會有很多人都不明白。

經營管理理論必須承受住不斷的考驗。經營管理理論並不是一成不變的，它只是一種假設，外界環境不斷變化，企業自身的情況也不斷變化，企業的經營管理理論就必須能夠承受得住這種變化，在有所保留的同時，也要有不斷變化的東西。

有些經營理論是很強而有力的，是歷久不衰的，但不會永遠正確。隨著環境的變化，企業情況的變化，企業的經營理論也應不斷的變化，有時候是略微的修修補補，有的時候則需要動大手術，要尋找一種全新的理論，不過這種全新的理論也要滿足上面的四點要求。

做一名有效的管理者

儘管杜拉克的《杜拉克談高效能的五個習慣》是一本小冊子，但是它的影響卻超過了幾乎所有同樣規模的作品。在這本書中，杜拉克首先分析了管理的環境，明確了要提高管理者的工作效率必須要解決的認知問題，還提出了一些管理者會遇到的現實的問題。例如，管理者的時間一般容易「屬於別人」；管理者除非採取積極行動去改變他們所生活和工作的現實，否則他們只好繼續這樣「工作」下去；只有當別人利用管理者的貢獻出來的東西時，管理者才具有有效性；管理者在組織之內，但是他如果要有效工作，還必須努力了解組織以外的情況。

最終他告訴大家：有效性是可以學會的，也是必須學會的。管理者的效率，往往是決定安排工作效率的最關鍵因素；並不是高階管理人員才是管理者，所有的負責行動和決策而又是有助於提高機構的工作效能的人，都應該像管理者一樣工作和思考。那麼，到底該如何做才能做一個有效的管理者呢？杜拉克透過自己的研究和觀察，提出了管理者要做到有效性所需要的條件，他認為要成為有效的管理者必須養成五種思維習慣：

知道把時間用在什麼地方。管理者自己掌握支配的時間是很有限的，他們必須要利用這點有限時間進行系統性的工作。如果不能好好的利用時間，這種管理者的工作是無效的，他可能會經常覺得很忙，但是他的工作效率並不高。他提供了簡便易行的辦法利用時間：記錄時間、安排時間和集中時間。管理者把對時間的分配情況記錄下來，然後再進行合理的安排。問一下這樣的問題：「這件事如果根本不做，會出現什麼情況呢？」「哪些事是可以讓別人處理，效果也一樣好的？」回答了這些問題，有助於合理安排時間，避免時間浪費，安排好之後，就要高效的利用時間，即善於集中利用可供支配的「自由時間」。

有效的管理者要注重外部作用。把力量用在獲得成果上，而不是工作本身。就是說，要明確這項工作最後要獲得什麼樣的效果。明白了這些目的和要求後，再開始做工作就容易得多了。現實生活中的許多管理者則並非如此，他們從要做的工作開始著手，埋頭苦幹了很多天，最後也沒得出什麼成果。

有效的管理者把工作建立在優勢上。管理者最好把工作建立在他們能做什麼的基礎上，而不是把工作建立在弱點上。分配人員，要看他是否具備完成這項任務的能力和素養，而不是看他是否討自己喜歡。當然，還要運用上級的優勢，來為了提高自己的有效性服務。

有效的管理者把精力集中於少數主要領域。這些領域是他們要考慮的重點領域，在某一個特定的時期，管理者有特定的任務，即要優先考慮這些事情，其他的事情可以以後再做考慮。如此一來，優異的工作將產生傑出的成果。如果不管在哪個時期，所有的事情都一把抓，則很難有大的突破。明智的管理者為自己定出優先考慮的重點，並堅持重點優先的原則。

最後，有效的管理者做有效的決策。有效的管理者應該按適當的順序採取適當步驟解決問題。只有在「不一致的意見」的情況下做的判斷才是正確的，如果大家都是「統一的看法」，不一定是好事。他們也知道，做決策需要時間，快速做的許多決策往往都是錯誤的決策。做決策要慎重，要考慮很多的情況。

另外，有效的管理者還必須致力於對三項管理任務的追求：首先，要獲得經濟效益，但不是越多越好，而是利潤；其次，使工作人員有成就感；第三，妥善處理企業對社會的影響，並承擔一定的社會責任。

企業組織結構應該具備的特徵

杜拉克對組織結構也很重視。他認為，法約爾和斯隆的有關組織結構不是「自發演變」的觀點是正確的，組織結構的設計需要思考和分析，要經過仔細的研究，自發的演變會帶來混亂；設計一個組織結構並不是第一步，而是最後一步，不是結構確定策略，而是策略確定組織結構，有什麼樣的策略就應該有什麼樣的結構。組織結構並不是一成不變的，應該隨著環境的變化而變化。杜拉克認為好的組織結構應該具備六種共同的特點，它們分別是：

組織結構應該明確。組織中的每一個成員，都應該明白自己在組織中處於什麼樣的位置，應該與誰合作。

結構應該有經濟性。組織結構能夠使人們進行自我控制，使各種成本費用達到最低。

引導方向和有利於相互了解。組織結構應該能夠把部門的和人員的目標和方向，引向整個組織；組織結構應該讓各個部門的人相互了解，讓他們理解自己的任務，也理解共同的任務，要有利於資訊的交流。

有利於決策。組織結構應該有利於各個層次的人員做出決策。

穩定性和適應性。組織結構應該有一定的穩定性，這樣才能連續的工作，目標才會不斷的完成；同時也要有一定的適應性，各種條件發生變化後，組織結構要能夠適應。

永存性和自我更新。組織結構應該能夠培養未來的管理者，能夠讓管理者的素養得到提高，同時它也應該能夠接受新的事物和思想。

目標管理

1954 年，杜拉克提出了一個具有劃時代意義的概念——目標管理（Management By Objectives，簡稱為 MBO），它是杜拉克所發明的最重要、最有影響的概念，並已成為當代管理學的重要組成部分。1965 年沃迪恩發展了目標管理的概念，他把參與目標管理的人員擴大到整個企業範圍。目標管理是一種過程型的激勵理論，它在國外被稱為現代企業之導航船。在現代企業中，強調透過目標的設定來激發動機，指導行為，使員工需求與企業的目標連在一起，以激勵他們的積極度。目標管理的最大優點，也許是它使得一位經理人能控制自己的成就。自我控制意味著更強的激勵：一種要做得最好而不是敷衍了事的願望。杜拉克在他的偉大著作《彼得 · 杜拉克的管理聖經》中闡述了目標管理的要素，並把各要素綜合起來考慮，對目標管理給予了充分的論述。目標管理理論的核心思想在於：一個組織必須建立其大目標，以作為該組織的方向，為達成其大目標，組織中的管理者必須設定基本單位的個別目標，而此等個別目標應與組織的目標協調一致，從而促成組織團隊的建立，並得以發揮整體的組織績效。

目標管理的內容。目標管理的具體含義是指管理者以工作目標來領導部屬。管理者在事前和部屬商定彼此可以接受的目標及計畫後，即充分授權，讓下屬挑選最有效方法，以達成預先設立的目標。事後，管理者再以原目標與部屬實際執行的成果加以檢討，並予以校正與調整，以驗證目標的達成情況。

目標管理使得管理者有更多的時間來從事計劃與思考，也讓部屬有更多機會發揮功能。所以目標管理乃是有效發揮團隊合作，提升創新能力，以及培育部屬才能的領導方式。讓員工參與目標的制定，是目標管理的一個關鍵要素。正如我們前面所提到的，目標必須要讓員工參與制定，這樣做有利於目標的接受與實施。有關目標設定的研究顯示，設定恰當而具有挑戰性的目標，能夠產生強烈的激勵作用。雖然不能說讓員工參與目標設定的過程總是可取的，但是，當員工在接受較困難的挑戰性工作遇到阻力時，讓員工參與目標的設定絕對是有好處的。他們自己參與了，就會賣力的去為這個目標努力，等目標實現了，他們也就更有成就感。

目標管理還要求對最後目標的完成情況進行回饋，讓員工了解。管理者應該定期向員工通告目標的完成情況，讓他們對照標準衡量自己的工作成果，看他們的工作是否符合目標的要求。這樣做對員工的激勵作用很大。經過回饋，工作達到指標的人知道自己目前的工作進度很好，並指導自己繼續做下去就會獲得滿意的結果，會得到主管的好評，他們會覺得自己受到了重視；而沒有達到指標的人知道自己的進度落後了，再不努力就無法達到自己定的目標，他們就會加倍的努力，提高效率。

當然，目標也要具有可行性。雖然讓員工參與制定目標，若組織的目標定得太高，根本不可行的話，也就發揮不了目標管理的作用了。目標管理是以人性為中心的管理方法，它充分考慮員工的心理，激勵替代懲罰，採取自我控制與自我檢討的自主管理方式，藉以塑造員工之自信心與自尊心；讓員工參與目標的制定，目標之設定，由共同商討而使員工參與規劃、決策及執行，增進員工責任感與榮譽感，激發其工作潛能；它以民主替代集權；目標管理是結合企業機構內部人員之願望與組織之願望的管理技術。

總而言之，目標管理是一種滿足員工需求及激勵員工潛能，以達成企業機構追求生存與發展的管理技術，是邁向現代化管理的主要活動之一。

目標的作用

杜拉克對目標制定的潛力進行了調查，其結果令人大吃一驚。在他制定的調查中，有 90%顯示目標的制定會大大的提高工作效率。那麼，目標到底有什麼樣的作用呢？

目標使管理者和員工把注意力都集中到了相關的重要因素上。工作中經常會覺得有很多事情都需要做，但是當設定了明確的目標時，工作的重點就清晰了很多，做事情都會以是否有利於達到目標為依據。這樣，有利於實現重要的目標。

目標能調節一個人的工作強度。他們接受的目標的難度越大，所花的精力也就越大，這兩者是成正比的；人的潛力是很大的，但在平時是不會發揮的，只有在碰到一些事情的時候，它才會發揮出來。

較難一點的目標有助於發揮人的潛力，獲得更好的效果。難度大的目標能夠增強一個人的意志。但是目標也不可以難度太大，否則，下屬會覺得這個目標是難以實現的，也就失去了目標的激勵作用；目標也不可以太容易，太容易會讓人覺得沒有挑戰性，不利於激發員工的積極度。排除工作的盲目性，增加各部門的協調。透過制定整體目標和各個部門的小目標，部門的管理者就知道自己部門的目標在整個組織目標中的位置，就會減少很多的盲目性，各個部門的協調也會增進不少。

目標管理的具體做法

企業最高領導人（或董事長）設定組織的長期目標，並據此擬定組織的各項策略，以期達成各層次的目標；組織內各層次主管人員分別設定其支援性的短期目標，員工也積極主動的參與目標的設定，或者就選擇什麼目標提出建議，至少能和上級一起討論並認同這些目標。目標要訂得盡可能具體。每個部門根據總目標與上級制定部門目標，員工再根據所屬部門目標制定個人目標，從而形成一個目標鏈鎖。用一整套管理控制的方法去實施目標，但主要是放手讓員工發揮各自的積極度，去完成自己所訂的個人目標。具體實施辦法可由各人自行確定，不必人人一樣，千篇一律，上級不必給予太多的干涉。對照既定目標來考評效果，並討論未達成目標的原因。同時，為下一個目標管理週期創造更好的條件，以利於設定新目標。根據對達到結果的評價，可採用獎勵手段，激發人們為完成更高目標而努力。

經典語錄

明確的標誌和組織的原則應該是職能而不是權力。即使是最強大的企業也必須聽命於環境，有可能被環境毫無顧忌的消滅。但是，即使是最微弱的企業，也不僅僅是適應環境，而是還能影響和壟斷經濟和社會。

管理必須是個人、國家和社會的價值觀、志向和傳統，為了一個共同的生產目的而成為生產性的。

高層人士的行為、價值觀及信念等，都足以成為整個組織的榜樣，也足以決定整個組織的精神面貌。

在人力的培養發展上，管理人也需要具備分析的能力和公正的人格。

在對人員的管理中，最後一個因素，但也許是最重要的一個因素，是指把人員安排在能使他們的力量成為最富有活力的地方。

科學管理不過是一種節約勞動力的方法。也就是說，科學管理是能使工人獲得比現在高得多的效率的一種適應的、正確的方法而已。

身為管理人員，必須關心如何完成各項任務的方法，關心其管理性職務，關心管理人的工作，關心所需要的技能，也必須關心他所在的組織。

管理巨匠觀點

《管理的基礎問題》是彼得·杜拉克於 1950 年代寫成的經典性管理學著作，它奠定了杜拉克作為管理學家的地位，這是作者根據多年與管理人員共同工作的經歷寫成的書，本書著重闡述了企業管理的職能、目標和作用，著重強調了對人，包括管理者和工人的管理。

對於管理人員的重要性，杜拉克認為，管理人員是每個企業中富有活力的賦予企業生機的因素，缺乏了他們的領導，生產資源仍然是資源，絕不會成為產品。尤其是在一種競爭的經濟中，管理人員的素養和工作狀況決定著企業的成敗，甚至決定著企業的生存。只要西方文明本身繼續存在，管理就將繼續是一個基本的具有支配地位的機構，因為管理不僅是由現代工業體系的性質所決定的，而且是由現代工商企業的需求決定的，現代工商企業必須透過有效的管理，才能利用生產力資源——人和物質來推動社會進步。管理層是專門負責賦予資源給生產力的社會機構，也是負責有組織的發展經濟的機構，展現著現代社會的時代精神。杜拉克還指出管理在當時 1950 年代及以後幾十年的意義，首先從冷戰向和平時期的轉變要求管理層適應這一變革要求；其次，1950 年時美國的生產設備日趨陳舊，生產力除在新行業中提高外，其他行業都在下降或停滯，這要求管理來改變這種境況；最後，歐洲能否獲得經濟繁榮，殖民地國家和原料生產國能否像自由國家一樣發展自己的經濟，均取決於它們的管理人員的工作。

對管理的職責，杜拉克認為表現在三個方面。管理是企業的一個具體機構，透過管理層來發揮作用；管理是企業的具體機制，這一機制將企業的管理與所有其他機構的管理機制區別開來；管理的首要職能是經濟績效，管理層只能以它創造的經濟成果，來證明它的存在和它的權威是必要的，如果未能創造經濟成果，如果不能以顧客願意支付的價格提高產品或服務，如果不能用交付出它的經濟資源提高或至少保持其生產財富的能力，管理都是失敗的，因此管理的第一個定義是：它是一種經濟機制，是工業社會的一種特定的經濟機制，管理所涉及的每一項活動或每一項決策，都必須以經濟尺度作為首要尺度。第二個定義則是利用人員和物質資源，造就一家能創造經濟價值的企業，具體的講就是對管理人員進行管理。企業不是一個機械的資源彙集體，能夠增大的資源只能是人力資源，至於其他資源，不管利用得如何，都不會產生出比投入的總量更大的產出。杜拉克不同意視普通工人為一種物質資源，實際上許多普通工人也在做管理工作，如果更加努力，則會產生更大的效益。對管理人員的投資是不會在帳面上表現出來的，而且超過了對任何一種其他資源的投資。管理的最後一項職能是管理工人和工作。工人不同於其他資源，他們具有個性和公民資格，對是否工作、做多少工作、如何工作，具有自主支配能力，因此需要激勵、參與、滿足、刺激和獎勵、領導地位、作用和身分，也僅僅只有管理工作才能滿足這些要求。

此外，管理有一種額外的尺度：時間。管理人員必須將當前利益和長期利益結合起來考慮，如果眼前利益是以長期的獲利能力或公司的生存為代價，如果一項決策為了宏偉的未來而使這一年遭受風險，那麼這種管理是無效的。管理人員必須保持企業目前的成功和獲利，又要能使企業發展和興旺。針對以上論述，杜拉克認為：管理是一種有著多重目的的機制，既管理企業，又管理管理人員，也管理工人和工作，如果這其中缺掉一項，那就沒有任何管理，也不會有工商企業或工業社會。

杜拉克認為，在自動化的產業革命中，管理面臨著嚴峻的挑戰。但他不同意新技術將以機器人來取代人工勞力，相反，使熟練工人的內涵發生變化，不再是從事體力勞動的人，而是具有更熟練的技能和受過高等教育，創造更多財富、享有舒適生活的人。而且新技術不會使人工勞力成為多餘之物，將需要大量受過高階培訓的技術員、工人和管理人員。

杜拉克舉了西爾斯公司的例子來解釋什麼是企業，以及企業管理意味著什麼。首先，企業是由人們創造和管理的，不是由某些「外在力量」管理的，經濟力量制約了管理人員所能做的事情，也為管理人員的行為創造了機會，但不會決定企業是什麼或企業做了什麼，管理人員不僅發現這些「力量」，而且透過自身的行為創造「力量」。其次，不能以利潤來界定和解釋企業，獲利能力和利潤是對企業的一種約束，不是企業行為和企業決策的根本原因。事實上，由於企業是社會的一部分，企業的目的必須存在於社會之中，那就是造就顧客。市場不是由上帝、大自然或經濟力量所創造的，而是由企業家創建的，在企業家向顧客提供某種方式滿足他們的需求之前，顧客也許已感覺到那種需求，這種需求，過去可能是一種理論上的需求，或是未察覺到的需求，或是根本不存在的需求，但由於企業家透過廣告、推銷和發明某種新東西後，才會出現這樣的需求。同樣，顧客決定了企業是什麼，因為只有顧客購買了商品或服務，才使經濟資源轉化為財富，物品轉化為商品。企業是什麼、企業生產什麼、企業是否會興旺，是由顧客決定的，顧客是企業的基礎，並使之得以生存。

由於企業的目的是造就顧客，企業都有兩種基本職能：行銷和創新。杜拉克指出，行銷非常重要，絕不是建立一個強而有力的銷售部，並將行銷委託於這個部門就可以完事，行銷比銷售的含義更為廣泛，是經營的全部。創新是指提供更好更多的商品和服務，或創造一種新的需求，或發現舊產品的新用途，表現在設計、產品、銷售技術、價格、服務、管理組織、管理方法等方面。企業必須有效利用資源，實現造就顧客的目的，這是企業的行政職能，在經濟方面稱之為生產力。

高生產力要求以最小的投入產生最大的產出。生產力提高的原因是由於管理人員、技術人員和專業人員取代非熟練勞動力，是由於腦力取代體力，是由於機器設備的設計和安裝。而影響生產力的因素則還有折舊，產品結構、生產過程的組合（表現在某些部件，是自行生產還是購買等方面）、管理團隊的管理風格、企業的組織結構等。

杜拉克認為，利潤才是企業存在的原因，而結果是企業的行銷、創新和生產能力的績效。經濟活動側重於未來，而對未來唯一可確定的是其不確定性，是它的風險。企業的首要任務是生存，企業經濟學的指導原則不是最大限度的利潤，而是避免損失，企業必須籌備保險金，以防其經營中不可避免要涉及的風險，唯一的管道是利潤。利潤用來提供保險金、彌補損失，還用來擴大資本。

杜拉克指出，企業的業務不是由生產者決定，不是由公司章程決定，而是由顧客，由顧客的需求決定。「我們的業務是什麼」是決定企業成敗的最重要的問題。對這個問題回答的第一步是調查出真正的顧客和潛在的顧客，了解他們的具體資訊：他們在哪裡？他們怎樣購物，怎樣才能接近他們？顧客需要什麼？第二步則要挖掘出顧客購買產品時尋求的是什麼？品質或價格或售後服務。第三步，必須考慮公司或企業未來的業務，這可從四個方面分析：市場趨向、市場結構、創新的變革、顧客未滿足的需求。市場趨向是指市場的發展趨勢，如是否飽和，市場結構是指競爭帶來的市場占比的變化。第四步，確定公司應該從事的業務。

企業的目標是什麼，對此，杜拉克認為，真正的困難不在於需要確立什麼目標，而在於決定我們如何制定目標。唯一的方法是制定衡量標準。因為，無論什麼企業，無論什麼經濟條件，無論企業的規模或發展階段如何，都存在八個關鍵領域：市場地位、創新、生產力、實物和金融資源、利潤、管理人員的表現和培養、工人的表現和態度、公共責任感。

市場地位必須根據市場潛力和提供競爭商品和服務的供應商的業績來衡量。一個企業提供的商品少於一定的市場占比，這家企業就成為一家邊際供應商，面臨著被擠出市場的風險。但如果存在著較大的市場地位，會使企業難以適應創新的變化，十分脆弱，所以必須確立行銷目標。行銷目標有七個：

（一） 以美元和市場百分比表示的，根據直接和間接競爭衡量的現有產品在它們目前市場上所應占有的地位。

（二） 以美元和市場百分點確定的，並根據直接競爭和間接競爭衡量的現有產品在新的市場所占有的地位。

（三） 應該拋棄的現有產品。

（四） 現有市場所需的新產品。

（五） 新產品應該發展的新的市場。

（六） 商品銷售組織體系。

（七） 服務目標。

企業的創新目標為：

（一） 為實現市場目標所需要的新產品或服務。

（二） 因技術變化所需要的新產品或服務。

（三） 須對產品做的改進。

（四） 所需的新生產工藝或須對產品所做的改進。

（五） 企業經營活動的所有主要領域的創新和提高。

生產力的衡量顯示出資源是怎樣有效的得到利用的，以及它們的產出是多少，衡量生產力的標準是貢獻值，即公司從產品和服務銷售中獲得總收入與公司向其他供應商購置原料或服務所支付的金額的一種差額。貢獻值包括企業所做的一切努力的全部成本，以及企業因這些努力所獲得的全部報酬，它顯示企業自身貢獻於最終產品的所有資源，以及市場對這些努力所做的評價。物質產品的生產離不開實物資源的供應，如工廠、機器、辦公室等，同時還需要資本預算，獲得金融資源。杜拉克認為，獲利率或利潤率必須考慮時間因素和風險因素，可以根據原始投資的原始成本透過預測扣除折舊費後，按稅前的淨利潤來衡量獲利率。杜拉克指出，制定目標必須注意時間幅度，即持續的時間長短。此外還必須平衡目標。如什麼更重要：市場拓展和銷售額的增加，還是更高的投資報酬率？

在杜拉克看來，目前存在著三種基本的生產體系：單一產品生產、大規模生產和流程式生產。單一產品生產的基本原則，是把工作安排成性質相同的各個階段進行生產。大規模生產的基本原則，是用統一的和標準的零部件大量或少量的組裝各種產品。流程式生產將流程和產品融為一體，如石油提煉廠，它從原油中獲得的最終產品，取決於該廠採用的流程，它只能按一定的比率生產出煉油廠所確定的石油產品。企業管理層要求負責生產的人知道哪種生產體系是合適的，並且堅持不懈的、最大限度的實行這一生產體系的原則，同時也必須知道各種生產體系對管理層的能力和運作的要求是什麼。管理人員是企業的基本資源，並且是企業最稀有的資源，在一個全自動化的工廠中，可能幾乎沒有任何普通的雇員。對管理人員的管理的好壞，決定著企業的目標能否實現，並且在很大程度上決定著企業對工人和工作管理得如何。透過福特公司的例子，杜拉克指出，管理機構的性質、職能和職責是根據任務來決定，而不是透過授權來決定。管理管理人員的第一個要求，是將各個管理人員的視線導向企業的目標，即目標管理和自我控制，第二個要求確定管理人員合適的工作結構。

企業的運作要求各項工作都必須以整個企業的目標為導向，尤其是每個管理人員的工作，更必須注重於企業整體的成功。管理人員的績效，是根據他的成就對企業成就所做的貢獻來衡量。等級制的管理結構會加劇企業業主的誤導，因此必須設計一種管理結構，將管理人員的注意力吸引到工作上。每個層次的管理人員，都必須確定本層次必須創造的業績是什麼，所做的貢獻應是什麼，必須強調合作和群體的作用。不同層次的目標應相互平衡，服務於企業整體目標，管理人員的目標確定，既需要管理人員聽取員工的建議，又要設計一種專門的單位使下屬管理人員的意見得到反映。目標管理的最大優點是它能使管理人員控制他自己的表現，自我控制意味著一種更強大的努力；追求卓越而不是僅僅過得去，測評是自我控制的一種方法，要求對報告、程序和報表進行正確的使用。

管理人員的工作應該建立在為了實現公司的目標而承擔的任務的基礎上，有其自身的權力和責任，同時是一項有管理範圍的工作。團隊是一種有效的組織形式，它需要更緊密的合作和更明確的個人分工。管理職責的範圍隨著人們在企業中向上提升而拓寬，應當盡可能的賦予每個管理人員最廣泛的工作範圍和權力，但這種權力還是要受到制約的。管理人員和上司的關係表現在三個方面：上層對下層、下層對上級、管理人員對企業的每個管理人員都有為他的上級單位實現其目標而做貢獻的任務，也有著面向企業的義務和對下級管理人員負責的責任。

杜拉克認為，企業精神對於企業意義重大。精神具有道德的內涵，精神的基礎是誠實。對管理人員精神的第一個要求是有高標準的表現。堅持卓越的目標和良好的業績，要求對管理人員制定目標和實現目標的能力進行評價，評價以業績為基礎，運用一整套社會準則進行。如果一個人業績差，就該解僱，如果一個人業績好，就應該獲得獎勵和激勵，職位的晉升和薪酬制度很有必要。

培養管理人員的第一項原則是培養整個管理群體，第二項原則是必須動態培養，注重未來的需求，將今日的管理人員培養成為更好的明日的管理人員。培養必須鼓勵自我發展和自我控制。

組織本身不是目的，而是一種實現企業經營的目的和企業業績的方法，組織結構是一種不可少的方式。對企業的活動進行分析，可以知道製造、行銷、工程、會計、採購和人事是製造型企業的典型職能。決策分析可得出企業決策的性質所涉及未來的程度、對其他部門領域行業的影響、價值觀念因素、是重複出現還是偶然出現等四項因素決定。關係分析不僅對制定何種機構的決策必不可少，而且對調整決策的制定非常重要。

杜拉克認為，組織機構必須是為實現企業績效而設置的組織機構，應該含有盡可能少的管理層次，形成盡可能短的指揮鏈，而且必須使培訓和考察明日的高層管理人員成為可能。聯合分權制和職能分權制是兩項基本形式。聯合分權制將各種活動組成自治的產品單位，每個單位擁有自己的市場和產品，自負盈虧。它要求自治產品單位的規模差異、範圍差異很大，應用它要求五點規則：

（一） 強大的從屬機構和強大的中心

（二） 聯合分權制的單位足夠大

（三） 每個單位都有發展潛力

（四） 管理人員的工作具有充分的餘地

（五） 各單位應該平等共存

而職能分權制則根據職能建立組織，這是傳統的組織結構。

規模不改變企業的性質和管理企業的原則，只會極大的影響管理結構，不同的規模要求管理結構的不同，但比規模更有影響的是規模的變化，即成長。杜拉克說，不能以雇員人數而應以管理結構來衡量企業的規模。據此，企業可分為小企業、相當規模的企業、大企業、特大型企業四種。

杜拉克用 IBM 公司的例子分析指出，起用一名工人是指一個完整的人，而不是人體的一部分，我們是與作為人力資源的工人打交道。人作為一種資源，區別於其他資源，他需要激勵和培訓。通常，企業要求工人自願為實現企業的目標而做出努力，要求工人樂意接受變革。工人不僅要求經濟報酬，而且要求地位、平等機會和工作的滿足感。

人事管理是對工人和工作的管理，但一般人認為人事管理無效有三個錯誤原因：首先，它假設工人好逸惡勞；其次，人事管理把對工人和工作的管理看作是專家的工作；最後，人事管理部門傾向於充當一個「救火」的角色。人際關係則承認人力資源是一種特殊的資源，反對僅僅透過金錢刺激工人的想法，但人際關係理論的貢獻，基本上是一種消極的貢獻，歷史上也未能替代新的觀點。杜拉克認為，美國最廣泛使用的人事管理概念是「科學管理」，它的核心是有組織的對工作進行研究，將工作分解成最簡單的要素，有計畫、有步驟的提高這些要素中每一要素的工人的業績，但存在著極大的缺陷，視人為「機床」，必然會加劇工人對變革的抵制。新技術則加重了科學管理的弊端。

什麼樣的激勵機制才能最充分的激發工人的積極度？杜拉克認為，必須培養工人的責任感，這有四種辦法：安排工作要慎重；必須制定較高的績效標準；向工人們提供自我控制所需要的資訊；為工人提供參與的機會，讓他們學會從管理者的角度來看待問題。此外，讓工人及時了解企業的有關情況，促使他們和管理人員一樣的看待問題，也鼓勵工人在廠內社團活動方面發揮領導作用，這也可以激發工人的責任心。

企業和工人之間的經濟關係相當微妙。對經濟報酬的不滿，會影響積極度的發揮，最好的經濟報酬，不一定能換來工人對工作的責任心，而非經濟性的刺激，也不能補償工作對經濟待遇的不滿。企業把薪酬看成是成本，要求盡量減少薪酬，但雇員把薪酬看作是收入，要求薪酬穩定。對於企業，新技術的出現迫使企業穩定其僱用政策，人力資源的培訓也成為一項重大投資。工人對利潤存在牴觸情緒，利潤分享制和股份所有權有助於解決這種情緒。

杜拉克提出，經理有兩項具體任務，第一項是造就出一個真正的群體，這個群體的工作成效要大於各個組成部分工作績效的總和；第二個任務是採取某些行動或某些決策時，必須協調好眼前和長遠需求之間的關係。經理工作內容有制定目標、安排工作、溝通和激勵工作人員積極度，測定績效和培訓人才。資訊是經理的工具，人才是經理的資源，時間是經理稀缺的資源。

決策有戰術決策和策略決策兩種，在杜拉克看來，策略決策更為重要，涉及的要不是弄明白情況就是改變情況，要不是查明有哪些資源就是了解應該有哪些資源，經理在管理層次中的地位越高，要做的策略決策越多。步驟有五個方面：

（一） 弄清問題

（二） 分析問題

（三） 制定可供選擇的解決問題的方案

（四） 尋找最佳解決方案

（五） 使決策生效

在本書的最後，杜拉克指出，新技術要求所有經理對生產原理有透澈了解，重視開創市場和市場行銷，重視改革創新和競爭，重視就業機會的創造。經理必須能完成七項任務：

（一） 他必須透過目標來實施管理。

（二） 他得冒更多的風險，而且還要在更長的時間內冒風險，甚至機構的基層單位也必須做風險決策。

（三） 他必須有能力做出策略決策。

（四） 他必須能把自己領導的單位建設成一個協調一致的團體。

（五） 他必須能迅速又明確的做好資訊交流工作，善於激發別人的積極度。

（六） 要看到企業的全域。

（七） 考慮企業的整體外部環境來做出決策。

作者認為，要勝任明天的經理，最重要的仍舊是正直的品格。

延伸品讀

杜拉克創建了管理這門學科。他說「我圍繞著人與權力、價值觀、結構和方式來研究這一學科；尤其是圍繞著責任。管理學科是把管理當作一門真正的綜合藝術。」

1954 年 11 月 6 日是管理學中一個劃時代的日子。彼得・杜拉克在這一天出版了他的《彼得・杜拉克的管理聖經》（The Practice of Management）一書。該書的出版標誌著管理學作為一門學科的誕生。在此之前，沒有一部著作向經理人解釋管理，更沒有一部著作向經理人傳播管理。

杜拉克在撰寫《企業的概念》時，因為需要借閱有關管理方面的書籍，而找到了哈里・霍普夫。在談及哈里・霍普夫時，杜拉克如是說：我老是聽人講起哈里・霍普夫，他是一位保險顧問，建立了一座圖書館。該圖書館成了紐約州克羅頓維爾的奇異管理學院的核心。於是，我前去拜訪霍普夫先生。他是一位年長的紳士，身體欠安。他擁有當時世界上最大的管理文獻圖書館，也是當時世界上唯一的管理圖書館。他的圖書館是一個非常大的房間，擁有成千上萬冊書籍。當我看到這一切時，我的心沉了下去。他對我說：「年輕人，我知道你對管理感興趣。」我說：「是的，先生。」他又說：「可是這裡只有六本關於管理的書，剩下的都是有關保險、銷售、廣告和製造的書。」最後我發現這六本書中，有三本也不完全是有關管理內容的。因此，實際上管理書籍是一片空白。

因為管理作為自成一派的綜合性學科尚未出現，當時只有會計學、銷售、勞工關係，以及論述某一方面管理技能的書。因此當時有關管理方面的書，總是讓杜拉克感到「像一本只討論某個關節 —— 如肘關節 —— 連手臂都沒有提到，更不用說提及骨架的人體解剖的書籍。」

1985 年，杜拉克曾對一位來訪者說：「《彼得．杜拉克的管理聖經》一書的出版使人們有可能學會如何去管理。在這之前，管理似乎只是少數天才能做的事，凡人是無法做到的。我坐下來花了些工夫，把管理變成了一門學科。」

杜拉克在《杜拉克：管理的使命》一書中，用獨特的類比闡述道：「管理是一門學科，這首先就意味著，管理人員付諸實踐的是管理學而不是經濟學，不是計量方法，不是行為科學。無論是經濟學、計量方法還是行為科學，都只是管理人員的工具。但是，管理人員付諸實踐的並不是經濟學，就好像一個醫生付諸實踐並不是驗血那樣；管理人員付諸實踐的並不是行為科學，就好像一位生物學家付諸實踐的並不是顯微鏡那樣；管理人員付諸實踐的並不是計量方法，就好像一位律師付諸實踐的並不是判例那樣——管理人員付諸實踐的是管理學。」

管理是一門學科的含義之一是，有些專門的管理技巧適用於管理學，而不適用於其他任何學科。這些技巧之一是組織內的溝通。另一種技巧是在不確定的情況下做決策。還有一種特殊的企業家的技巧：策略規劃。

必須提及的是，作為一種實踐和一個思考與研究的領域，管理已經有了很長的歷史，其根源幾乎可以追溯到兩百年以前。但管理作為一個學科，其開創的年代應是 1954 年，即：《彼得．杜拉克的管理聖經》的問世標誌著管理學的誕生；而正是彼得．杜拉克創建了管理這門學科。杜拉克精闢的闡述了管理的本質：「管理是一種實踐，其本質不在於『知』而在於『行』；其驗證不在於邏輯，而在於成果；其唯一權威就是成就。」

杜拉克對「責任」、管理人員的「責任」、員工的「責任」以及企業的「責任」談得很多。1973 年，杜拉克將自己幾十年的知識經驗與思考濃縮到一本書中。這本共達八百三十九頁的浩瀚巨著，以其簡潔而濃縮的書名道出了管理學的真諦——《杜拉克：管理的使命》（Management: Tasks, Responsibilities, Practices）。據此，我們可以把管理詮釋為：管理任務、承擔責任、勇於實踐。令人驚奇的是，當我在《杜拉克：管理的使命》這本書中搜尋「責任」這一詞彙時，發現本書索引中有多達三十六處談到「責任」，而竟無一處談到「權力」。「權力和職權是兩回事。管理單位並沒有權力，而只有責任。它需要而且必須有職權來完成其責任——但除此之外，絕不能再多要一點。」在杜拉克看來，管理單位只有在它進行工作時才有職權（authority），而並沒有什麼所謂的「權力」（power）。

杜拉克反覆強調，認真負責的員工確實會對經理人提出很高的要求，要求他們真正能勝任工作，要求他們認真的對待自己的工作，要求他們對自己的任務和成績負起責任來。

責任是一個嚴厲的主人。如果只對別人提出要求而不對自己提出要求，那是沒有用的，而且也是不負責任的。如果員工不能肯定自己的公司是認真的、負責的、有能力的，他們就不會為自己的工作、團隊和所在單位的事務承擔起責任來。

要使員工承擔起責任和有所成就，必須由實現工作目標的人員與其上級一起為每一項工作制定目標。此外，確保自己的目標與整個團體的目標一致，也是所有成員的責任。必須使工作本身富有活力，以便員工能透過工作使自己有所成就。而員工則需要有他們承擔責任而引起的要求、紀律和激勵。

經理人必須把與他一起工作的人員看成是他自己的資源。他必須從這些人員中尋求有關他自己的職務的指導。他必須要求這些人員把下述事件看成是自己的責任，就是幫助他們的經理能更好的、更有效的做好自己的工作。必須使他的每一個下屬，承擔起對上級的責任和做出相應的貢獻。

杜拉克在《後資本主義社會》（Post-Capitalist Society）一書中指出：「現在，有關『應得權力』和『授權』的議論很多。這些術語顯示以指揮和控制為基礎的組織的終止。但是，它們與舊的術語一樣是權力和地位的術語。現在我們應該談論責任和貢獻。因為沒有責任的權力根本不是權力，它是不負責任。我們的目標應該是使人們負起責任。我們應該問的是『你應該負什麼責任』而不是『你應該有什麼權力』。在以知識為基礎的組織中，管理工作不是使每個人都成為老闆，而是使每個人都成為貢獻者。」

從《杜拉克：管理的使命》問世近半個世紀以來，杜拉克透過著書立說、講學、提建議等方法，不厭其煩的提出：管理既要眼睛向外，關心它的使命及組織成果；又要眼睛朝內，注視那些能使個人獲得成就的結構、價值觀及人際關係。

杜拉克在《新現實》（The New Realities）一書中，清楚的解釋了為什麼稱「管理」為一門「綜合藝術」。他說，「管理被人們稱之為是一門綜合藝術 ——『綜合』是因為管理涉及基本原理、自我認知、智慧和領導力；『藝術』是因為管理是實踐和應用。」

權變管理理論創始人
—— 弗雷德·菲德勒

管理巨匠檔案

全　名　弗雷德·菲德勒（Fred E. Fiedler）
國　別　美國
生卒年　西元 1922-2017 年
出生地　美國

經典評介

權變管理創始人，美國當代著名心理學和管理專家，美國華盛頓大學心理與管理學教授，兼任荷蘭阿姆斯特丹大學和比利時魯汶大學客座教授。他認為在管理的過程中，要保證管理工作的高效率，在環境條件、管理對象和管理目標三者發生變化時，施加影響和作用的種類和程度也應有所變化，即管理手法和方式也應發生變化。

管理巨匠簡介

弗雷德·菲德勒，出生於 1922 年，菲德勒在芝加哥大學獲得博士學位，畢業後留校任教。1951 年移居伊利諾州，擔任伊利諾大學心理學教授和群體效能研究實驗室主任，直到 1969 年前往華盛頓，擔任美國華盛頓大學心理學與管理學教授。

1951 年起由管理心理學和實證環境分析兩方面研究領導學，1970 年代提出了「權變領導理論」。「權變管理」的思想打破了傳統企業管理中所提倡的普遍性管理原理。「沒有最好的，只有適合的」就是權變管理的核心思想。這種理論開創了西方領導學理論的一個新階段，使以往盛行的領導型態學理論研究，轉向了領導動態學研究的新軌道，對以後的管理思想發展產生了重要影響。權變管理認為並不存在一種適用於各種情況的普遍的管理原則和方法，管理只能依據各種具體的情況行事。管理人員的任務就是研究組織外部的經營環境和內部的各種因素，弄清楚這些因素之間的關係及其發展趨勢，從而決定採用哪些適宜的管理模式和方法。

代表著作

* 《一種領導效能理論》
* 《領導方式與有效的管理》

* 《讓工作適應管理者》
* 《權變模型 —— 領導效用的新方向》

管理智慧

開放的權變理論

權變理論學派是在 1970 年代形成的一個管理學派，他們把企業看成一個受外界環境影響並且也對外界環境施加影響的開放系統，他們也認為管理中要根據企業所處的環境條件等的變化而相應的做改變。這開創了西方領導理論的一個新階段，使以往盛行的領導型態學理論研究，轉向了領導動態學研究的新方向。在管理對象和管理目標保持不變而環境發生變化時，原有的管理方式已經不符合新的環境條件了，因此管理方式就要改變。當管理對象發生變化而其他的兩個沒有改變時，管理所施加影響和作用的接受者已經發生了變化，在這種情況下，就很難達到預定的管理目標，因此管理方式也要改變。總之，在環境、管理對象和管理目標這三者之中的任何一個發生了變化，就要改變管理的方式和方法。菲德勒權變理論的思想核心就是：改變環境以改變領導的思維。一個組織的成功和失敗在很大程度上取決於它的管理人員的素養。如何尋找最佳的領導者是一個十分重要的問題，但是更重要的是如何改變環境以更好的發揮管理人員的才能。要求企業進行權變管理的因素有很多。

首先，企業的環境進行著不斷的變化，隨著時間的推移，企業的規模會變大或者變小，企業或者會進入到一個新的行業，或者也會退回到一個舊的行業，人們的生活水準不斷提高，員工的知識文化素養也在不斷提高，競爭對手可能採取了一項新的舉措，企業就要做出相應的調整等等，這些都要求企業要根據具體的不同的環境來進行管理。沒有一成不變的管理，很多情況都在變化，管理方式也應該隨著這些變化而改變。菲德勒指出，企業管理中，權變可以從以下三個方面的意義來理解：

1. 時間上的含義

在時間上，權變指的是隨著時間的推移而導致企業環境條件的變化，從而引起管理方式和方法的變化。比如由於時間的發展，導致的經濟的發展，民眾生活水準的提高，競爭的加劇和技術的更新等等，人們的受教育程度提高，勞動者的綜合素養也就提高了，員工就要求更加寬鬆的管理環境，要實行人性的管理方式。隨著時間的流逝，新時代的管理方式比舊時代的通常都有很大的進步。管理者自身也會因為時間的成長，閱歷的增加而在管理方式上有所改變。

2. 空間上的含義

在空間上，權變指企業所處的環境不同，或者管理者所處的環境不同 —— 來到了一個新的企業，或者在原有的職位上進行了升遷等導致管理方式和方法發生變化。同一個管理者，管理職位不同，他的管理方式也就不同。所處的職位越高，與高層接觸的機會也就越多，與底下普通員工密切接觸的機會也就越少。另外，由於企業所處的行業的不同，整個行業的經濟狀況和員工的士氣不同，競爭的激烈程度不同等等，都會影響到管理者的管理行為。

3. 對象上的含義

對象指的是管理對象。在這一方面，權變指的是管理者因下屬的多樣性和變化性，而相應的在管理方式和方法上進行改變。現在人們的受教育程度普遍提高了，現在對下屬的管理方式，比泰勒時代的方式要變化很多。而且不同員工的文化素養觀點成熟度、個性等方面都存在差異，對於不同的員工，要用不同的溝通方式和激勵方式。權變的原則就是變化的原則，即管理方式和管理方法隨著管理條件和管理對象的變化而變化。

權變管理原則

菲德勒提出了權變的含義後，也指出了權變管理應遵循的原則。

1. 相對穩定的原則

環境總是在不斷的變化著，但是管理方式和管理方法卻不能隨意變化。過度頻繁變化的管理方式，一方面消耗管理者的精力，另一方面，這也會讓員工覺得無所適從，不知道該怎樣去適應領導者了。當然，這也不是說領導者的管理方式就是一成不變的。那樣也不行，當環境有了較大的變化時，風格也要變，否則不適應環境，這裡只是說，風格不能過度的頻繁的變動。

2. 考慮重點，兼顧一般的原則

影響領導者管理風格的因素有很多，外部的競爭環境、企業的組織結構、員工的素養和能力、管理者自身的個性、企業的規模等等，都會影響到管理者的管理方式。有時候，這些影響因素對風格的影響並不是一致的。有的因素需要領導者採用關聯式領導方式，而另外一些因素則需要領導者採用任務型領導方式。

3. 試驗性原則

有的時候，很難判斷哪種管理方式最好，這時候最好的辦法是試驗。透過不同管理方式的試驗，來判斷哪種管理方式最合適。在試驗的時候，管理者不可以忽略與下屬員工的溝通，透過這樣的溝通來了解員工對管理者管理方式的建議，這樣他們的管理方式就容易被員工接受。管理環境的變化是決定管理者採用權變原則的一個關鍵因素。無論是企業內部的環境發生了變化，還是企業外部的環境發生了變化，管理的方式和方法都要發生變化。這就是管理工作的試驗性原則。

權變領導思想

在許多研究者仍然爭論究竟哪一種領導風格更為有效時，菲德勒已經把自己的研究方向轉移到更重要的問題上了：民主和專制這兩種領導方式，各自適合什麼樣的環境？菲德勒認為，企業的領導人對企業的成功與失敗的影響是非常大的，如何尋找一個好的管理者是一個非常重要的問題，但是如何發揮領導人的才能，是一個更為重要的任務。在大量研究的基礎上，提出了有效領導的權變模型，他認為，任何領導型態均可能有效，其有效性完全取決於所處的環境是否適合。菲德勒從 1951 年起，從管理心理學和實證環境兩方面分析研究領導學，他的理論對後來的領導學和管理學的發展，產生了重要的影響。招聘領導者時，傳統的企業一般是透過招聘、選拔和培訓。但是菲德勒認為，依靠培訓使領導者的個性適合管理工作的要求時，這種做法從來沒有獲得過真正的成功。相比之下，改變領導者所處的環境要比改變領導者的風格要容易得多。可行的做法是改變工作環境來適應人，而不是改變人來適應環境。菲德勒相信影響領導成功的關鍵因素之一，是個體的基本領導風格。一個領導者對他的同事和下屬的看法，會影響他們之間的關係。如果領導者認為自己的下屬友好、熱情並且善於合作，那麼他們之間的關係會更加和諧，反之，如果領導者認為自己的下屬冷淡，不善於合作、沒有能力等，那麼他們之間的關係會越來越差。到底領導者怎樣看待他的同事和下屬呢？這與領導者的個性有關係。每一個領導者都有一個特定的自我，由他們特有的知識水準和品格個性來決定。這與他的年齡、經歷和職位等都有關係。為了發現領導者對其他人的看法到底如何，這個領導者到底屬於哪種領導風格，菲德勒設計了最難共事者（LPC）調查問卷，問卷分為十六個項目，由十六組對應形容詞構成，分為一到八個等級。作答者要先回想一下自己共事過的所有同事，並找出一個最不喜歡的同事，在十六組形容詞中按一至八等級對他進行評估。把十六個項目的總分數加起來除以十六，就得出了「相反方面類似點」的分數。菲德勒的 LPC 問卷如下：

菲德勒的 LPC 問卷

快樂 —— 87654321 —— 不快樂	開放 —— 87654321 —— 防備
友善 —— 87654321 —— 不友善	合作 —— 87654321 —— 不合作
拒絕 —— 12345678 —— 接納	助人 —— 87654321 —— 敵意
有益 —— 87654321 —— 無益	無聊 —— 12345678 —— 有趣
不熱情 —— 12345678 —— 熱情	好爭 —— 12345678 —— 融洽
緊張 —— 12345678 —— 輕鬆	自信 —— 87654321 —— 猶豫
疏遠 —— 12345678 —— 親密	高效 —— 87654321 —— 低效
冷漠 —— 12345678 —— 熱心	鬱悶 —— 12345678 —— 開朗

這個問卷的最後得分，可以用來測定一個領導者對其他人的態度，也可以說是測定情感上或心理上的距離。菲德勒運用 LPC 問卷，將絕大多數作答者劃分為兩種領導風格，也有一小部分處於兩者之間，很難勾勒。如果以相對積極的詞彙描述最不喜歡的同事，則他的 LPC 得分高，一般在 4.1 ～ 5.7 之間，這個領導者就很樂於與同事形成良好的人際關係，他是以人際關係為中心的，樂意與別人建立良好的人際關係，是關係取向型領導。這種人對同事和下屬，往往抱持諒解和支持的態度。相反，如果分數得出來在 1.2 ～ 2.2 之間，則說明他對同事的看法很消極，也說明作答者可能更關注生產，就稱為任務取向型。這種領導者是以任務為中心的，他所關心的是工作任務的完成，即使因為工作任務而損害了人們之間的關係也會在所不惜。這類領導者重視的是透過完成任務來滿足他們的自尊心。另外，下屬的成熟度，也會對管理方式的選擇有影響。下屬的工作技能越高，各種文化素養越好，就說明下屬的成熟度越高。反之，他們的成熟度就很低。對於高成熟度的下屬，適合採用比較寬鬆的、能夠讓他們自由發揮才能的管理方式，也就是關聯式管理。反之，則適合採用任務型管理方式，此時下屬的知識文化水準比較低，管理者要做的就是把命令下達下來，讓他們按照固定的規章制度來操作就行了。企業中的管理者應該具有極強的適應性，而合適的領導者有時候是很難找到的。以前的時候，似乎有很多好的領導者，他們一個個都很有領導才能，前程遠大，而且人數眾多，企業可以隨時找到。但現在就不是這種情形了，這種人不但少而且還不好找，不可能一夜之間就找到他們的替代者。如果這些人的管理風格與企業的環境不相符合的話，那就只有改變工作環境去適應他們的領導方式了。這也就是菲德勒的權變的領導理論的核心內容，也就是如何去改變環境來適應領導者的風格。菲德勒說：「管理者應當學會分析和辨識工作環境，然後就可以將底下的管理人員，分配到適合他的風格的環境中去工作。每個環境到底需要什麼樣的管理風格，取決於環境對管理者的有利程度，而這種程度是由若干因素決定的……顯然，改變這些環境因素，要比調換下級經理或者是改變他們的工作作風要容易得多。」經過長期的研究結果，菲德勒提出影響領導型態有效性是三個環境因素，他們分別是：

1. 領導者與成員的關係

領導者與成員的關係，即領導者是否受到下級的喜愛、尊敬和信任，是否能吸引並使下級願意追隨他。領導者與成員之間的關係是最重要的環境因素，它直接影響著領導者對下屬的影響力和吸引力，反映下屬對領導者的喜愛和忠誠度。如果領導者能處理好這種關係，他在下達命令時就不需要有多大的強制性，也不需要身居要職，成員都會很自覺的聽從其派遣。反之，雖然領導者職位很高，可他的指示卻不一定能夠很順利的得到執行，這種關係可以用群體中的民主氣氛來平衡。

2. 職位權力

職位權力是指與領導職位相關的權力，領導者從上級或者整個組織各方面所得到的支持程度，即領導者所處的職位能提供的權力和權威是否明確充分，在上級和整個組織中所得到的支持是否有力，對僱用、解僱、紀律、晉升和增加薪資的影響程度大小。一般來說，對於職位權力強的領導者下達的任務，員工由於對其擁有的職位權力有種懼怕感，他們工作起來更得心應手。例如一個基層的管理者若有權僱用和開除員工，則他在基層中的地位也許比董事長還要大，因為董事長一般是不直接面對工人的。

3. 任務結構

指工作團體要完成的任務是否明確，有無含糊不清之處，其規範和程序化程度如何。如果工作的目標、方法、步驟都很清楚，那麼領導者就可以下達具體的指令，員工的任務就是執行。相反，如果無論領導者還是下屬都不清楚該做什麼和怎麼做時，下屬的自由度就大很多。

任務結構清楚的工作適合專制的領導方式，此時領導者不需要給他們多大的指導，而且下屬只要按照程序去做就行了。工作任務不清楚，領導者如果再嚴格控制也不行，此時需要領導者提供輕鬆的工作氛圍，讓員工充分發揮他們的創造力。一般來說，結構化的任務比非結構化的任務更容易做好。因此，不同的環境條件要求不同的領導風格。當下屬成員非常信任和尊重他的領導者時，他們需要的是領導者的指導和協助，這時就不需要徵求民主意見，只需要下達指令協助員工完成任務就行了。相反，在研發或者是計劃工作之類的組織中，則需要維持群體內的自由民主的氣氛，這樣才能引導大家發表不同意見並且加以討論，以達到最好的效果。而且環境也是在時時刻刻發生變化的，如果環境發生了變化，領導者的風格也要發生相應的變化。這時領導者就要改變自己的風格，否則的話他就不適合這項工作了。

透過上面的分析，我們可以發現依靠傳統的招聘方式，對管理者進行培訓並不是最好的辦法，一個人的風格是很難改變的。因此說，挑選領導者時，要看他們的風格是否與工作需求的風格相符合，對於不同的領導風格，將他們分配到不同的工作職位上。一種環境需要什麼樣的領導模式，取決於環境對領導者的有利程度，而這種程度又是由若干環境因素決定的，改變這些環境因素，要比改變領導風格要容易得多。菲德勒模型利用上面三個權變變數來評估情境。領導者與成員關係或好或差，任務結構或高或低，職位權力或強或弱，三項權變變數總和起來，便得到八種不同的情境或類型，每個領導者都可以從中找到自己的位置。

對於任務取向型和關係取向型這兩種領導方式，不能籠統的說哪一種好哪一種壞。菲德勒模型指出，當個體的 LPC 分數與三項權變因素的評估分數相對應時，則會達到最佳的領導效果。菲德勒研究了一千兩百個工作群體，對八種情境類型的每一種，均對比了關係取向和任務取向兩種領導風格，後來他得出結論：任務取向的領導者在非常有利的情境和非常不利的情境下都可以工作得很好。也就是說，當面對Ⅰ、Ⅱ、Ⅲ、Ⅶ、Ⅷ類型的情境時，任務取向型領導者往往做得更好；而關係取向型領導者則在中度有利的情境，即 IV、V、VI 類型的情境中做得更好。

菲德勒認為領導風格是與生俱來的，改變一個人的領導風格非常困難，遠沒有改變環境容易，所以你不可能改變你的風格去適應變化的情境。他指出，提高領導者的有效性，實際上只有兩條途徑：

首先，你可以替換領導者以適應環境。這種情況是不得已而為之，就是說，改變環境非常困難或者是不可能的。如果群體所處的情境被評估為十分不利，而目前又是一個關係取向型管理者進行領導，那麼替換一個任務取向型管理者則能提高群體績效。比如公司發生重大轉型時，公司規模有實質性的擴大時等，要改變公司的環境是不行的，這時候就只有將舊的領導者替換為新的領導者。

另外就是改變情境以適應領導者。菲德勒提出了一些改善領導者 —— 成員關係、職位權力和任務結構的建議。具體有以下三點：

1. 改變下屬組成。領導者與下屬之間的關係，可以透過改組下屬組成加以改善，使下屬的經歷、技術專長和文化水準更為合適；或者是把具有類似的價值觀、信仰和經歷的員工組成一個群體；把具有相同的文化修養，相同的語言程度的員工調到一起。這些管理者和員工相同的東西可以讓他們接近，變得更容易相處。
2. 改變領導者的職位權力。管理人員的職位權力要與他的工作性質相符合，上級領導者可以透過調節他們的職位權力來改變相應的環境，使得管理更加有效。當他們的職位權力太高時，就適當降低一點，在他做決定時，要與下屬人員商量商量；當職位權力有點低時，可以增加他的權力，安排更低職位的人員當他的下屬，讓他直接管理更具體的事務。
3. 改變任務結構的性質。任務結構可以透過詳細安排工作內容，向他們下達一個很明晰的說明書和計畫，透過這樣使其更加定型化，也可以對工作只做一般性指示而使其非程序化，可以讓管理者盡情的發揮，領導的職位權力可以透過變更職位充分授權，或明確宣布職權而增加其權威性。這些辦法可以很明顯的改變工作任務的程序化和明確化的程度。

當然，這裡僅提供了一些能夠改變環境因素的例子。更重要的是，菲德勒的權變理論提供了環境分析的模型和分析的若干原則，這樣人們就可以觀察一個群體的有效性，並且提出一些方法來提高組織管理的有效性。他的這種思想，比傳統的招聘和培訓管理人員的思想更進了一步，使得透過改變組織的環境來提高組織的有效性，成為一種管理企業的方法，讓管理階層的領導才能得到更充分的發揮。菲德勒模型強調為了領導有效，需要採取什麼樣的領導行為，而不是從領導者的素養出發，強調應當具有什麼樣的行為，這為領導理論的研究開闢了新方向。菲德勒模型顯示，並不存在一種絕對的最好的領導型態，企業領導者必須具有適應力，自行適應變化的情境。同時也提示管理層必須根據實際情況，選用合適的領導者。菲德勒的這種權變的管理思想的主要作用，是將管理理論有效的指導管理實踐，他在理論和實踐當中，成功的架起了一座橋梁。他反對不顧企業的具體情況而一味的追求最好的管理方法，他認為沒有萬能的有效的管理方式，管理的活動要和具體的管理環境相符合，而且改變環境要比改變管理者的風格要容易得多。菲德勒模型的效用已經得到大量研究的驗證，雖然在模型的應用方面仍存在一些問題，比如 LPC 量表的分數不穩定，權變變數的確定比較困難等，但是菲德勒模型在實踐中仍然具有非常重要的指導意義。

經典語錄

在某些環境條件下，專制式的領導者工作效率高，而在另一些環境中，民主型的領導者工作起來得心應手。在任何一種環境中，我們都有可能改變那些與領導者固有風格相牴觸的客觀因素條件。如果一個組織的最高層領導者明白這種可能性，他便可以為他們的中層經理設計出適合他們各自風格的工作環境，從而提高領導效率。

領導者與員工的關係是最重要的環境因素。它直接影響著領導者對下屬的影響力和吸引力，反映下屬對領導者的信任、喜愛、忠誠和願意追隨的程度。受歡迎的領導者在指揮過程中並不需要炫耀身居高位和大權在握，下屬都自願追隨他並執行他的命令。最高領導者應當學會分析和辨識工作環境，然後便可以將部門經理和下層經理分配到適合他風格的環境裡工作。

每種具體環境需要什麼樣的領導風格，取決於環境對領導者的有利程度，而這種有利程度又由若干環境因素決定。如領導者與員工的關係，群體成員的經歷是否類似，工作任務是否明確，領導者對下級是否了解等等。顯然，改變這些環境因素，要比調換下級經理和改變他們的作風容易得多。

管理巨匠觀點

1950、1960 年代是管理學理論發展的一個重要時期，在這一時期，出現了許多引人注目的新學說。美國著名管理學家菲德勒從 1951 年起，由管理心理學和實證環境分析兩方面研究領導學，並率先提出了「權變領導理論」，開創了西方領導學理論的一個新階段，使以往盛行的領導型態學理論研究轉向了領導動態學研究的新方向。1965 年，菲德勒在《哈佛商業評論》雜誌上，發表了這篇具有劃時代意義的論文，引起了世人的矚目。

菲德勒的權變領導理論，遠遠超越了傳統的選拔和培訓領導者的觀念，它所強調的是，組織變革（即改變組織環境）可能成為一種非常有用的工具，使得管理階層的領導潛能得以更充分的利用和發展。

當別人的注意力還集中在企業領導者採取哪種領導風格更為有效時，菲德勒已經把自己的研究方向轉移到更為重要的問題上：民主和專制這兩種領導風格，分別運用於什麼樣的環境？菲德勒認為：一個組織的成功與失敗，在很大程度上取決於它的管理人員的素養，即取決於領導。如何尋求最佳的管理人員，即領導者，是一個十分重要的問題，但更現實、更重要的是如何更理想的發揮現行管理人員的才能。

為了得到好的經理人員，傳統辦法是依靠招聘、選拔和培訓。菲德勒指出，依靠培訓使領導者的個性適合管理工作的需求，這種做法從來沒得到真正的成功。相比之下，改變組織環境，即領導者所處的工作環境中的各種因素，要比改變人的性格特徵和作風容易得多。我們應當嘗試著變換工作環境使之適合人的風格，而不是硬讓人的個性去適合工作的要求。

作者指出，企業中的領導職務，要求人們要有極強的適應性，而合格的、勝任的企業領導人員變得越來越難找了。過去有一個時期，似乎到處都能發現所謂「天生的領導者」，他們素養極佳，前程遠大，而且人數眾多，可以信手拈來，可惜這種愜意的事情已經一去不復返了。企業界必須抓住現有的領導人才，像使用廠房、設備那樣，盡可能有效的發揮他們的作用。比如說，企業界的財務專家，高階研究開發人員，管理生產的天才，這些人很可能是不可或缺而又不可替代的。他們承擔著領導責任，不可能一夜之間找到或訓練出代替他們的人選，而且他們也不甘願充當副手的角色。如果這些人的領導風格與工作環境的要求不相符，恐怕只能改變工作環境適合他們的領導方式。

在本文中，菲德勒試圖闡明的就是如何去修改和變化工作環境，以使其具有適用性。事實證明，在某些環境條件下，專制式的領導者工作起來效率低；而在另一些環境中，民主型的領導者總是在工作時得心應手。在任何一種環境中，我們都有可能改變那些與領導者固有風格相牴觸的客觀因素。如果一個組織的最高層領導者明白這種可能性，他便可以為他們的中層經理設計出適合他們各自風格的工作環境，從而提高領導效率。

領導風格

菲德勒首先從領導風格入手進行研究。他定義的領導是指一種人際關係，是指某一個人指揮、協調和監督其他人完成一項共同的任務。特別是在所謂「互相影響的工作群體」中這一點尤其重要，因為在這種組織裡，大家必須相互合作共事才能達到組織的目標。領導者管理下屬的方式可以簡單的分為兩種：

1. 明確指令下屬做什麼和怎樣去做。
2. 與組織的成員共同分擔領導工作和責任，吸收他們一起來規劃並實現組織目標。

儘管這兩種極端的典型領導風格都存在缺點，但是他們都達到了激勵組織成員並使之配合協調行動的目的，只是使用的手法不一樣。一個揮舞起權力的棍子驅使人們去工作，另一個是以友善的態度用胡蘿蔔誘使人們與之合作。前者是傳統的以工作任務為中心的專制獨裁的領導風格，而後者是人情味十足的以群體為中心的領導風格。

具體環境下需要什麼樣的領導風格

如何確定環境對管理者的有利程度？怎麼改善那些與領導者風格相牴觸的環境因素？如何才能設計出適合領導者風格的環境？ 1951 年，菲德勒曾在海軍研究部的資助下，主持領導效率的問題的研究。為了弄清楚領導效率和群體的關係，他們調查分析了一千兩百多個群體，研究對象當中包括大學的籃球隊、平爐煉鋼工廠、探勘隊、軍事小分隊以及公司董事會等等。在每一類研究對象中取一定數量的個體作為樣本，然後分別衡量樣本和各個群體組織的工作成績和領導者的風格。工作成績的衡量以客觀的最終指標為準，比如籃球隊要看比賽中取勝的百分比，平爐煉鋼工廠要看單位時間的出鋼量（即出鋼時間間隔），企業則要看連續三年的淨利潤，如此等等。

在分析領導者的領導風格時，菲德勒首創了 LPC 問卷方法，讓每個群體的領導者對他「最難以合作共事」的同事按照一系列「正反兩極」式的項目進行評分。這些同事不一定是當時在一起工作的，也可以是以前的同事。根據評分，可以測定這個領導者對同事的態度。假若一個領導人對自己最不喜歡的同事仍能給予較高的評價，那就說明他關心人，是寬容型的領導者，有民主式的領導風格，他的 LPC 分數值較高；那些對自己最不喜歡的同事給分較低的領導者，則是以工作任務為中心的領導者，領導風格是專制型的，其 LPC 分數值較低。

菲德勒研究結果顯示，專制型的領導者在籃球隊、探勘隊、平爐工廠以及企業管理人員的群體中，工作得很出色；在各種創造性的工作群體中，要求領導者能和下屬維持好關係，則民主型的領導者更容易做出成績。

（一）關鍵因素

適用於任何環境的「獨一無二」的最佳領導風格是不存在的，某種領導風格只是在一定的環境下才可能獲得最好的效果。一位在某種環境中能獲得成效的領導者（或一種領導風格），在另一種環境中就不那麼有效。因此，必須研究各種環境的特點，而組織環境分類又取決於多種環境因素，長期研究的結果說明，三類主要的環境因素條件決定了幾乎所有特定環境所適用的領導風格。

1. 領導者與下屬的關係。領導者與員工的關係是最重要的環境因素。它直接影響領導者對下屬的影響力和吸引力，反映下屬對領導者的信任、喜愛、忠誠和願意追隨的程度。受歡迎的領導者在指揮過程中，並不需要炫耀身居高位和大權在握，下屬都自願追隨他並執行他的命令。

2. 任務結構。工作任務的結構是第二個重要的環境因素。它是指下屬工作程序化、明確化的程度。如果工作的目標、方法、步驟都很清楚，那麼領導者就可以下達具體的指令，下屬的任務只是執行。相反，則無論領導者還是下屬都不清楚應該做什麼和怎樣做。結構清楚明確的工作任務，對於專制的領導者是有利的，因為他可以很容易的下達程序化的工作指令，並可以按步驟分別檢查各階段工作的成績。工作任務含糊，領導者的控制力就很弱。而這恰好為群體提供了輕鬆氣氛，有利於創造力的發揮。在一般情況下，領導群體完成一個結構化的任務比完成一個非結構化的任務要容易些。
3. 職位權力。領導者所處地位（職位）的固有權力是最後一個環境因素。它是只與領導職位相關的正式權力，即領導者從上級和整個組織各方面獲得支持的程度，如他是否有僱用和解僱員工的權力，以及替下屬升遷的權力。領導者職位權力不是來自他個人（如能力、水準）的權力。職位權力較強的領導者，指揮起來更得心應手。

（二）環境分析模型

依據各環境因素的好壞、高低、強弱，領導環境可以分成八種，擁有強大權力、受到員工愛戴的領導者，帶領下屬完成結構性很高的工作任務時處於最有利的環境，完成任務很容易。相反，另一種環境就對領導者的工作十分不利，因為在那裡工作任務模糊不清，領導者沒有權力，下屬也不喜歡他。一個受人尊敬的建築工地工頭，帶領工人按藍圖施工，就比一個由志願人員組成的委員會，在不討人喜歡的主席主持下計劃一個新政策要容易得多。

菲德勒認為，三個環境因素中，最重要的是領導者與員工的關係，最不重要的是職位權力。比如在一個結構化的工作群體中，一個低職位的人可以順利的領導那些比他職位高的人，就像一個低階軍官可以指揮剛入伍的高階軍醫接受一些基本軍事訓練一樣。相反，一個資深而不受歡迎的經理，主持政策討論會時往往很吃力。

（三）不同環境條件要求不同的領導風格

以上是根據三類環境因素所處的條件，進行排列組合歸納出的八種不同的領導環境，第一種是最有利於領導者的，第八種是最不利的。菲德勒經過大量調查研究後指出，在不同的環境條件下應當採取不同的領導方式，如方法得當，便可獲得很好效果。採取以人際關係為中心的民主型領導方式效果較好。不同的領導風格在一定的環境條件下，表現出各自較好的適用性。

環境不是一成不變的，當環境因素發生變化時，與之相符合的領導風格也會發生變化。因此即使一個管理者的領導方式與環境的要求一致，即使現在工作順利，也不意味著他就永遠適合於做這個工作，除非他的風格也隨環境的要求而變化。

比如在一個工作內容很清楚明確的企業，領導者受員工信賴並精明能幹，以往工作成績顯著，突然企業面臨危機，於是經理便會把顧問們請來商量對策。過去在順利時，經理只需要下達命令就行了，是專制型的領導者。而他和顧問們一起開會時便需要和諧氣氛，必須當民主型的領導者。這一過程實際上就是領導風格隨環境變化而變化的例子。

（四）實際驗證

菲德勒的理論得到了大量實際經驗和實驗結果的驗證。以領導者與下屬的關係為例，他分析了若干 B-29 轟炸機組，三十個空軍分隊以及三十二個小型農場用品供應公司的情況。顯然，這三項研究所得的結論很相似：當領導者受下屬信賴或下屬與領導者關係惡劣時，領導者應當採用專制型的工作方式；而在不那麼極端的中間情況下，一般來說，民主型的領導更容易做出成績。

按照環境對領導者的有利程度將工作環境分類，最有利的工作環境是：成員間沒有語言障礙，由受下屬尊重的專業人員領導，任務則為尋求最短路徑；最不利的環境是：由新手領導的語言不通的小組，工作任務又是擬定徵兵信函。

菲德勒在本文的最後，做出了簡短的結論。他認為依靠招聘和培訓管理人員來適應工作環境要求不是好辦法。現在各企業都在設法吸引那些經過良好培訓而且有豐富經驗的人充當領導者，這些人絕大多數都是些專家，而且年事已高，他們的才智已經很難與日俱增、有所發展，企業今後是不能依靠這些技術專家的。

企業可以把人員培訓成具備一定風格的經理，但是這種培訓很困難，而且成本高、時間長。與之相比，按照經理人員自己固有的領導風格，分配他們擔任適當的工作，要比讓他們改變自己的作風以適應工作容易得多。

菲德勒認為，最高領導人應當學會分析和辨識工作環境，然後便可以將部門經理和下層經理分配到適合他風格的環境裡工作。每種具體環境需要什麼樣的領導風格，取決於環境對領導者的有利程度，而這種有利程度又有若干環境因素決定。如領導者與員工的關係，群體成員的經歷是否類似，工作任務是否明確，領導對下屬是否了解等等。顯然，改變這些環境因素，要比調換下級經理和改變他們的作風容易得多。

延伸品讀

菲德勒的權變領導思想遠遠超越了傳統的選拔和培訓領導人員的觀念。它所強調的是，組織變革（即改變組織環境）可能成為一種非常有用的工具，使得管理階層的領導潛能得以更充分的利用和發揮。

弗雷德．菲德勒的思想，主要作用是將管理理論有效的指導管理實踐，它在管理理論與實踐之間成功的架起了一座橋梁。它反對不顧具體的外部環境而一味追求最好的管理方法，尋求萬能模式的教條主義，而是強調要針對不同的具體條件，採用不同的組織結構領導模式及其他的管理技術等，管理要把環境作為管理理論的重要組成部分，要求企業的活動要服從環境的要求，領導者的行為尤要如此。

管理決策理論奠基人
—— 赫伯特·賽門

管理巨匠檔案

全　名　赫伯特·賽門（Harbert A. Simen）
國　別　美國
生卒年　西元 1916-2001 年
出生地　美國威斯康辛州密爾沃基市

經典評介

赫伯特·賽門，西方管理決策學派的創始人之一，管理決策理論奠基人，美國管理學家和社會科學家，在管理學、經濟學、組織行為學、心理學、政治學、社會學、電腦科學等方面都有較深厚的造詣，堪稱社會學科的通才。決策是管理的核心，管理就是決策，管理的各層次，無論是高層，還是中層和下層，都是在進行決策。

管理巨匠簡介

1916 年，赫伯特·賽門出生於美國的威斯康辛州密爾沃基市。賽門的父親是位電子工程師，母親是位很有成就的鋼琴家。優渥的家庭環境，使賽門很小就培養起對書籍、各類知識、音樂和外界的濃厚興趣。

早年就讀於具有濃厚學術氛圍的芝加哥大學，大學畢業後，賽門以研究主力的身分在國際城市管理協會從事決策科學方面的調查研究。賽門於 1943 年獲得博士學位。先後執教於芝加哥大學、柏克萊大學、伊利諾理工學院。1949 年擔任美國卡內基·梅隆大學電腦與心理學教授。

1961-1965 年間，任美國科學院研究委員會主席。賽門於 1950 年代開始對經營管理科學產生興趣，其對公司行為理論的研究產生了重要的作用。後來他又研究大型組織的資訊管理問題，為大公司決策人員提供了一套決策的輔助系統。由於「對經濟組織內的決策程序所進行的開創性研究」，而獲得 1978 年諾貝爾經濟學獎，他是管理方面唯一獲得諾貝爾經濟學獎的人。

他在管理方面的最大貢獻在於提出了理性人 —— 具有「有限理性」的人 —— 即基於「令人滿意」而不是「最佳」方案決策模型和完善了社會系統論。

1988 年賽門從卡內基·梅隆大學退休，2001 年 2 月 9 日逝世。

賽門一生得的獎也很多，1958 年，賽門獲得美國心理學會頒發的心理學領域的最高獎 —— 心理學的傑出貢獻獎；1975 年獲得電腦領域的最高榮譽 —— 圖靈獎；

1978 年獲得諾貝爾經濟學獎；1986 年獲得美國總統科學獎 —— 科學管理的特別獎。

代表著作

* 1947 年，《管理行為：管理組織的決策過程研究》
* 1950 年，《公共管理》（與史密斯伯格等合寫）
* 1957 年，《人的模型》
* 1958 年，《組織理論》（與馬奇合著）
* 1959 年，《經濟學和行為科學中的決策理論》
* 1960 年，《管理決策的新科學》
* 1960 年，《自動化的形成》
* 1969 年，《人工的科學》
* 1972 年，《人類問題求解》（與紐厄爾合著）
* 1977 年，《發現的模型》
* 1979 年，《思維的種種模式》
* 1987 年，《科學發現》

管理智慧

管理就是決策

決策管理學派的主要代表人物是曾獲諾貝爾經濟學獎的赫伯特．賽門。這一學派是在社會系統學派的基礎上發展起來的，他們把第二次世界大戰以後發展起來的系統理論、作業研究、電腦科學等綜合運用於管理決策問題中，形成了一門有關決策過程、準則、類型及方法的較完整的理論體系。

賽門的《管理行為》是他最重要的著作。其主要內容有兩個方面：首先是「有限度的理性」和「令人滿意的準則」；其次是決策過程理論。

決策理論學派非常強調決策在組織中的重要作用，認為管理就是決策。傳統的管理將組織活動分為高層決策、中層管理和基層作業。認為決策只是組織中高層管理的事，與下面的其他人員無關。但是賽門卻認為，決策不僅僅是高層管理的事，組織內的各個層級都要做出決策，組織就是由作為決策者的個人所組成的系統。首先組織的成員是否留在組織中，就要將組織提供給他的好處和他的付出進行比較。

當決定了留在組織中後，無論成員處於哪一個管理階層，都是要做出決策的。而且隨著科技的發展，員工素養的提高和組織的日趨扁平化，決策權會逐漸下放，即使是處於作業層次的員工，也要對採用什麼樣的工具、運用什麼樣的方法做出選擇。賽門認為，組織是指人類群體當中的資訊溝通與相互關係的複雜模式。它向每個成員提供決策所需要的大量資訊和決策前提、目標及態度，它還向每個成員提供一些穩定的可以理解的預見，使他們能預料到其他成員將會做哪些事，其他人對自己的言行將會做出什麼反應。成員的決策其實也就是組織的決策，這種決策的制約因素很多，涉及到組織的各個層次和各個方面，被稱為「複合決策」。管理活動的中心就是決策。計劃、組織、指揮、協調和控制等管理職能，都是做出決策的過程。

因此，管理就是決策的過程，管理就是決策。賽門也強調管理不能只追求效率，也要注意效果。效率是在一定目標和方向上的效率，效果則是決定方向目標這一類的根本問題。賽門等人認為，在「資訊爆炸」的當代，重要的不是獲得資訊，而在於對資訊進行加工和分析，並使之對決策有用。認為今天的稀有資源不是資訊，而是處理資訊的能力。賽門決策理論的核心概念和根本前提是人類認知能力的局限性。決策學派據此提出了資訊處理模式。賽門將人的思考過程看作一種資訊處理過程，所以，可以利用程式使電腦也能像人一樣思考和創造。但是他們只是決策者的決策工具，並不能取代決策過程。管理人員還必須對可供決策的方案評價以後進行抉擇，做出最後判斷。一旦選定方案，經理人員就要對其承擔責任和負擔一定的風險。

決策的過程

在傳統的思維中，人們一般把決策認為是從幾個候選方案中選出一個最佳的行動方案。但是賽門等人認為，決策包括從一開始的調查、分析、挑選方案等一系列的活動。它是一個分階段，涉及到很多方面的複雜的活動。賽門的決策劃分包括四個階段：

1. 搜集情況階段

即搜集組織所處環境中有關經濟、技術、社會各方面的資訊，以及組織內部的有關情況。透過收集情況，發現問題，並對問題的性質、發展趨勢做出正確的評估，找出問題的關鍵。情報的收集應該盡可能全面，而且要真實，否則的話，對以後的決策會有誤導作用，極有可能做出錯誤的決策。

2. 擬定計畫階段

擬定計畫即在確定目標的基礎上，依據所搜集到的資訊，編制可能採取的行動方案。這時可能會有幾個候選方案，決策的根本在於選擇，候選方案的數量和品質對於決策的合理有很大的影響，因此要盡可能提出多種方案，避免漏掉好的方案。

3. 選定計畫和實施階段

選定計畫即從可供選用的方案中選定一個行動方案。這時要根據當時的情況和對未來的預測，從中挑選最合適的一種方案。在挑選方案時，首先要確定選擇的標準，而且對各種方案應該保持清醒的預測，使決策保持一定的伸縮性和靈活性。計畫選好了以後就要制定實施方案，方案的實施也是很重要的一個環節，也要制定一個合理的實施計畫，這個計畫要清晰且具體。對時間有一個合理的分配，對人、財、物也要做一個清楚的分配。在執行決策中，還要做好決策的宣傳工作，使組織成員能夠正確理解決策，同時制定出一種有利於實現決策的氣氛。

4. 評價計畫階段

評價計畫即在決策執行過程中，對過去所做的抉擇進行評價。透過評估和審查，可以把決策的具體的實行情況回饋給決策者。如果出現了偏差，就及時的糾正，保證決策能夠順利實施，或者有的時候就修改決策本身，以使決策更加的科學合理。而且，透過執行決策的審查和使上級了解本組織、本部門的決策執行情況的問題，為以後他們做決策提供資訊。

這四個階段中的每一個階段，本身都是一個複雜的決策過程。問題的確認需要決策，而擬定各種候選方案就使決策的性質更加明顯。所以，不能覺得只有決策活動才是最重要的。事實上，沒有前兩個階段的正確決策，也就不可能做出正確的決策，而沒有決策的執行，再好的決策也只是一張空文。賽門認為決策的過程中，最重要的是資訊連結，決策的各個階段均是由資訊來連結的。上面說了決策的幾個程序，一般來說，決策是要遵守這樣的程序的，但是也不能完全機械的用上面的過程來一步步的做，比如，在擬定方案階段，出現了新的問題，這就需要重新返回第一個階段來收集情報，結果又回到了第一個階段。按說決策應該是充分的收集資訊，然後做一個最好的決策，但有時候就沒有足夠的時間來收集資訊，例如在經營中出現了突發事件，需要立刻解決，這時的決策就在很大程度上要依據管理者的經驗和直覺來決定。

合理性的決策標準

「有限理性」原理是赫伯特·賽門的現代決策理論的重要基石之一，也是對經濟學的一項重大貢獻。新古典經濟理論假定決策者是「完全理性」的，認為決策者趨向於採取最佳策略，以最小代價獲得最大收益。賽門對此進行了批評，他認為事實上這是做不到的，應該用「管理人」假設代替「理性人」假設。在賽門的研究中有一個著名的有關「螞蟻」的比喻。一隻螞蟻在沙灘上爬行，螞蟻爬行所留下的曲折的軌跡，不表示螞蟻認知能力的複雜性，只是說明海岸的複雜。牠們知道蟻巢的大概方向，但具體的走路的路線卻是無法預料的，而且他們的視野也是有限的。其實人和螞蟻是一樣的，對外界的認知能力是有限的，對於外界的很多事情無法做出全面的了解。人的行為的複雜性只是反映了所處環境的複雜性。賽門以螞蟻喻人，認為人的認知能力也是單純的，人的行為的複雜性也不過是反映了其所處環境的複雜性，在這樣的環境中，人不可能做出最佳的決策。由於現實生活中很少具備完全理性的假定前提，人們常需要一定程度的主觀判斷，進行決策。也就是說，個人或企業的決策都是在有限度的理性條件下進行的。完全的理性導致決策人尋求最佳措施，而有限度的理性導致他尋求符合要求的或令人滿意的措施。

1. 資訊的不完全性

資訊可以協助我們對備選方案進行選擇，所以在選擇方案時要做到絕對合理，就需要對各種備選方案可能的結果具備完整的知識，但實際上我們在此方面的知識，經常只能是部分和片面的，人們很難得到關於某一件事情的全面的知識，而且有時候得到的知識還是虛假的或是錯誤的。

2. 預測的困難性

因為結果是未來的，還沒發生的，所以在對他們進行評價的時候不能夠說正確與否，對方案的判斷只能夠是想像力和經驗的結果。價值判斷更是不完整和不可預測的。這使我們的預測只不過是一種對未來的期待，實際情況到底怎樣，我們還沒辦法預料。

3. 窮盡可行性的困難性

只有人們把所有的方案都找出來，才能做出科學合理的「最佳的方案」，絕對的合理性要求在可能發生的所有替代方案中選擇，但是沒有人能夠把所有的候選方案都找出來，尤其是對企業中一些較為複雜的事務的決策，涉及的面很廣，資訊多，還遠達不到將所有可能的結果和途徑都考慮到的地步。

有時候決策者自己也存在知識和計算能力方面的局限性，各種環境都在不斷的變化，他們還要在缺乏完全資訊的情況下進行決策，因此，在賽門看來，「最佳化」的概念只有在純數學和抽象的概念中存在，在現實生活中是不存在的。按照滿意的標準進行決策，顯然比按照最佳化原則更為合理，因為它在滿足要求的情況下，極大的減少了搜尋成本、計算成本，簡化了決策程序。因此，滿意標準是絕大多數的決策所遵循的基本原則。而且，基於人和組織不可能全知全能的這個前提，賽門提出了「管理人」假設，這種假設不同於以往管理科學和行為科學理論中的「經濟人」假設。他認為「管理人」是在有限合理性的基礎上，不考慮一切可能的複雜情況，只考慮與問題有關的情況，採用「令人滿意」的決策準則，從而可以做出令人滿意的決策。可以說，管理人擁有「知識」的程度，決定著其決策和行動合理性和滿意化的程度。這些觀點為我們今天走進管理知識的大門提供了一個堅實的台階。「令人滿意」的理論準則應用到企業決策中，就是追求適當的市場占比而不是最大的市場占比，獲得適度的利潤而不是最大的利潤，制定適當的市場價格而不是最高的價格等，這種滿意的決策結果才是可行的。

人們在做決策時，不能堅持要求最理想的解答，常常滿足於「足夠好的」或者「令人滿意的」決策，從某種意義上來說，一切的決策都是某種折衷，最終的方案都不是盡善盡美的，只是在一定的條件下最好的。彼得斯說：「賽門所說的『最滿意』的決策原則上是符合實際的。因為在決策中，如果不顧條件的盲目追求最好，最後可能連好都找不到。」如果企業非要想找到最理想的決策方案，那會花費很大的成本，是得不償失的。為了在滿意的基礎上保證盡可能大的合理性，就應該透過組織結構的設計，使組織內資訊處理單純化，以盡量克服個人認知能力的局限性。賽門將組織劃分為三個層次：最下層是基本工作過程，在生產性組織中，指獲得原材料、生產產品、儲存和運輸的過程；中間一層是程序化決策制定過程，指控制日常生產操作和分配系統；最上一層是非程序化決策制定過程，指對整個系統進行設計和再設計，並監控其活動。自動化和資訊技術的應用，將使各層次之間的關係更為清楚明確。大型組織不僅分有層次，而且其結構幾乎普遍都是等級結構。同時決策者也要提高處理資訊的能力和行動的合理性，這種改變可以採用各種決策技術（包括傳統技術和現代技術）。換個概念說，是我們需要提升自己的知識和能力，因為知識可以看作是處理資訊的方法。賽門承認技術就是知識，是如何製造東西的知識，是如何去做工作的知識。

程序化決策和非程序化決策

一個組織的決策根據其活動是否反覆出現，可分為程序化決策和非程序化決策。程序化決策是結構良好的決策，非程序化決策，即結構不良的決策。一般來說，那種例行的反覆出現的決策，比如：企業中的訂貨、材料的出入，產品的生產等，屬於程序化決策；而那些對不經常出現的、非常規的事情做出的決策，通常都是非程序化決策，例如制定一個新的策略，對競爭對手的舉動做出反應等，這些沒有一定的章法可循，因此也就沒辦法程序化。另一種區分它們的主要依據，是這兩種決策所採用的技術是不同的。現在制定常規性程序化決策主要是應用作業研究和電子資料處理等新的數位技術，而制定非程序化決策的傳統方式包括大量的人工判斷、洞察和直覺觀察，還未經歷過任何較大的革命。一般來說，程序化決策呈現出重複和例行的狀態，每當出現這種情況時，決策者就可以利用以前曾用過的方法和規則來處理問題，按照以前的辦法和程序，組織一般都有這方面的規定，有一定的規章和制度。典型的非程序化決策表現為，問題是新穎的，其確切的性質和結構上不確定或者很複雜，決策者不能夠簡單的使用以前的準則和程序來解決這樣的問題，他們要根據他們的經驗和知識對環境做出判斷，提出創造性的解決方案，要求他們在困難、結構不良的環境中進行決策。非程序化決策的現代技術也正經歷著一場革命，主要是探索解決技術方面的應用，包括決策者的培訓和探索式電腦程序的編制，而且已經達到了模擬人的判斷和直覺的現實程序。

日常的活動不管如何複雜，都可以分解為最簡單的行動步驟，加以程序化。當企業中產生新的和修正舊的程序的創新過程時，需要進行非程序化決策，就要依次的經過全部決策過程。賽門將全部決策過程大致概括為：判定問題，確定目標，然後尋求為達到目標可供選擇的各種方案，比較並評價這些方案的得失。在這些方案中進行選擇，並做出決定，在執行決定中進行核查和控制，以保證實現預定的目標。但是，程序化決策和非程序化決策並沒有截然的不同，在實際管理工作中，這兩者很多的時候都是混合在一起的，像是一個光譜的連續體，一端是非常高度的程序化決策，另一端是非常高度的非程序化決策，這中間是慢慢的過渡階段。此外，根據決策條件，決策還可以分為肯定型決策、風險型決策和非肯定型決策。肯定型決策是指決策執行後只有一種結果的決策，它又分為單目標決策和多目標決策。一般來說，這種決策是很少的，大多數都是風險型決策，這種決策存在著不確定的因素，一個方案可能會出現幾種結果，但每種結果出現的機率大致是知道的；不確定決策也是有幾種不同的結果，但每種結果的機率也不知道。這幾種決策所採用的方法和技術都是不同的。

賽門說過管理就是決策，因此，他的決策理論不但適用於企業組織，而且也適用於所有正式組織機構的決策。他對於決策過程的理論研究工作是開創性的，而且也是管理方面唯一獲得諾貝爾經濟學獎的人。目前這種理論已經融入管理學的不同分支，成為了現代管理理論的基石之一。雖然說隨著現代企業和現代技術的發展，組織的特徵已經發生了根本性變革，在最現代的組織中，賽門的三層次理論已經不太適用，但是，賽門的決策理論仍然是我們理解人類行為的鑰匙。

經典語錄

如果我們要想使一個有機體或一個機械在複雜而多變的環境中工作得很好，我們可把它設計成適應性強的機械，使它能靈活的滿足環境對它的要求。

企業組織正在變成並不斷在變成高度自動化的「人—機系統」，而管理的性質當然受被管理的「人—機系統」的特徵所限制。

我們對非程序式化決策的日益理解將在管理方面引起兩種不同的變化。一方面這種理論將非程序化問題領域內，決策制定過程的某些方面的自動化開拓出新的前景，就像作業研究使程序化決策制定的許多方面能實現自動化一樣。另一方面，透過使我們深刻的洞察人類思維過程，這個理解將提供新的機會，特別是透過教育和訓練來改進一般人，特別是經理們在困難的結構不良的複雜環境中制定決策的能力。

管理巨匠觀點

十七世紀工業革命以來，科技長足的進步，導致了人類今天的文明。工業革命之所以成功，乃是因為它呈現出一種階梯式的成長。後人的成就不斷的突破並累積在前人的發明上，使人類的科技進步猶如砌磚一樣，逐步達到了二十世紀的高水準。社會科學家也在不斷追尋和嘗試，希望能創造社會科學的「工業革命」，希望能對人類行為加以解釋。賽門作為一位社會學家、管理學家，在不斷的分析和鑽研後，看到了電腦的偉大作用，於是試著將它引入到管理決策過程中來，最終創立了管理決策的新科學理論。《管理決策的新科學》這本書集中反映了他的思想。

本書是由賽門在紐約大學財經學院的一系列演講稿整理而成的，是決策理論學派的經典之作。決策理論學派的主要內容包括：決策過程、決策分類、決策技術和決策準則等。該學派主要觀點有：

1. 決策是管理的核心。管理就是決策，管理的各層次，無論是高層，還是中層或下層，都要進行決策。
2. 在決策方法上，用有限度理性代替最佳化準則。傳統理論中的「經濟人」是有全知理性的，這在現實中是不存在的。更不存在完全前後一致的偏好系統，人們不可能在若干不同的方案中，自由的選擇，以獲得最大的利潤。
3. 群體決策與組織對決策是有重要影響，經理的職責不僅包括本人做出決策，也包括負責使他們所領導的組織或組織中某個部門能有效的做出決策。
4. 人工智慧可以使決策向自動化發展，在非程序化決策過程中採用電腦技術可以促使決策自動化。

在本書中，賽門認為，本書的目的在於對電腦在管理決策中的影響進行闡述，強調電腦的突出作用，指出電腦不僅可以使決策自動化，也會對社會進步帶來較大的影響。

賽門認為，決策並不是在幾個備選方案中選擇最佳方案，而是管理中無時不存在的一種活動，它本是一個過程，這個過程是循序漸進的。

決策的過程有以下四個階段：

第一階段：情報活動階段，主要是搜集企業所處條件下有關的經濟、技術、社會等方面的資訊並加以分析，同時也要搜集和分析企業內部的資訊，尋求要求決策的條件，為制定計畫提供依據。

第二階段：設計活動階段，主要是擬定計畫。計畫就是在對第一階段的搜集的資訊進行分析，為企業所需解決的問題擬定出各種可行的備選方案。

第三階段：選擇活動階段，主要是選定計畫，即根據當時的情況和對未來發展的預測，從各種備選方案中選擇最具有可行性的一種。

第四階段：審查活動階段，主要是對已經選好的計畫進行評價。

上述四個階段在時間的分配上是占有不同的比例的。就是在某一特定階段上的時間分配，由於各個企業的具體情況不同也是會有差別的，有時候這種差別還非常大，但我們可以大致觀察出各個階段所花時間的多少。管理決策者的在調查資訊時所花的時間要多一些，在創造、設計和制定方案時花的時間也很多，但在選擇方案時，或在對那些已形成固定程序的事情上要花的時間不會很多。

計畫和審查對決策會帶來重要影響，計畫可以在做出正式決策以前吸收各種專家的知識和經驗，透過審查則能使組織或是為他制定決策的各種內部和外部條件負責。資訊連結在決策過程中也具有重要作用，它是從一個組織成員傳遞到另一個成員的任何過程，是一個雙向過程，包括從組織的決策中心向組織的各個部分的傳遞，以及從組織的各個部分向組織的決策中心的傳遞。資訊連結有三個階段，即發出階段、傳遞階段和接受階段，這三個階段都容易發生阻塞，所以有必要成立一個特殊的「資訊連結服務中心」，可以借助於電腦等先進技術。

決策的種類可分為程序化決策和非程序化決策兩種，程序化決策是具有經常性和反覆性的例行活動，是重複出現的例行公司，比如訂貨、材料進出、談判等。非程序化決策是指對不是重複出現的活動，往往表現出新穎、結構不穩定或者新的很重要的活動。前者可以用制定出一套便行程序來處理，不必每次出現時都做出新的決策，後者則無法用例行程序來解決，需要用新的方法處理。這類活動有新產品的研製與開發、新廠房的擴建、產品多元化等內容。

區分程序化決策和非程序化決策的依據是：在解決決策制定中的這兩個方面問題時，採用的技術是不同的。然而它們又不是截然分開的，而是連續統一在程序化過程之中的，在程序化程度由弱到強的過程中，一個處於最強點，另一個則處於最弱點。然而現實的決策中，往往會採用這個過程中間的某一點上的程序化決策，它實際上成為了兩種極端的綜合形式。

在技術上，程序化決策的傳統技術有培養習慣，是制定程序化決策的全部決策中最普遍的記錄下來的程序，組織結構則是自身已經規定了一套關於組織成員權責分配的決斷。程序化決策的現代技術包括作業研究方法和電子資料處理，它們在原理上與傳統技術不存在區別，只是在方法上動用了現代科技而已。

非程序化決策的傳統技術員常用的是判斷，判斷是透過某種不確定的方式，由經驗、直覺和洞察力來決定的，它通常要求決策者發揮創造性。非程序化決策的現代技術主要指探索式解題技術的應用，比如有決策者的培訓和探索式電腦程序的編制。

決策也可按性質標準劃分為確定型決策、風險型決策和非確定型決策。確定型決策指條件確定，易於透過比較做出判斷的決策，技術上方法簡單。

風險型決策又稱統計型或隨機型決策，特點在於：

1. 存在著決策者企圖達到的一個明確的目標，如求得最大利潤或最小成本。
2. 存在著不以決策者的主觀意志為轉移的兩種以上的客觀狀態。
3. 存在著決策者可以從兩個以上的行動方案中選擇一個。
4. 不同行動方案在不同自然狀態下的損失和利益可以計算出來。
5. 決策者不能肯定本來將出現哪種自然狀態，但能大致預測出其出現的機率。

非確定型決策指未來將出現的自然狀態的出現機率無法預測的決策。

賽門提出了一種新的決策方法，即目標—手段分析法。這種方法要點在於，先為要實現的總目標找到一些措施；然後將這些措施看成是新的次一層的目標，又完成這些次一層的目標找到一些更詳盡更具體的措施，這樣分層反覆找下去，直到有了現在已有的解決辦法為止。

電腦被引進到決策過程中，會使事務性工作發生變化，但變化量是中等的，變化方向也是不確定的，只是它把勞動力構成從工作滿意平均值最低的行業，移向了較高的行業；對管理者而言，他將會發現自己更常與一個具有良好結構的系統打交道。

賽門又討論了集權與分權，這是組織設計中的主要問題，是決策制定過程中面臨的一個難點。一般人們會認為，分權是好事，集權是壞事，但事實上這是不一定的。一個組織中集權與分權的問題，不能脫離決策過程而獨立存在，有關整個組織的決策必須是集權的，同時，由於一個組織內決策過程本身的性質，分權也是必要的。那麼，電腦資訊系統進入決策過程後，是否會導致集權化或分權化呢？賽門認為是不會的，組織的等級結構依然是主要結構，但是更多的決策資訊將穿越等級結構的界限。

組織的等級結構，是指一個組織的三個層次不同的結構的組合形式。這三層結構是：

1. **基層結構**，主要從事於直接生產過程，獲得原材料，製造並儲存產品。
2. **中層結構**，從事於程序化設計、管理生產和分配系統的日常工作。
3. **上層結構**，從事於程序化決策，設計整個系統，確定其目標，並監督其實施。

劃分等級的原因有三點：

1. 透過演化過程而最可能出現的複雜系統，正是有各個分系統構成的分層等級系統。
2. 在體積和複雜性已定的各種系統間，分層等級系統各部分間所需要的資訊傳輸量要比其他類型的系統少得多。
3. 從組織中任一特定位置觀察、該組織的複雜程序間與總規範無關。

延伸品讀

賽門的組織設計思維認為，一個組織可分為三個層次：最下層是基本工作過程，在生產性組織中，指獲得原材料、生產產品、儲存和運輸的過程；中間一層是程序化決策制定過程，指控制日常生產操作和分配系統；最上一層是非程序化決策制定過程，指對整個系統進行設計和再設計，為系統提供基礎的目標，並監控其活動。自動化透過對整個系統進行較為清晰而正規的說明，將使各層次之間的關係更為清楚明確。大型組織不僅分有層次，而且其結構幾乎普遍都是等級結構。

在今天資訊豐富的環境中，關鍵性的任務是對資訊進行過濾，加工處理成各個組成部分，稀有的資源是處理資訊的能力。

在自動化系統中，日常決策需要的人工干預將越來越少；管理人員的主要職責是對決策系統進行維護和改進，以及激勵和培訓其下屬人員。

二戰以後，電腦和資訊技術在管理決策過程中的運用，使決策過程增加了科學的成分，但是他們只是決策者的決策工具，並不能取代決策過程。管理人員還必須對可供決策的方案評價以後進行抉擇，做出最後判斷。一旦選定方案，經理人員就要對其承擔責任和負擔一定的風險。

賽門對於決策過程的理論研究工作是開創性的。賽門也是管理方面唯一獲得諾貝爾經濟學獎的人。他的理論目前已經融入管理學的不同分支，成為了現代管理理論的基石之一。但由於現代企業和現代技術的發展，組織的特徵已經發生了根本性變革。在最現代的組織中，賽門的三層次理論已經不太適用，結構正在崩潰，另一方面，非程序性工作日益成為基層工作的特徵，因此決策的重心正在由高層向底層轉移。儘管如此，賽門的決策理論仍然是我們理解人類行為的鑰匙。

雙因素理論創始人
——弗雷德里克·赫茲伯格

管理巨匠檔案

全　名　弗雷德里克·赫茲伯格（Frederick Herzberg）
國　別　美國
生卒年　西元 1923-2000 年
出生地　美國

經典評介

弗雷德里克·赫茲伯格，美國著名心理學家、管理學教育專家，雙因素理論的創始者，他認為只有一個人自身產生了動力，才談得上是真正受到了威脅。用對待老鼠的辦法對待知識財富，肯定無法使人的長處得以發揮。

管理巨匠簡介

二戰後，赫茲伯格曾獲得紐約市立學院的學士學位和匹茲堡大學的博士學位，在美國衛生部門工作，從事臨床心理學，後任凱斯西儲大學心理系主任。曾任猶他大學的特級管理教授，在美國和其他三十多個國家從事管理教育和管理諮詢工作，赫茲伯格的主要著作有：《工作的激勵因素》（The Motivation to Work）（1959 年，他與伯納德·莫斯納、巴巴拉·斯奈德曼合著）、《工作與人性》（1966 年）、《管理的選擇：是更有效還是更有人性》（1976 年）。在激勵因素獲得成功以後，經過一段時間，赫茲伯格回到了 1968 年在《哈佛商業評論》雜誌上發表過的一篇論文的爭論上，這篇論文的題目是：《問一次，你如何激勵員工？》，重印後共售出一百萬份的成績，使其成為該刊有史以來最受歡迎的文章。赫茲伯格還在各種學術刊物上發表了《再論如何激勵員工》等一百多篇論文。在美國和其他三十多個國家，他多次被聘為高階諮詢人員和管理教育專家。赫茲伯格在管理學界的榮譽，是因為他 1959 年提出了著名的「激勵保健因素理論」，即「雙因素理論」。

代表著作

* 1959 年，《工作的激勵因素》（與莫斯納、斯奈德曼合著）
* 1966 年，《工作與人性》
* 1976 年，《管理的選擇：是更有效還是更有人性》

管理智慧

1950 年代末期，赫茲伯格和他的助手們，在美國匹茲堡地區對兩百名工程師、會計師進行了有組織性的調查訪問，考察了他們的工作滿意感與生產力的關係。

訪問主要圍繞兩個問題：在工作中，哪些事項是讓他們感到滿意的，並預測這種積極情緒持續多長時間；又有哪些事項是讓他們感到不滿意的，並預測這種消極情緒持續多長時間。

根據他們對這些問題的回答，赫茲伯格累積了影響這些人員工作的各種因素的資料。接著，他就著手去研究哪些事情使人們在工作中感到快樂和滿足，哪些事情造成不愉快和不滿足？結果他發現，使員工感到滿意的都是屬於工作本身或工作內容方面的；使員工感到不滿的，都是屬於工作環境或工作關係方面的。

因此，他提出了兩種激勵理論：保健因素和激勵因素。

保健因素

這種因素的滿足對員工工作效率產生的效果，類似於衛生保健對身體健康所產生的作用。保健因素不是治療疾病的，而是預防疾病的，這種因素可以消除環境中不利於人們身心健康的事物，它不能直接提高健康水準，但有預防疾病的效果。

保健因素包括公司政策、管理措施和管理方式、技術監督、上級的監管、人際關係、物質工作條件、薪資、福利等。這些因素與工作的氛圍和環境有關。也就是說，對工作和工作本身而言，這些因素是外在的，而激勵因素是內在的，或者說是與工作相關聯的內在因素。

保健因素的存在，對一個組織內的員工產生不了激勵的作用，但卻非有不可，否則就會引起不滿。而且，正如赫茲伯格所明確指出的，當這些因素惡化到人們認為可以接受的水準以下，或在缺少「保健」因素的情況下，就會產生對工作的不滿意，這時激勵因素的作用也不會很大。

激勵因素

那些能帶來積極態度、高度熱情的因素就叫做「激勵因素」，這是那些能滿足個人自我實現需求的因素，包括：工作本身、成就、賞識、挑戰性的工作、增加的工作責任，以及成長和發展的機會。這些因素涉及對工作的積極感情，又和工作本身的內容有關，它們會使員工對工作感到滿意。這些基本屬於工作內容和工作結果方面的因素。赫茲伯格稱之為「激勵因素」。如果這些因素具備了，就能對人們產生更大的激勵。從不同的角度來看，外在因素主要取決於正式組織（例如薪水、公司政策和制度）。只有公司承認高績效時，它們才是相應的報酬。而諸如出色的完成任務的成就感之類的內在因素，則在很大程度上屬於個人的內心活動，組織政策只能產生間接的影響。例如，組織只有透過制定出色績效的標準，才可能影響個人，使他們認為已經相當出色的完成了任務。而且關於激勵因素與保健因素的相互關係問題，赫茲伯格認為，滿意和不滿意並非共存於單一的連續體中，而是截然分開的。

傳統的觀點認為，滿意的對立面是不滿意，這是不正確的。從激勵因素可以產生滿足的感覺，也可能產生尚未滿足的感覺，但不是「不滿意」。滿意的對立面是沒有滿意，而不是不滿意；同樣，不滿意的對立面是沒有不滿意，而不是滿意。激勵因素使人由沒有滿意走向滿意；保健因素將不滿意改變為沒有不滿意。這種雙重的連續體，意味著一個人可以同時感到滿意和不滿意，它還暗示著工作條件和薪金等保健因素並不能影響人們對工作的滿意程度，而只能影響對工作的不滿意的程度。保健因素與激勵因素，對於激發人的積極度來說，都是發揮作用的，只是其影響的程度不同而已。

儘管激勵因素通常與個人對他們的工作積極感情相關聯，但有時也涉及消極感情。而保健因素卻幾乎與積極感情無關，只會帶來精神沮喪、脫離組織、缺勤等結果。從這個意義出發，赫茲伯格認為傳統的激勵假設，如薪資刺激、人際關係的改善、提供良好的工作條件等，雖然會削弱員工的不滿意，但卻不會產生更大的激勵；它們能消除不滿意，防止產生問題，但這些傳統的「激勵因素」即使達到最佳程度，也不會讓員工的工作熱情提高多少。

赫茲伯格在調查時發現，對工作感到滿意的員工和對工作感到不滿意的員工的回答是不同的。其中有的因素與工作滿意相關；而另外一些因素卻與工作不滿意相關。當對工作感到滿意時，員工傾向於將這些特點歸因於他們本身；而當他們感到不滿意時，則常常抱怨外部因素。

按照赫茲伯格的意見，導致工作滿意的因素與導致工作不滿意的因素是有區別的。因此，管理者應該認知到保健因素是必要的，應該滿足員工的這些需求，不過它一旦使不滿意飽和以後，就不能產生更積極的效果，而不一定對員工有激勵作用。

赫茲伯格的雙因素理論與馬斯洛的需求層次論有相似之處。他提出的保健因素相當於馬斯洛提出的生理需求、安全需求等較低階的需求；激勵因素則相當於社交、受人尊敬的需求、自我實現的需求等較高階的需求。

當然，這兩種理論的具體分析和解釋是不同的。但是，它們都沒有把「個人需求的滿足」與「組織目標的達到」這兩點連結起來。

雙因素理論的應用

現在多數企業在激勵機制上處在「保健階段」。很多企業以為只要改善工作環境，提供良好的福利和待遇，就能充分激發員工的積極度。但事實證明：保健因素只能在短時間內產生穩定作用，它們也並沒有產生多大的工作積極度。一段時間過後，工作內容的單調重複，主管對員工缺乏關注和讚賞等等，往往會導致員工對工作產生厭倦情緒，整個企業組織內部士氣低落。根據赫茲伯格的雙因素理論，提出以下建議供企業參考：

滿足員工的保健因素。盡量為員工提供良好的工作環境，給他們比較高的福利和待遇，這些因素的缺乏常常會導致員工的不滿意。例如，同一個職位，其他的同類公司提供的薪水都是一千元，而這個公司只有六百元，那麼員工們絕對會感到不滿的。

管理者必須和員工保持良好溝通。溝通可以讓員工感到受重視，感到自己對組織是有用的。員工有什麼問題可以很及時的向管理者反映，及時的得到解決。主管也可以對員工的成就進行及時的讚賞和鼓勵。人的惰性，往往是在長期被忽視的過程中養成的。

職務的提升和職務豐富化。這是一種激勵因素，可以增強員工的工作動力。一方面可以提供員工多方面、多層次的挑戰，同時企業管理者也可以減輕自己的工作負擔，有更多的時間考慮其他事情，也可以減少僱用的人數，降低企業的人力成本。具體包括工作內容的新增，以及更多責任的賦予等。

對保健因素和激勵因素進行具體情況的具體分析。對於不同的人來說，這兩種因素的劃分是不同的，而且即使是同樣的人，企業採取的方式不同，產生的效果也是不同的。同一因素，對有的人來說屬於保健因素，而對另一些人來說卻屬於激勵因素。因此說，企業應根據不同員工的需求來採取相應的激勵方式。

為員工提供比較多的成長機會。這可以增強員工的自我成就感，而且透過對他們的培訓，員工的工作技能提高後，可以為組織提供更大的效益。這種方式不但可以讓員工了解和補充新的業務知識，還可以進一步讓他們對整個組織的運作有更全面的認識，從而激勵他們從組織的角度來考慮目前的工作。

相信隨著管理在現代企業中的進一步規範化，會有越來越多的管理者意識到「雙因素理論」的重要性，並在實際管理工作中運用它。良好的運用這種理論，會讓企業得到很大的益處。

關於雙因素理論的異議

後來，有些西方行為科學家對赫茲伯格的雙因素理論的正確性表示懷疑。有人做了許多試驗，也未能證實這個理論。這些懷疑主要有以下幾種：

一種主要的批評意見認為，在赫茲伯格及其同事所做的試驗中，他們所採用的程序受其方法制約，因此他得出的結論，被有的行為科學家批評為是他們所採用的方法本身的產物。也就是說，他用來測量這些因素的方法是不正確的，這些方法決定了結果。而且人們總是認為好的結果是透過自己的努力換來的，不好的結果總是由於各種客觀條件或他人的原因。在赫茲伯格的問卷中，沒有考慮這種一般的心理狀態。而且赫茲伯格研究方法的可靠性也令人懷疑。評估者必須進行解釋，但他們有可能會對兩種相似的回答做出不同的解釋，因而使調查結果摻雜偏見。另外，被調查對象的代表性也不夠。事實上，不同職業和不同階層的人，對激勵因素和保健因素的反應是各不相同的。對於那些利用工作來滿足自己的溫飽問題的人來說，良好的福利待遇還是會給他們帶來很高的滿意度的。許多行為科學家認為，不論是有關工作環境的因素或工作內容的因素，都可能產生激勵作用，而不僅是使員工感到滿足，這取決於環境以及員工心理方面的許多條件。

另一種主要的批評意見，懷疑滿意與不滿意是否真的是兩種衡量尺度。因為一個人可能不喜歡他工作的一部分，但他仍認為這份工作是可以接受的。一些研究人員發現，某些因素既能導致滿意，也能導致不滿意；另一些研究人員卻發現，激勵因素會引起不滿意，而保健因素卻能導致滿足感。而且實踐還證明，高度的工作滿足不一定就產生高度的激勵。這些發現對雙因素理論提出了挑戰，但沒有推翻滿意和不滿意分別屬於不同連續體的概念。已經有一些證據顯示，某些類型的經歷能夠引起高的績效，例如提高工作的責任性和挑戰性、給予晉升的機會。可惜赫茲伯格幾乎沒有意識到，要建立一套理論來解釋某些工作因素對工作績效產生積極或消極影響的原因。赫茲伯格認為滿意度與生產力之間存在一定的關係，但他所使用的研究方法只考察了滿意度，而沒有涉及生產力。為了使這一研究更為有效，人們必須假定生產力與滿意度之間關係十分密切。較高的滿意度並不能一定帶來很高的生產效率。

但是，對於管理者來說，雙因素理論也有重要作用。赫茲伯格告訴我們，滿足各種需求所引起的激勵程度和效果是不一樣的。物質需求的滿足是必要的，沒有它會導致不滿，但是即使獲得滿足，它的作用往往也是很有限的、不能持久的。要激發人的積極度，不僅要注意物質利益和工作條件等外部因素，更重要的是要注意工作的安排，量才錄取，各得其所，注意對人進行精神鼓勵，給予表揚和認可，注意給予人成長、發展、晉升的機會。隨著物質需求的滿足，這種內在激勵的重要性將會越來越明顯。

經典語錄

保健因素排除了人類環境中破壞健康的危險，它所產生的作用與其說是救治性的，不如說是防疫性的。與此類似，當工作前後關係中出現危害身心健康的因素時，保健因素所發揮的作用是帶來消極的工作態度。改善提高這些保健因素將會掃清障礙，帶來積極的工作態度。

保健因素包括監督、人際關係、工作條件、薪水、公司政策和行政管理、福利、職業安定等等。

真正意義上的激勵因素，來自成就、個人成長、職業滿意感和賞識。它的目標在於透過工作本身而不是透過獎賞或壓力，達到激勵的目標。

人的最高目標就是根據自己天生的潛在能力並在現實生活的局限內充分實現自我，成為有創造性，獨一無二的個體。

管理巨匠觀點

在 1950 年代，管理學界有一種認知：薪水與業績掛鉤、員工持股計畫、年終分紅等經濟因素是激勵員工工作的唯一因素。但是這種理論在企業管理中，並沒有真正發揮應有的作用，相反還造成了一定的缺陷，為了解決這個問題，赫茲伯格做了一定的考察和分析，寫出了這本書。

1950 年代末期，赫茲伯格與莫斯納和斯奈德曼合作，進行了一項大規模的試驗研究，目的在於驗證下述假設：人類在工作中有兩類性質不同的需求，即作為動物要求避開和免除痛苦，和作為人要求在精神上不斷發展、成長。1959 年出版的《工作的激勵因素》一書總結了試驗研究的成果。1966 年，赫茲伯格在《工作與人性》這本書中，再次扼要而全面的介紹了該項研究的情況。

試驗研究的對象是美國匹茲堡地區各行各業的兩百名工程師和會計師，研究人員與他們逐一進行面談，調查了他們對待工作的態度。在談話過程中，要求每個人回憶起工作中的一件或幾件當時特別令人感到滿意的事；還要求每個人解釋當時為什麼會感到滿意，說明這種滿意感是否影響到他的工作表現、與其他人的關係以及個人幸福。然後，再要求每個人回憶起工作中令人感到特別愉快的事。所有這些事件都必須是具體的，有時間、地點和情節的，並且與工作直接相關的。

赫茲伯格指出，讓員工感到滿意的往往是五種因素：成就，讚賞，工作本身，責任，進步。其中，讚賞是指對工作成績的認可，而不是指那種為了改善關係採取的姿態，後者不能讓員工感到滿意。就影響的持久程度而言，後三種因素作用較強。值得注意的是，員工感到滿意往往是因為具備這五種因素中的某一種，但感到不滿時，卻很少是因為缺少這五種因素。最容易導致員工不滿的也有五種因素，它們的作用時間都不長，而且很少能成為導致員工感到滿意的因素，即使充分具備、強度很高也罷。這五種因素是：良好的公司政策與管理方式，良好的上司監督，薪資，人際關係，工作條件。

上述兩類因素有著明顯的區別。「滿意因素」即導致滿意的因素，多來自於工作任務本身，如工作內容、性質、工作成就及別人對其表示承認，工作責任，工作能力的提高等。「不滿因素」即導致不滿意的因素，則多來自於周圍環境，如上級的管理和監督、工作條件、人際關係、工作報酬等。「滿意因素」和「不滿因素」都反映了人們在工作中的需求，都是品質越高（或數量越多）越好。但「不滿因素」與環境條件相關，作用是預防出現不滿，所以被稱為「保健因素」，這是借用了該詞在醫療事業中代表「預防和環境衛生」之意。美國電話電報公司的羅伯特·艾倫把這類因素又稱作「維持因素」，也是很貼切的。而「滿意因素」可以激發起人們工作中努力進取、做出成績的幹勁，所以稱之為「激勵因素」。

以上所述只是對面談對象（工程師和會計師們）描述各種令人滿意或不滿意的事件進行分析統計的結果，屬於第一個層次。下一步是分析他們對於自己的態度變化或感情變化做出的解釋，即第二個層次的分析。分析結果：包含保健因素的事件能導致人們對工作不滿意，是因為人具有避免不滿意的需求；而包含激勵因素的事件能使人們對工作滿意，是因為人具有成長和自我實現的需求。從心理學角度來說，兩種工作態度反映了兩種需求結構：一種需求體系是為了避免不滿意，與此平行的另一需求體系則是為了個人成長。保健因素反映了要不斷的調整以適應環境，但是對於個人成長卻毫無用處。為什麼要做工作呢？其實質是要獲得成就，滿足心理成長需求。一個孩子要學騎腳踏車，其心理成長的需求是想使自己比別的孩子能力更強，本領更多，但是如果慈愛父母僅僅是向孩子提供最安全、最保險的練習環境，最專業的技術指導，各式各樣的獎勵等等，而不使孩子真正有一輛腳踏車的話，他是永遠也學不會的。所以，不可能透過愛使一個工程師產生創造力，儘管這樣做可能消除他的不滿感。創造力的產生，需要的是去做一種具有創造性的工作。

總之，在這一研究中得到了兩點基本發現。第一，導致工作滿意感的因素與導致工作不滿意感的因素是獨立而不同的。第二，這兩種感覺是相互對應的。即工作滿意感的對立面不是工作不滿意，而是沒有工作滿意感，工作不滿意的對立面不是工作滿意，而是沒有工作不滿意。另一種分析能幫助進一步理解這一認知工作態度的新思路。可以把工作滿意感視為視覺，把工作不滿意感視為聽覺。顯然這是兩個獨立的概念，刺激視覺的是光線，而增強或減弱光線對一個人的聽覺不會產生影響，同樣，提高或降低刺激聽覺音量，對視覺也產生不了作用。

人本身具有多種行為特徵。眾多的行為特徵都可被視為是正常的，這取決於人們對不同文化的接受程度。由此，有關工作的激勵理論擴展到了心理健康以及心理缺陷的概念。習慣上，心理健康一直被視為心理缺陷的反面，即心理健康僅僅是尚未發現心理缺陷。這種傳統的觀點，把注意力大都放在心理缺陷上，比如憂慮及其機制，過去的挫折，孩提時代的創傷，令人苦惱的人際關係，惡劣的工作環境等等。所以實際上完全忽略了心理健康的概念。激勵—保健因素理論在討論心理調節問題時，強調以下三點：

① 心理健康和心理缺陷不屬同一範疇，它們分別代表是的健康的程度和缺陷的程度。前者顯示一個人對激勵因素的反應，後者顯示一個人對保健因素的反應。

② 個人的激勵與心理健康方面的調節，長期以來在理論研究和實際應用中遭到不公正的忽視。

③ 為心理缺陷賦予新的定義。引起心理缺陷的因素屬於保健因素的範疇，它反映的是人所處的環境，缺乏這類因素，將引起心理缺陷，但卻不會對心理健

康產生什麼影響。

透過深入了解一個人感到滿意的根源，可以對心理調節大致進行如下分類：

第一類調節的特點是積極向上、心理健康的。這類人屬於健康的激勵因素追求者。他們對生活感到滿意，是因為他們生活的環境中，激勵因素是至高無上的。這些因素對於提供個人成長的感受是必要的。這類人能夠最大限度的平衡工作與娛樂的關係。他們認為，人的最高目標就是根據自己天生的潛在能力並在現實生活的局限內充分實現自我，成為有創造性、獨一無二的個體。對他們來說，最重要的是要有好的生活環境，或是能夠成功的避免不利保健因素，鑑別心理健康者的條件主要包括：他們是透過個人成長的經驗來尋找生活的滿意感；多次獲得了成功；有足夠的能力和耐心等待成長的機會。總之，心理健康者既成功的滿足了激勵的需求，又成功的滿足了保健的需求。

第二類調節的特點是自我實現，但伴隨著對生活回報的不滿。這類人屬於不愉快的激勵因素追求者。他們雖然在工作中獲得了自我實現的滿足，但是在保健因素方面卻所得甚少，這雖然對心理健康沒有影響，但是很顯然這使得他們變得不愉快了。所以，這些在工作中十分出色的激勵因素追求者，在公司中常常被認為是愛發牢騷的人。

第三類是無徵兆調節。這類人本來也主要靠追求激勵因素來獲得滿意感，但是由於在他們的生活中缺少機會，而使這種成長的需求越來越小。但是，這類人的保健需求則得到了充分的滿足。

第四類是主要針對保健因素的調節。這類人是很悲慘的，他們本來是要追求激勵因素的，但卻被拒絕了一切心理成長的機會，而且又發現被剝奪了實現保健需求的權力，所以結果是兩種需求體系沒有得到滿足。

第五類屬於強調節。它反映了人心理健康狀態一下變到心理缺陷狀態這種內在轉變，屬於這類調節的人的特點是：他們從保健因素中獲得了積極的滿意感覺。這實際上反映了一種從追求成長到追求舒適環境的動機轉化。這類人追求的是保健因素，所謂「強調節」是針對他們的動機方向而言，換句話說，「強」就強在他們的滿意感是來自環境。儘管他們中有不少人可能會獲得相當多的個人成就，但這不會導致成長的機會，因為保健因素的滿足只是暫時的，而且帶有麻醉藥物的性質。

第六類屬於心理缺陷者的調節。這類人追求的也是保健因素，但是未能得到滿足。

第七類近似於「修道士」式的調節。這類追求保健因素的人十分有趣，他們在生活中也只是借助於一種需求體系。而且，他們在實現自己的保健需求時，使用的方式是否認這些需求。

激勵—保健

因素理論認為心理健康取決於個人過去的經歷。一個心理健康的人的經歷顯示了他在自我實現中所獲得的成功。與此相對的是，心理缺陷卻取決於另一種不同形式的過去經歷。一個心理不健康的人總要把自己與周圍的環境關聯起來，這種人在尋求滿意感時，主要考慮的是由客觀現實，其他人還包括社會和文化所構成的種種限制。在一般工作環境中，這些限制包括公司政策、管理制度、人際關係等等這類因素。而在更廣義的生存調節中，周圍環境還包括文化禁忌，對物質生產的社會需求以及有限的國力等。這些追求保健因素的人也渴望滿足，渴望心理健康，但是他們的行為方式卻是「保護」性的。所以，心理缺陷是一種倒錯現象 —— 努力要強調否認一種需求而實際上卻渴望獲得另一種需求。

必須重申的是，人具有兩種需求：本能需求和心理需求，有一類因素可導致人痛苦，另一類因素可導致人愉快。那些只追求滿足本能需求的人注定要生活在痛苦之中。但還有一種人比前一種人有更高層次的需求，他們除了不得不避免痛苦之外，還具有在自我實現中追求快樂的潛在能力。

因此，只有在滿足了本能需求以避免痛苦，同時又滿足了心理需求而獲得成就感之後，人才能得到快樂。

為使管理人員了解公司僱用了保健因素追求者會產生什麼結果，有必要多討論一些關於這類人的特點。

首先，追求保健因素的人與追求激勵因素的人是正相反的，他們受到的激勵來自工作環境而不是工作本身。他們對工作中保健因素的不滿意感是經常的，而且日益加重，因為這是他們的生活中心。所以，這類人對保健因素的改善極敏感，你幫他調一次薪他就會覺得你是天底下最好的老闆。但是，保健因素的滿足是短期的 —— 當然這種暫時的滿足對追求激勵因素的人也是需要的，因為這畢竟是動物的天性。

其次，追求保健因素的人很少能從工作成就中體會到滿足，而且他們對自己工作的種類和性質漠不關心，因為他們只是為了求得保護和不受傷害。他們如何能對生活抱積極的態度呢？他們不求從工作經歷中獲得業務上的進步，他們唯一所求的是一個更舒適的環境。即使能用像薪資、工作條件那些暫時的滿足激勵他們，他們也不會產生自發的動力。所以，很多公司感到只好不斷的激勵他們。

再次，追求保健因素的人是極端個人主義者或是極端保守主義者。他們機械的沿用管理信條，為了這一點，他們在工作中可以做得比總經理還像總經理。但隨之而來的問題是：他們在工作中獲得成功是由於他們的才能嗎？換言之，如果一個人工作得好是因為滿足了保健需求，那麼這與因為滿足用激勵需求而工作得好又有什麼不同嗎？答案是兩方面的：第一，如果在追求保健需求的人所擔任的工作中，才能是最重要的話，那麼這些人無疑會使企業破產。因為這些人只會在短時間內受到激勵，而且只有在得到外企的獎賞之後才會受到激勵。所以，當公司出現了突然情況，而且無暇顧及保健需求時，這些占據了關鍵職位的追求保健需求的人就會束手無策。第二，追求保健需求的人把自己受激勵的方式逐漸灌輸給了他們的下級，他們成了下級學習這種方式的樣板。當這些追求保健需求的人在企業中身居高位時，他們就能夠在自己所控制的部門中形成一種追求外在獎勵的氣氛。由於他們具有的這種才能，使得他們對控制這種氣氛有較大影響力，但這不能等同於長期有效的管理企業。

所以，追求保健需求的人擔任主管，對管理人員的發展必定是有害的，因為發展的目的是使下級人員獲得個性成長和自我實現的機會。

延伸品讀

弗雷德里克·赫茲伯格是一位社會心理學家，他的研究主要集中在工作和公司領域。他的著作得益於人的需求理論：他從心理學和達爾文主義以及偉大的基督教神話中找到了來源。心理學和人與動物的比較，使他認知到人與動物的組織行為有可比性，至少他們都要滿足自己的需求。但是，人的需求是有層次的；最高層次的自我實現需求只有透過工作才能獲得。另一方面，對某些偉大的猶太基督教神話的研究顯示其中表達的動機適用於所有人類。

組織發展理論創始人
—— 華倫・班尼斯

管理巨匠檔案

全　名　華倫・班尼斯（Warren G. Bennis）
國　別　美國
生卒年　西元 1925-2014 年
出生地　美國

經典評介

華倫·班尼斯，麻省理工學院博士，美國當代著名組織理論研究者之一，宣導組織發展理論的先驅，最負盛名的著作是《領導者：掌管的五大策略》，目前已經被翻譯成二十一種文字出版。

管理巨匠簡介

華倫·班尼斯在麻省理工學院執教多年，同時從事了廣泛的組織諮詢工作，對於組織理論中關於組織發展新方向和傳統官僚制的滅亡，提出了創造性設想。歷任教務長和主管學術發展的副校長。1977 年赴伊利諾大學任「訪問教授」，同時兼任日內瓦工業研究中心「公司與社會」專題教授，美國管理學會會長顧問，加州佩珀代因大學駐校執委等職。

華倫·班尼斯在教育、寫作、顧問、管理等領域做出了貢獻，並且有多部著作問世。曾經與沙因（Edgar H. Schein）合作著寫《透過群體方法改變個人與組織》（1965 年），與南思（Nanus B.）合作著寫《領導》（1985 年），單獨完成如《變為領導者》（1989 年），《組織發展》（1969 年），《變革組織》（1966 年）等專著多部，並發表研究論文上百篇。組織發展曾是班尼斯在 1950、1960 年代的主要興趣之一，前幾年他又返回對小型組織的興趣，與同事合著了《組織天才：創造性合作的祕密》（Organization Genius:The Secrets of Creative Collaboration）。

從很多方面來看，華倫·班尼斯是現代管理思想家的一個代表。作為當代領導學的顯赫專家，四位美國總統的顧問，他的著作變得非常流行，廣受歡迎。班尼斯最負盛名的著作是《領導者：掌管的五大策略》，目前已經被翻譯成二十一種文字出版。

代表著作

* 1965 年，《透過群體方法改變個人與組織》（與沙因合著）
* 1966 年，《變革組織》
* 1969 年，《組織發展》
* 1985 年，《領導》（與南思合著）
* 1989 年，《變為領導者》
* 1993 年，《創新生活》
* 1997 年，《組織天才》、《領導者：掌管的五大策略》

管理智慧

班尼斯的領導理論

領導是管理的一大課題，也是眾多高手顯示智慧的領域。班尼斯以領導大師著稱，他在 MIT 和波士頓大學任教期間，在組織動力學框架下論述領導，特別強調建立信任、開放性和對參與者的鼓勵。他還認為，要理解領導，必須認知到權力關係的重要性。隨著研究的深入，他日益感到，領導者在實際工作中的處境是非常複雜的。在後期，他更把領導視為最重要的因素。班尼斯最負盛名的著作是《領導者：掌管的五大策略》，該書研究了九十位美國的領導者的行為和特徵，得出了一個結論，入選的人物包括首位登上月球的阿姆斯壯、美國洛杉磯一支著名球隊的教練，樂隊指揮家和成功商人等。班尼斯說：他們或是左腦發達，或是右腦發達；高矮不等，胖瘦不一；他們的衣著不同，形象各異，但是他們都顯示了對當時複雜環境狀況的把握。因此說，領導是全方位的，領導的位置對所有的人都是敞開的。這些領導者都具有的四項能力分別是：注意力管理、意義管理、信任管理和自我管理。注意力管理的要點是有效的願景，這一願景是別人願意共同享有的，並且能提供通向未來的橋梁。意義管理則要求有能力成功的傳達願景。而信任對所有組織都是根本性的，其核心是可靠性（或者說是堅定性）。自我管理意味著知道自己的技能並能有效的運用。

（一）注意力管理

好的領導者要能夠抓住下屬員工的注意力並使這些人投入，使他們心甘情願為領導者工作，並與領導者一起努力完成任務。這種能力用班尼斯的話說就是，「具備設想一個令人注目的前景並付諸行動的逐步實現的能力」。成功的領導人能夠使自己的設想為他人所信服，並把它當作自己的奮鬥目標。

（二）意義管理

這種管理能力能夠讓領導者把自己的設想轉變為行動。領導者必須具備嫻熟的語言交流能力，他們能夠用簡單的圖像和語言表達出複雜的意思，讓下屬覺得簡單明瞭，易於理解，讓他們覺得這樣的目標值得去努力。他們是提煉語言的專家，能夠透過語言表達說服員工。

（三）信任管理

領導者要有贏得下屬的信任的能力，信任是「把下屬與領導黏合在一起的情感膠水」，信任是所有組織的根本。對於領導者來說，信任表現在目的的一致和他們對同事及其他人的關係的處理上。下屬即使有時候不同意領導者的意見，但領導者在他們心目中的形象也會始終如一。

（四）自我管理

領導者們都很看重對自我的管理。他們看重自身的學識、堅韌不拔的精神、勇於冒險、承擔責任和戰勝挑戰。班尼斯說：「善於學習的人期盼失敗與錯誤，最糟糕的莫過於成功過早，因為它失去了在困境和失敗中學習的機會。」一般來說，管理者對自己及他人的評價都是積極的，他們不在乎別人有怎樣的缺點，能很現實的看待事物，能對任何人都彬彬有禮，能相信人，甚至有時冒著危險、在意見暫時不統一的，暫時得不到承認的情況下，堅持不懈。

關於領導者，班尼斯還觀察到，幾乎沒有一個人是因為缺乏經營知識而從組織高層領導職位跌落的，真正的原因始終是判斷失誤和性格問題。這就引出另一個問題，人才培養機構往往忽視判斷力和性格。班尼斯相信，領導是可以學習的，學習當領導者的過程其實就是成為一個完整和健全的人的過程。但他指出，人們只能實驗性的學習領導。學習領導有兩個主要來源，個人背景和組織背景。就個人而言，他們必須有成為領導者的抱負和驅動力。但必須謹防那些沒有目的的追求權力的人。假如學習者具有健康的領袖抱負，他們必須發展從經驗中學習的能力，這意味著反思能力。在另一本暢銷著作《論成為領導者》中，他以各行各業成功領導者為例，鼓勵所有進取的領導者勇於冒險，勇於變化，把他們的願景變為現實。班尼斯認為，領導者是一種能力，它可以被那些願意獲得實際工作效果的管理者所用，但是領導者和管理者確實有著本質的差別的。

領導者和管理者的差別

領導者只是執行，管理者是革新。

領導者是複製，管理者是原創。

領導者只是接受，管理者是發展。

領導者注重系統和結構，管理者注重人。

管理者依靠控制，領導者培養信任。

管理者著眼於短期，領導者放眼於長期。

管理者問如何與何時，領導者問是什麼和為什麼。

管理者注重利潤盈虧，領導者重視發展方向。

管理者接受現狀，領導者向現狀挑戰。

管理者是傳統的好士兵，領導者是他自己。

管理者力求正確的做事，領導者追求做正確的事。

班尼斯認為：要在二十一世紀生存，我們需要的是新一代的領導者，而不是單純的管理者，這點區別至關重要。在當今及以後的環境中，常常是變化無常、難以捉摸的，領導者能夠征服環境，而管理者卻屈從於環境。只有具備了一個領導者的能力，管理者才能更好的發展工作。班尼斯不是對一個個孤立的領袖進行研究，而是把領導放在組織和團隊中觀察和研究。偉大始於偉人，沒有偉大的領袖，就沒有偉大的群體。但是如果認為某一個成功的組織是因單個領袖的作用，那就是錯誤的。班尼斯顯然認知到，在複雜多變的社會，不能只靠單個英雄，而是要能塑造一個屬於自己的合作團隊，他們必須和一起工作的團隊集體努力，才有可能獲得成功。班尼斯與羅伯特·湯瑪斯合作，寫了一本非常有意思的書：《極客和怪傑》（Geeks and Geezers）。極客指在電視和電腦螢幕照耀下成長的年輕一代領導者，像比爾蓋茲年輕時那樣的奇才、怪才，年紀輕輕便獨樹一幟，或領導著一個企業，或執掌一個組織；怪傑則指在大蕭條和二戰陰影下的祖輩領導者。他性格詭異、做事不同凡響，但年輕時也曾是極客，也風光一時。

作者透過觀察有著祖孫兩代輩分差異的「怪傑」與「極客」的成長規律，提出「適應能力」是領導人的關鍵特質，永保青春活力的祕訣在於保持「赤子之心」。

儘管旨在發現時代和價值觀是如何塑造領導者的，但作者卻發現了更深刻的東西：發掘出了「領導者成長規律」，人人身上可能都有一定的領導天賦，提出了「領導成長模型」。領導才能的培養是與時代、價值觀緊密相連的，時代是造就人才的大熔爐。

一般來說，領導者會使他的設想看起來易於理解，富有魅力，並以此吸引新的員工，他們會創立一種適合於這種群體的領導風格，但常規的模式，特別是命令和控制，是不會產生作用的。作為領導者，做事要果斷，但也要積極傾聽其他員工的自主權，創造並保持一種人人都能參與的氣氛，才是有遠見的做法。隨著各方面研究的增多，人們很容易忘記這一方面的理論，直到 1980 年代，班尼斯和其他學者才重新為人們所重視。班尼斯的研究很有人情味，他認為領導才能並不是很罕見的才能，領導者是後天培養的，而不是天生的，他們通常是些普通人。而且，領導才能並不是專屬組織最高層的，他與各個階層都有關。

新型組織理論

在虛擬組織、組織結構扁平化日趨流行的今天，我們會發現班尼斯所宣導的有機—適應型組織的特點，正在被逐漸實現。我們不得不佩服他的深刻洞察力。我們知道，西方古典管理理論的重要代表，就是韋伯提出來的官僚體系理論，這種組織體制也就是高度理論化了的金字塔般的層次體系。在產業革命時期，這個組織工具被用來組織和指導企業的生產經營活動，並日趨完善。從純粹的技術意義上講，官僚制的確是到目前為止最有效、最成功和最流行的組織工具。

官僚制體系依靠著理性和邏輯，批判和否定了產業革命初期依靠個人專制、裙帶關係、暴力威脅、主觀武斷以及感情用事進行管理的做法。它的邏輯在於被統治者同意服從是因為上司掌握正式職位的權力，和具備相應的專長和能力。這種理性化表現在組織中可以歸納為以下幾個要點：

重要的是制度、法規和正式職務，而不是個性。

重要的是公事公辦而不是個人關係。

重要的是技術專長而不是心血來潮，一時聰明。

重要的是邏輯和預見性，而不是非理性的感情和不可預計的後果。

在當時的社會背景下，官僚制體系成為將人的需求與組織目標連結起來的唯一工具，這個理論中的很多內容，現在還被人們所遵循和認同。但是只要想起「官僚」這個在社會領域中還具有貶義的詞，就能認知到它還具有非常無效率的一方面。儘管官僚制體系有效的解決了組織的內部協調和外部適應問題，它的弊端卻相當明顯，對此進行的批評從沒有停止過。班尼斯總結出了官僚制體系的幾項缺陷。這種制度妨礙個人的成長和個性的成熟，忽視非正式組織的存在，不考慮突發事件，員工在這樣的組織中，創新的思想被壓制，慢慢的發展為盲從和隨波逐流。這樣，組織中的人力資源就不能得到很好的發揮，員工的個性和整體素養也得不到成長。整體來說，這種制度現在已經不適合時代的需求了，在這樣的組織中，是無法吸納先進的科學技術成果或優秀人才的。而且，班尼斯認為，組織必須完成兩項互相關聯的任務才能存在下去。這兩項任務是：一個是協調組織成員的活動和維持內部系統的運轉，經由某種複雜的社會過程使其成員適應組織的目標，而組織也適應成員的個人目標。另一個是適應外部環境，要與周圍環境進行交流和交換，稱之為「外適應」或「適應」。對於內部的適應性來說，官僚體制無法解決個人目標與組織目標的衝突問題，找不到協調的方法。儘管最近幾十年來，許多研究組織問題的學者包括巴納德、賽門、梅奧、利克特、杜拉克等都認知到這一兩難問題，並從理論和實踐兩方面提出各種解決辦法，大幅度的修改甚至重塑了官僚制體系的基本特性，但仍改變不了最根本的問題。

對待個人需求與組織目標之間的內部協調問題，班尼斯覺得既不能否認矛盾，也不能讓某一方澈底服從或投降於某一方，而是要正視這種矛盾，仔細的分析他們，並盡量解決矛盾。現在的環境和當時已經有了很大的變化，三個環境方面的進展正在深刻的影響著組織環境的結構和面貌。它們分別是科學的飛速發展、智慧技術的發展、研究開發活動的成長，這些新進展重塑了環境。班尼斯說：「科技進步的加速，環境將變得越來越不穩定，各類企業的經營邊界變了，一向穩定的大型組織也開始讓人捉摸不定了，它們不再能隨心所欲的獲得成功，被迫開始系統化的研究環境所能提供的機會，否則就無法實現組織的目標。」經理人員必須與顧客、股東、競爭對手、原料供應商、勞動力市場、工會組織和企業內各種團體等環境要素建立複雜和積極的連結，其間的關係模式亦與以前大不相同。龍頭對抗和政府控制的格局導致大企業的優勢地位和不完全的競爭。各種環境力量之間的因果關係變得越來越不穩定和具有擾亂性。同時因為科學技術領域進步的加速，研究開發領域的重要性也日益提高了，企業與企業之間不再各自為戰，它們之間的合作正在加強。所有這些動態因素都使得以往的官僚制體系組織陷入嚴重的問題之中。現在的環境結構卻經常處於變動狀態，各種力量之間的因果機制變化無常，一切都無法預期。環境的變化為官僚制帶來的問題是不可逾越的，這預示著它的末日來臨了。因此，官僚制體系組織用來對付內部環境（協調）和外部環境（適應）的方法及社會過程，已經完全脫離了當代社會的現實。所以說，雖然它在此前為我們提供了「理想」而實用的組織形式，今後卻不可能繼續成為人類組織的主要形式了。

那麼，未來的組織到底應該是怎樣的模式呢？班尼斯對 1966 年之後的二十五至五十年的組織生活從環境、整體的人口特點、與工作相關的價值觀念、企業的任務和目標、組織結構、自由結構等幾方面，進行了具有一定前瞻性的展望。企業之間的合作範圍將擴大，企業龍頭對抗和政府控制的格局，導致大企業的優勢地位和不完全競爭。人員流動的頻率將加快，在職管理人員培訓教育會蓬勃發展，企業的成功很大程度上取決於對人員智力的開發。此時人們會更加理性，更加注重智力和技能方面的投資。人們在工作中更希望全面的參與和授權，希望有平等合作的工作環境，要能夠充分的發揮他們自己的工作潛質。企業的任務將變得更加複雜，更難於事先計劃。企業領導人重要的不是行使權力，而是認識問題和解決問題。企業的目標將變得更加多元化和更加複雜，達到目標將有賴於適應性、創造性和革新性精神。由於專業化和專業人員過多，在制定企業目標時會有更多的矛盾和分歧。根據以上的分析，班尼斯認為，未來的組織結構將是有機—適應型組織。它會具有下列特徵：

臨時性，組織將變成適應性極強的、迅速變化的臨時性系統。圍繞著有待解決的各種問題設置機構。解決工作問題要依靠由各方面專業人員組織的群體。組織內部的工作協調有賴於處在各個工作群體之間交叉重疊部分的人員，他們身兼數職，同時屬於兩個以上的群體。工作群體的構成是有機的，而不是機械的，誰能解決工作問題誰就發揮領導作用，無論他預定的正式角色是什麼。

具備上述特點的組織結構，或許就可以稱為有機—適應型組織，而且，這種組織體系必然會逐步取代官僚組織結構。在這種結構裡面，由於工作任務變得更有意義，更具有專業性，也更令人滿足，專業人員能得到更多的激勵，從而導致組織目標和個人目標的吻合，從根本上解決內部協調問題。當人們由於充分認知自然而得以理性的駕馭自然時，沒有必要時時提醒他們自省和自我控制。因此，限制和壓制不再是未來組織的特徵，科學和理性的成就將人們的奇思妙想變成合理和正常的個性表達。班尼斯認為有機—適應性組織結構，不僅解決了組織適應環境的問題，而且解決了組織目標和個人目標的矛盾衝突的問題。班尼斯在管理思想的研究裡是一個十足的樂天派，他憑藉其對管理的執著和好奇心，為今後的人們留下了寶貴的財富。他說：「我有著強烈的好奇心，我還想為大家闡明更多的東西。那些沒有創造及創造能力的人必須借助他人的力量來武裝自己，只能夠適應他人的人將不能脫穎而出。」隨著時間的推移，班尼斯的領導理論和新興的組織形式的預言，正在逐步的變成現實，這讓我們不得不驚嘆他的遠見和洞察力。

經典語錄

組織是一種複雜的，追尋自己目標的社會單位。組織要生存下去，必須完成兩項互相關聯的任務：

（一）　協調組織成員的活動和維持內部系統的運轉。

（二）　適應外部環境。第一項任務要求組織經由某種複雜的社會過程，讓其成員適應於組織的目標，而組織也適應成員的個人目標，所以這一過程稱之為「互相適應」、「內適應」或「協調」。第二項任務要求組織與周圍環境進行交流和交換，稱之為「外適應」或「適應」。

由於教育和職務專業化，人們會變得更加理性，更重視智力、技能方面的投入。由於社會的產業化，人們就更加注意「他人」，在暫時的同事和鄰居中尋找夥伴而不是依賴長久的親友關係。由於未來的工作職位要求獨立承擔更多的責任和教育程度提高，導致對自主權的需求，人們在工作中將希望更全面的參與和授權。

技術的發展將創造出一個「按電鈕的社會」，但工作不會減少，而會增多；人類的主要活動和任務仍將是解決各種問題；組織適應於環境的過程本身就會給予人強大的感染力；因此，未來社會的主要特徵之一，是大量湧現從事服務工作的有機—適應型結構的組織。

由於科技進步的加速，環境將變得越來越不穩定，差別化；各種環境要素交織在一起，互相影響和依存；企業之間的合作範圍擴大，龍頭對抗和政府控制的格局導致大企業的優勢地位和不完全競爭。

管理巨匠觀點

「組織發展與官制體系的命運」是班尼斯 1964 年 9 月 5 日應邀在美國心理學會工業企業心理學分部發表的演講。

班尼斯認為，組織是一種複雜的，追尋自己目標的社會單位。組織要生存下去，必須完成兩項互相關聯的任務：

（一）　協調組織成員的活動和維持內部系統的運轉。

（二）　適應外部環境。第一項任務要求組織經由某種複雜的社會過程，讓其成員適應於組織的目標，而組織也適應成員的個人目標，所以這一過程稱之為「互相適應」、「內適應」或「協調」。第二項任務要求組織與周圍環境進行交流和交換。稱之為「外適應」或「適應」。

作者認為，在當代社會裡，組織用以實現上述兩項任務的工具正是「官制體系」。他申明，使用這個詞彙只是為了描述一種組織結構和原則，而不意味著任何暗示，把這種組織工具與卡夫卡在《城堡》中用想像編織出來的腐敗官場和毫無思想的民眾形象等同起來或加以類化。「官制體系」可以說是一個重要的社會發明和創造。在產業革命時期被用來組織和指導企業的生產經營活動，爾後又由偉大的德國社會學家韋伯將其總結上升為理論。

具有諷刺意味的是，韋伯史詩般的努力創造出的是一種科學上的無價之寶，可是許多辭書和字典卻把「官制」「官僚」列為貶義詞，然而，從純粹技術意義上講，「官制」確已為理論分析和管理實踐證實為迄今最有效、最成功和最流行的組織工具。官制體系是最糟糕的一種組織理論，卻又是唯一可供採用的理論，因為所有其他理論都試過了，都不能用。

可是，現在該是從理論上和實踐上向官制體系提出挑戰的時候了。官制體系在此前為我們提供了「理想」而又實用的組織形式，但是今後不可能繼續成為人類組織的主要形式了。因為官制體系組織用來對付內部環境（協調）和外部環境（適應）的方法及社會過程已經完全脫離了當代社會的現實。今後二十五至五十年裡，我們大家都將目睹並參與埋葬官制體系。

班尼斯從三個方面詳細論證了舊組織結構的必然消亡和新組織結構的浮現。第一，官制體系實現內部協調的機制及其弊端，當代心理學家和組織行為學家解決協調問題的藥方。第二，外部適應方面的問題和最新的理論進展。第三，未來組織的結構和條件。

（一）內部協調問題

組織的內部協調或內適應問題（組織與其成員的互相適應）可以追溯到一百六十多年前就發端了的歷史悖論：現代民主個人主義和現代工業文明是一對孿生兄弟，其中一個強烈要求憲法保證個人權利並極其看重個人情感和個人成長；另一個卻要求組織活動的理性化和機械化。簡言之，技術的進步和企業的發展蠶食著剛剛贏得的個人自由，要讓它從屬於鐵面無私的工廠紀律：隨著理性和技術的高揚，人的熱情和解放卻被壓抑了；隨著組織效率的改進，人的工作卻變得無意義和非人性化了。這一現象也正是馬克思和其他十九世紀的激進主義者研究的主題。矛盾的實質是究竟哪一面更重要：一面是個人的需求、動機、目標和成長，另一面是組織的目標和利益。

在這種背景下，官制體系出現了並且成為將人的需求與組織目標連結起來的唯一工具。實現這種連結的社會影響結構是以法規和理性（而不是個人權威）為基礎的；被統治者同意服從是因為上司握有正式職位的權力和具備相應的專長和能力。官制體系舉起理性和邏輯的旗幟，批判和否定了產業革命初期靠個人專制、裙帶關係、暴力威脅、主觀武斷和感情用事進行管理的做法。

儘管官制體系有效的解決了組織的內部協調和外部適應問題，這種模式的弊端相當明顯，對它的批評和批判從未間斷過。班尼斯總結出官制體系的十項缺陷：

（一）　妨礙個人的成長和個性的成熟。

（二）　鼓勵盲目服從和隨波逐流。

（三）　忽視非正式組織的存在，不考慮突發事件。

（四）　陳舊過時的權力和控制系統。

（五）　缺乏充分的裁決程序。

（六）　無法有效的解決上下級之間，特別是各職能部門之間的矛盾衝突。

（七）　內部交流溝通（和創新思想）受到壓制、阻隔和畸變。

（八）　由於互相信任和害怕報復，而不能充分利用人力資源。

（九）　無法吸納新的科學技術成果或人才。

（十） 扭曲個性結構，使員工變成陰鬱、灰暗、屈從於規章制度的所謂「組織人」。

對待個人需求與組織目標之間的矛盾亦即內部協調問題，有三種不同的態度。第一種是盡力縮小或否認問題本身，斷言這裡不存在任何根本性的矛盾。第二種是承認存在矛盾和利益衝突，但明確站在某一方的立場上，要求對方澈底服從和投降，這實際上仍然是逃避矛盾，因為它否認互相適應和協調的必要性，企圖排除或消滅矛盾。

班尼斯對上述兩種態度和觀點都持否定意見，對第一種態度視而不見組織內部的基本矛盾，第二種態度則企圖走極端，用矛盾的一方完全制服另一方。但是矛盾是無法迴避的，它反映在一系列組織的二元命題中：個人與組織，個性與金字塔結構，民主與專制，參與式與等級層次，理性與自然，正式與非正式，機械論與有機論，人際關係與科學管理，外向與內向，硬體與軟體，X 理論與 Y 理論，關心人與關心生產，如此等等。因此，不能迴避矛盾，只能正視矛盾，分析矛盾，解決矛盾，這就是第三種態度。

最近數十年裡，許多研究組織問題的學者都認知到這一兩難問題，並從理論和實踐兩方面提出各種解決辦法，大幅度的修改甚至重塑了官制體系機制的基本特性。

班尼斯總結出九種不同的理論觀點，它們從各方面都千差萬別，但是有一個共同的基礎，明確承認個人需求與組織目標間存在著矛盾衝突。

班尼斯進一步分析道，這些修正理論都表現了對於某些人道和民主價值觀念的傾向性態度，或贊成，或反對。整體來說，它們在判斷組織效能的時候，不滿足於單純從經濟指標去看問題，力圖將人的因素、人的標準補充進去，如員工滿意感、個人成長等。所有這些理論都著眼於組織的內部系統及其人性方面，不考慮外部關係和環境問題，所以是「內向」型的。具有諷刺意味的是，雖然從表面上看，批判官制體系必須牽涉倫理 —— 道德態度及其社會構造根源，但真正給予官制體系致命一擊的力量，卻是來自一個完全預想不到的方面 —— 環境，因為官制體系沒有能力適應環境的迅速變化。

（二）外部適應問題

迄今為止，官制體系在適應外部環境方面似乎並無問題，因為它是將人類活動納入常規軌道的理想工具。即使是競爭性很強的環境，只要穩定和無差異，組織的任務相當規範化，金字塔式的官制結構和高層「菁英」人物集權體制能夠適應環境條件，使組織有效的運轉。

官制體系是在競爭和確定性條件下發展起來的，那時候的環境是穩定和可預見的。現在的環境結構卻經常處於擾動狀態，各種力量間的因果機制變化無常，一切都無法預期。環境的變化為官制體系帶來的問題是不可逾越的，這預示著它的末日來臨了。

班尼斯認為對官制體系理論的挑戰來自兩個方面。第一是官制體系無法解決個人目標與組織目標的矛盾衝突，找不到協調的辦法。迄今已有許多人試著提出了緩解這一問題的方案，他們的思路都是用人的成長和人的滿足這樣一類倫理道德標準充實組織，糾正那種只注重生產效率的偏向。第二也是更嚴重的挑戰來自於環境，科學技術革命引起的環境變革要求組織具有很強的適應能力，其結果必然是官制體系的逐漸崩潰。

最後班尼斯在 1966 年對以後二十五年至五十年的組織型態，做了如下的展望。

1. 環境

如前所述，由於科技進步的加速，環境將變得越來越不穩定，差別化；各種環境要素交織在一起，互相影響和依存；企業之間的合作範圍擴大，龍頭對抗和政府控制的格局導致大企業的優勢地位和不完全競爭。

2. 整體的人口特點

杜拉克把當代社會稱作「教育社會」，這正是時代最重要的特徵。五十年內，美國人口中的三分之二都會接受高等教育，成人教育特別是高等院校的在職管理人員培訓教育會蓬勃發展。五十年前，教育被當作不創造價值的額外投資，專業人員的薪資被列為「管理費用」，可是今天企業的成功卻在很大程度上取決於智力的開發。另外一個實質變化是人員流動的規律和頻率將大幅成長。因為人們需要更有動力的環境，而且遷移也比先前容易多了，這對於我們理解未來組織的性質同樣是重要的。

3. 與工作相關的價值觀念

由於教育和職務專業化，人們會變得更加理性，更重視智力、技能方面的投入。由於社會的產業化，人們會更加注意「他人」，在暫時的同事和鄰居中尋找夥伴而不是依賴長久的親友關係。由於未來的工作職位要求獨立承擔更多的責任和教育程度的提高，導致對自主權的需求，人們在工作中將希望更全面的參與和授權。

4. 企業的任務和目標

企業的任務將變得更加複雜、更技術性和更難以事先計劃。單單一個領導者將無法處理全部問題，必須依靠各方面專家共同努力；這時重要的不是行政權力，而是認識和解決問題的能力。企業的目標將變得更加多元化和更加複雜。只講「增加利潤」或「提高生產力」顯然過於簡單化。達到企業的目標有賴於適應性、創造性和革新精神。由於專業化分工和專業人員的增多，在制定企業目標的時候還會出現更多的矛盾和分歧。

5. 組織結構

未來的組織在結構上將具有以下數種特徵。第一，臨時性：組織將變成適應性極強的、迅速變化的臨時性系統。第二，圍繞著有待解決的各種問題設置機構。第三，解決工作問題要依靠由各方面專業人員組織的群體。第四，組織內部的工作協調有賴於處在各工作群體間交叉重疊部分的人員，他們身兼數職，同時屬於兩個以上的群體。第五，工作群體的構成是有機的，而不是機械的。誰能解決工作問題誰就發揮領導作用，無論他預定的正式角色是什麼。具備上述特點的組織結構或許可以稱之為「有機—適應型」結構，它必將逐步取代官制體系的理論和實踐。班尼斯估計，未來的社會裡將有 40%的人在上述有機—適應型組織中從事技術性工作，20%的人在官制體系的老式組織中工作，另外 40%的人則為服務型組織進行社會協調方面的工作。

6. 自由結構

有機—適應型組織提倡思想的自由。當人們由於充分認識自然而得以理性的駕馭自然時，沒有必要時時提醒他們自省和自我控制。因此，限制和壓制不再是未來組織的特徵，科學和理性的成就，將把人們的奇思妙想變成合理和正常的個性表達。

班尼斯最後寫道，有機—適應型組織結構不僅解決了組織適應環境的問題，而且也解決了組織目標與個人需求矛盾衝突的問題，官制體系以壓抑和控制為主要管理方法，雖然它在利用強制權力方面確實可以說是一個不朽的偉大發現，但其邏輯的必然卻是令組織成員有罪惡感和被迫自我約束感。在今天的世界上，官制體系已經成了多餘的東西，不再是有用的工具了。由此，我們呼籲有機—適應型系統成為一種自由結構 —— 允許人們自由表達自己的想像力和自由發掘工作事業的新樂趣。

延伸品讀

華倫·班尼斯在他的專業生涯中，著書立說頗豐。他的許多書籍經常都是和同事共同編寫的。他是最有名的領導理論權威，給人們出謀劃策、寫作並廣泛的發表演講。他有一個清楚的使命，就是勸說其他人如何做一個好領導者，並且優秀的領導者是能夠對付發生迅速變化的社會的。他把自己看作一個預言家 —— 他所具有的猶太人天賦，一位教師，但不是一個有或將會有信徒的人。那些關於班尼斯的文章重視他本人，也審視他的著作。他對領導權力的看法，曾因恢復了領導理論的特性學派，並且幾乎把具有魔力的特質賦予領導者，而受到了批評。儘管他在許多國家訪問過，並長期擔任訪問教授，但他的風格和著作本質上是美國式的，他的那些著名領導人和群體的例子來源於美國。然而，因為他的兩本有關領導理論的書被廣泛翻譯，他的觀點顯而易見深受美國國內外人們的歡迎。儘管他強調要廢除獨裁、命令和控制手段，但他深深的相信領導者，因此，也相信追隨者。他關於領導理論的著作是靈感型的，而不是學術型的，這和他清晰、生動的風格結合起來，意味著他比那些謀求發展有關領導理論學術知識的人有更大的讀者群。

現代行銷學之父
—— 菲利浦・科特勒

管理巨匠檔案

全　名　菲利浦・科特勒（Philip Kotler）
國　別　美國
生卒年　西元 1931 年至今
出生地　美國芝加哥

經典評介

菲利浦．科特勒，現代行銷學之父， 被稱作為管理做出實質貢獻的學人。他的一句名言：優秀的公司滿足需求，而偉大的企業卻創造市場。他所宣導的「大量行銷」、「反向行銷」、「社會行銷」概念，在國際企業界已是耳熟能詳。

管理巨匠簡介

菲利浦．科特勒（Philip Kotler），當今行銷學界的權威，很多人尊稱他為「現代行銷之父」。杜拉克在接受媒體採訪時說，科特勒是為管理做出實質貢獻的學人。據說，杜拉克還曾經向科特勒請教有關非營利機構的行銷問題。科特勒博士見證了美國四十年經濟的起伏坎坷、衰落跌宕和繁榮興旺的歷史，從而成就了完整的行銷理論，培養了一代又一代美國大型公司的企業家。

科特勒在他的光輝生涯中，創作了二十餘本著作和一百多篇優秀論文。他的《行銷管理》一書，不斷再版，是世界範圍內使用最廣泛的行銷學教科書，該書成為現代行銷學的奠基之作，它被選為全球最佳的五十本商業書籍之一，許多海外學者把該書譽為市場行銷學的「聖經」。除《行銷管理》外，科特勒博士還是《行銷學原理》和《行銷學導論》的作者。其《非營利機構行銷學》現在已出第五版，是這一領域最暢銷的圖書。科特勒還為第一流的刊物，如《哈佛商業評論》、《麻省理工史隆管理評論》等雜誌，撰寫過一百多篇論文。

由於他在行銷學方面所獲得的重大成就，科特勒教授不僅被聘為許多重要公司的市場顧問，還獲得了許多值得紀念的獎勵。1985 年，科特勒成為「美國傑出的行銷學教育工作者獎」的第一位獲獎人，該獎是美國市場行銷協會新設的一個獎項。同年，醫療保健行銷學會設立了獎勵優秀醫療保健行銷學者的「菲利浦．科特勒獎」。四年後科特勒獲得了「阿爾法．卡帕．普西獎」，這是授予市場行銷領域內當年傑出領先者的一種榮譽獎項。1995 年，科特勒獲得國際銷售和行銷管理者組織頒發的「行銷教育者獎」。現在，科特勒除任美國行銷協會理事等職以外，還是許多世界知名公司在行銷策略、整合行銷、行銷組織方面的顧問，這些公司包括 IBM、GE、AT&T 等。

代表著作

《行銷學原理》	《行銷地點》
《行銷學導論》	《集合行銷》
《行銷管理》	《國家行銷》
《非營利機構行銷學》	《亞洲新定位》
《科特勒市場行銷教程》	《經銷原理：行銷模式》
《高視野》	《新競爭和高瞻遠矚》
《社會行銷學》	《改革大眾行為和行銷地點的策略》

管理智慧

科特勒的獨特定義

市場行銷的思想起始於二十世紀初的美國。到現在仍有很多人對行銷的概念和價值普遍缺乏理解。許多人把行銷看成是一種力量，認為是一種廣告和推銷的氾濫，似乎行銷就是促使不情願的購買者購買他們不需要的商品，很多人看到行銷人員就躲，看到他們就反感。但這是對行銷的錯誤的理解，和真正的行銷距離差得很遠。在西方，每一個優秀的行銷者都是值得尊敬的，因為他們為客戶提供了服務，節省了顧客的時間。菲利浦．科特勒對於行銷學上的許多概念提出了獨特的定義。那麼什麼是市場學或行銷學？科特勒對市場做了最簡短的定義。

「如果讓我為市場下一個盡可能簡潔的定義，我會說市場就是能獲得利潤並滿足需求的場所。」我們當中的許多人都能滿足需求 —— 但企業只有在有利可圖時才這樣做。市場行銷就是使你完全滿足那些需求時所要做的工作。當你做這項工作時，並不需要進行過多的「推銷」，因為「行銷」這個詞源於快樂的客戶只有這樣，我們的問題才可以得到圓滿的解決。

很多人認為，市場行銷就是賣東西。的確，銷售是市場行銷的一部分，但是不要把部分和整體混淆了。事實上，在銷售之前就開始行銷了，在銷售時也在行銷，在總結賣出去或賣不出去的原因時還在行銷。因為，行銷是一個連續的過程。對於行銷，科特勒是這樣解釋的：「個人和群體透過創造並與別人交換產品和價值，以獲得其所需所欲之物的一種社會過程。」接著科特勒又進一步解釋了「市場」的概念，它「由那些具有特定的需求或欲望，而且願意並能夠透過交換來滿足這種需求或欲望的全部潛在客戶所構成」。

因此，行銷管理就是「為了創造與目標客群的交換，以滿足客戶及組織目標需求所進行的計劃、執行、概念、價格、促銷、產品分布、服務、想法的過程。」行銷是透過調查確定機會，尋找需求沒有被滿足的個人或群體，選擇公司能夠提供最好滿足的目標市場。在全球生產能力嚴重過剩，由消費者主導的市場上，透過外部管理即市場管理創造的價值越來越突顯出來。

科特勒還定義了他自己命名的「客戶讓渡價值」（Customer Deliverd Value），他為它下的定義是：「整體客戶價值與整體客戶成本之間的差額。整體客戶價值指的是客戶對某一產品或某項服務的利益期望的總和。」整體客戶價值由產品價值、服務價值、人員價值和形象價值組成。整體客戶成本則由貨幣價格、時間成本、精力成本和心理成本組成。兩者相減產生了客戶讓渡價值。

滿足表現為沉默。當你使消費者感到滿足時，你就不會聽到任何噪音，任何獻詞或任何祈禱——所以我們現在說，你得試著去取悅消費者。你不是僅僅這樣做而已，你應以此為樂。科特勒也為「產品」下了一個實用的定義：「人們為留意、獲得、使用或消費而提供給市場的，以滿足某種欲望和需求的一切東西。」他說一種產品有以下五個層次。

（一）核心利益

行銷者必須認清他們自己是利益提供者，這個層次是最根本最實質的層次，主要指的就是產品的效用。例如人們買洗衣機就是為了讓機器洗衣服，如果一個產品無論它的樣式多麼漂亮，如果衣服洗不乾淨就不能算是好產品。

(二) 一般產品

指產品所展示的全部外部特徵，既呈現在市場上的產品的具體型態和外在表現的東西。包括產品的款式、品質、品牌、包裝等。不同的產品能滿足不同消費者的需求。

(三) 期望產品

客戶對產品的普遍期望。顧客期望產品的性能、款式、價格和售後服務等。如果企業的實際產品和顧客的期望產品不符，那這種產品就很難有好的銷售。如對於購買洗衣機的人來說，期望該機器能省事省力的清洗衣物，同時不損壞衣物，洗衣時噪音小，方便進排水，外型美觀，使用安全可靠等。

(四) 附加產品

附加產品主要是指增加在產品上的附加服務和附加利益。這是產品的延伸或者附加，它能夠為顧客帶來更多的利益和滿足。包括產品的售後服務以及產品的品牌為顧客帶來的心理上的滿足感。附加產品來源於對消費者需求的綜合性和多層次性的深入研究，要求行銷人員必須正視消費者的整體消費體系。

(五) 潛在產品

產品在未來將最終經歷的所有附加過程和改造過程。潛在產品預示著該產品最終可能的所有增加和改變。而且，很多時候產品或者設計的好壞，不是由技術說了算的。「許多人常常問，當設計出一個新技術時，這個技術在市場上會不會有需求？其實，這個問題問顛倒了。現代市場，是需求決定產品，而不是產品決定需求。Motorola 的『銥星行動通訊系統』，是世界上最先進的技術，但『銥星』營運一年，損失一百億美元，悲情隕落。為什麼？因為銥星沒有市場需求。」

由「交易導向」到「關係行銷」

科特勒認為，市場行銷是經營的實質和精髓。「要想贏得市場領導地位，就必須能設想出新的產品、服務、生活方式以及提高生活水準的各種方法。提供人人皆有的產品與創造出甚至從未想像過的新產品和服務價值的公司，有著天壤之別。結論就是，最棒的行銷是創造價值。」「市場行銷已經是整個經濟活動的中心環節」，科特勒認為這是毋庸置疑的事實。他時刻關注著行銷活動的新方向、新發展。在他的專著《行銷管理》的每個版本中，他都對「行銷」概念做進一步的修訂。例如他對產品的定義，一開始將產品分為三個層次，後來又分為五個層次。「行銷原理正在重新發展它的假設、概念、技能、工具和系統，以做出正確的經營決策。」

早期的科特勒比較偏向「交易導向」的行銷研究。這時他主要進行銷售方面的研究。例如，公司在廣告上花了多少錢，什麼是銷售力量的合理規模，公司如何明智的定價等。在後期的研究中，科特勒開始轉向「關係行銷」。企業在複雜多變的社會中，如何與供應商、銷售商、顧客以及其他供應鏈上的相關者建立良好的夥伴關係。科特勒最近寫到：「行銷者必須知道何時培養大市場；何時專注於現有市場；何時創立新品牌和何時延伸現有品牌；何時在市場管道中採取『推的策略』；何時採取『拉的策略』；何時保護國內市場；何時進攻性的進入國外市場；何時提供更多的利益；何時降價；何時為銷售人員、廣告和其他市場工具增加預算；何時削減預算。」對於從「交易導向」行銷到「關係行銷」的轉變，科特勒進行了詳細的研究。他說：「好客戶是一種財富，當這些財富被妥善經營和服務時，他們一生的花費，將像小溪一樣，源源不斷的流入公司。這可是一筆不小的數目。在競爭異常激烈的市場中，公司經營的第一項原則就是透過與眾不同的方式，不間斷的滿足客戶的需求以支持他們對自己產品的忠誠。」而在企業轉向行銷導向型的過程中，科特勒認為組織將可能遇到三種常見的阻礙。只有克服這些障礙，組織才能實行成功的轉換。

（一）組織的抵抗

當一種行為成為一種習慣，它便很難接受新觀念。而且，有時候的一些變革，會動搖了某些職能權利的基礎。因此說，這種觀念上的轉變，要受到從前的管理行為的抵制。

(二) 緩慢的認知過程

大多數公司只能緩慢的接受行銷概念。科特勒說在銀行業內，行銷已經經歷了五個階段。

(三) 迅速的遺忘

已接受行銷概念的公司總會時不時的背離行銷的核心原則。許多美國公司在對市場差異一無所知的情況下，就把產品打入了歐洲的市場。

行銷概念的新拓展

科特勒博士一直致力於行銷策略與規劃、行銷組織、國際市場行銷及社會行銷的研究，他的最新研究領域包括：高科技市場行銷，城市、地區及國家的競爭優勢研究等。

在 1970 年代，他把行銷擴展到國家和社會的領域，還將行銷應用於對外援助、世界衛生組織和世界銀行組織這樣的社會福利機構，提出了社會行銷的概念。社會性行銷可以看作是針對不同環境下的交換，力圖在特定社會認識和資源穩定性環境中追求成長和公平，以及實現經濟利益和社會利益兩方面互相關聯的目標。由此開始，科特勒行銷概念的領域就包括了非商業組織。在 1987 年科特勒說，他已經把行銷帶進新的社會部門，並寫明了行銷學對非營利機構的潛在貢獻。他認為，行銷可以成為非常有效的社會變革的管理工具。近十餘年來，在概念和實踐上，行銷已遠遠不只在非營利機構和社會福利機構具有應用能力，而且，在科特勒等人的努力下，行銷又進一步擴大到城市、民族和國家。他與別人合著的《國家行銷：創造國家財富的策略方法》和《高度可見性》就是有代表性的作品。他創造的一些概念，如「反向行銷」和「社會行銷」等等，被人們廣泛應用和實踐。科特勒對行銷概念的擴大是革命性的，由他開創的行銷典範不再以利潤最大化為中心，而是圍繞社會利益、健康利益和心理利益的交換。由此導致在世界範圍內把行銷實施於非營利機構和全球研究計畫，這將帶來極為深遠的影響。

科特勒論亞洲行銷

世界已經邁入知識經濟和資訊化時代，全球化是應運而生的時代潮流。此外，競爭加劇和產量過剩也使得世界經濟進入了微利時代。

1997 年爆發的金融危機，讓亞太地區的政府和企業從高速發展的神話中清醒，開始致力於開發持續發展的策略模式。而且，在科技日益更新、資訊量加速膨脹、各類不穩定因素逐漸增加的今天，持續發展的要求顯得尤為迫切。但是如何才能走上持續發展的道路，這是擺在企業面前的一大難題。針對這種情況，科特勒提出了他自己獨到的見解，對亞洲金融危機進行反思性分析。他的著作《亞洲重定位：從經濟泡沫到持續發展》講述的就是這方面的事情。書中提出了一個行銷策略三角模型，並針對從繁榮走向低迷的市場環境，討論了如何制定行銷策略和行銷策略等問題。這一行銷新思維，對於低迷市場中不少頗感困惑的企業決策者，有很好的啟發和指導意義。科特勒提出的策略業務三角模型是一個策略業務架構，其意義在於：在經營環境不確定時，企業可依此更加系統化和整合化的發展業務活動。

這個模型由三個向度構成：公司策略。公司戰術。公司價值。

事實上，這三個核心要素是相互支持的整合關係，定位是企業對顧客做出的承諾，這個承諾應當具有差異性，一旦這個差異性為顧客帶來價值，就會產生一個強勢品牌，強勢品牌又支持了定位。

1. 公司策略

公司策略旨在贏得「心智占比」，即在顧客的心智中占據一定的位置，核心要素是定位；麥可．波特將策略定義為「不是要做什麼，而是限制不能做什麼」。由此可知，行銷在策略層面的主要任務就是定位。策略分為下面三個層次：

市場細分。由於資源有限，任何一家公司都無法為市場提供所有需要的產品，因而，辨識市場中的不同需求群體是有必要的。常見的細分變數有地理、人口、心理、行為等四種。

目標市場。在選擇正確的目標市場時，有四個標準應當考慮：細分市場大小、細分市場成長潛力、公司競爭優勢以及公司的競爭地位。

市場定位。做市場定位時，公司要注意定位應與公司優勢相搭配，定位應與其他競爭者明顯不同，而且定位應被顧客正面接受且能夠持續一段時間。

2. 公司戰術

公司戰術是為了贏得「市場占比」，即用與眾不同的行銷策略來吸引顧客，核心要素是差異化。策略和價值的實現須依賴戰術，它指導企業在市場競爭中具體如何做。戰術包括三個要素。

差異化。公司可以在三個層面實施差異化：內容、背景以及基礎設施。「內容」是公司為顧客實際提供的東西；「背景」是輔助部分，它是協助顧客「感受」提供物品的差異性而做的努力；「基礎設施」包括技術或人。

行銷組合。為使差異性有效，公司必須建構一個適當的行銷組合，即眾所周知的 4P。其中，產品和價格是價值的提供部分，管道和促銷是價值的傳遞部分。為使組合有效，兩大部分必須整合設計。

銷售。差異化和行銷組合還需要銷售來支持。針對品質導向型（偏重產品品質）、價值導向型（偏重價格與品質的平衡）或價格導向型（偏重價格）的目標市場。公司可以選擇適當的銷售技巧。

3. 公司價值

為獲得或留住顧客，公司必須為顧客創造價值並使其滿意。公司價值則意在「心理占比」，即使顧客內心接受，核心要素是品牌。價值可用「總收入」與「總支出」之比來衡量。

品牌。「品牌就是一個名字、名詞、符號或設計，或是它們的綜合，其目的是要使自己的產品或者服務有別於其他的競爭者。」菲利浦・科特勒說。價值的核心要素是品牌，它相當於公司或產品的價值指示器。品牌的價值必須透過優質的服務來提升，所以服務被稱為價值提升器。價值的第三個要素是流程，它有助於價值的提升，稱為價值助能器。

對於顧客和潛在顧客來說，價值指示器 —— 品牌顯示了公司的屬性、利益、價值、文化和個性。在他的一本書中強調，品牌暗示著特定的消費者。例如，如果我們看到一個二十來歲的小公司職員駕駛著一輛賓士轎車就會感到吃驚。因為在人們的心目中，這種轎車應該是一個事業有成的經營者或者企業家。

服務。如今的服務已不僅僅指售前或售後服務。它已成為市場競爭的一大利器，應當用大寫的「S」表示（服務的英文是「service」）。事實上，每項業務都是一個服務過程。

流程。以上所述的幾個要素還應有好的流程來組織。最重要的流程主要有三種：供應鏈管理、基於市場的資本管理和新產品開發。供應鏈管理的目的是使供應鏈中的成本最小化；基於市場的資本管理的目的是使所有基於市場的資本最佳化；新產品開發則旨在生產革新產品和使生產流程達到最高效率。

經典語錄

市場行銷是個人和群體透過創造並與別人交換產品和價值，以獲得其所需所欲之物的一種社會過程。

在行銷計畫中，行銷者必須進行有關目標市場、市場定位、產品開發、價格制定、分銷管道、實體分配、資訊溝通和促進銷售等各項決策。

策略計劃是指在組織目標、資源和它的各種環境機會之間，建立與保持一種可行的適應性的管理過程。策略計劃工作是按這樣的方式來謀劃一個公司，即它應包括足夠的健康業務，從而在公司的某些業務受到損失時，它也能正常的運轉。

行銷的產業是基於這一事實，即人類是受需求和欲望支配的。需求和欲望造成了人不舒服的狀態，這種不舒服就要透過獲得可以滿足這些需求和欲望的產品來加以解決。

管理巨匠觀點

在《行銷管理》修訂第五版的當時，由於中東戰爭使得世界經濟陷入了石油和依賴石油的許多產品嚴重短缺的狀態，緊跟著是經濟停滯性通貨膨脹，消費者從樂觀主義轉變為悲觀主義，他們減慢了開銷費用的速度和更加小心謹慎的購買東西，市場環境變得艱難起來。同時，美國公司的競爭力落後於西歐和日本的公司。而市場行銷也是並仍將是公司最難進行決策的一個領域。

首先，必須區分推銷與行銷的區別。菲利浦．科持勒指出，行銷術以顧客為中心，它一般對顧客說：「請告訴我，為了使你少花錢和能更理想的實現你的目標，我能夠為你做些什麼？」推銷術是以產品為中心，它對顧客會說：「我只是在今天可以把這些商品低價賣給你。」

市場行銷的作用是什麼？科特勒分析指出，行銷的產生是基於這一事實，即人類是受需求和欲望支配的。需求和欲望造成了人不舒服的狀態，這種不舒服就要透過獲得可以滿足這些需求和欲望的產品來加以解決。因此，許多產品都能滿足某個特定的需求，所以產品的選擇就受價值和期望滿足的概念的指導。這些產品可以透過多種方式來獲得：自行生產、暴力、乞討和交換。人類社會大多是按交換原則運轉的，這意味著人將成為生產其種特定產品的專家，並用這些產品來換取他們所需要的其他東西。一個市場是由一組有相同需求的人所組成的。行銷包括那些與市場有關的活動，也就是那些力圖使潛在交換成為現實的活動。行銷管理是指為了實現各種組織目標，創造、建立和保持與目標市場之間的有益交換和連結而設計的方案的分析、計劃、執行和控制。行銷者的基本技巧就在於影響對某個產品、服務、組織、場所、人物或者創意的需求程度、時機和構成。

組織在展開其行銷活動時，會受到五種不同哲學的影響。生產觀念認為，消費者喜歡那些買得起和買得到的產品，所以管理者的任務是提高生產和分配效率，降低價格。產品觀念認為消費者喜歡價格合理的優質產品，所以不需要什麼促銷努力。推銷觀念認為，消費者不會購買足量的公司產品，除非透過大量推銷和促銷努力來刺激他們購買。行銷觀念認為公司的主要任務是確定一組經過挑選的顧客需求，欲望和偏好，並且使公司能適當的傳送預期的滿足。社會行銷觀念認為公司的主要任務是創造顧客的滿意以及消費者和社會長期福利，並以此作為滿足組織目標和履行職責的關鍵。

我們知道，管理者是企業的代理人，其任務是解釋各種市場需求，並把它們轉化為有利可圖的產品和服務，為此，管理者應實施策略計劃過程和行銷管理過程。策略計劃過程包括公司最高領導者為公司生存和發展而制定長期策略時所採用的各個步驟。策略計劃過程包括確定公司的任務、目標和目的，業務經營組合計畫和新業務計畫，接著策略計畫要求確定具體目標，這些目標必須具有層次性、數量性、可行性和一致性。然後，策略計畫必須對公司業務經營組合中的每個策略業務單位做出決定，哪些策略業務單位應該建立、維持，哪些應該縮編或者淘汰。而行銷管理過程由五個階段組成：分析市場機會、研究和選擇目標市場、發展行銷策略、部署行銷戰術以及執行和控制行銷努力。策略計劃過程和行銷管理過程都脫離不了一定的市場行銷環境。行銷環境乃是公司必須在那裡著手尋找市場機會和密切監視可能受到的威脅的場所，它是以能影響公司有效的為目標市場服務的能力的所有行動者和力量所組成。

公司的行銷環境可以分為總體環境和個體環境。公司的個體環境包括影響公司為其市場服務的能力的公司或群體，具體的說，就是公司本身、原材料供應商、顧客、競爭對手、大眾，此外還有金融界、宣傳媒介、政府以及國外力量等。公司的總體環境包括與公司密切相關的六種主要因素：人口、經濟、物質、技術、政治法律和社會文化方面的因素。

在制定行銷計畫之前，必須先了解市場。消費者市場購買商品和勞務是為了個人消費，它是組織各種經濟活動的最終市場。該市場由許多子市場組成，諸如兒童市場、成年人市場和老年人市場。購買者行為受到四種主要因素的影響：文化因素、社會因素、個人因素和心理因素。所有這些因素都為如何有效的贏得顧客和為顧客服務提供了線索。公司在計劃行銷活動之前，需要辨識其目標顧客以及他們所經歷的決策過程類型，行銷計畫應該用來吸引和贏得購買者和其他主要參與者。行銷人員應當有效的對顧客購買行為的四種類型做出規劃，即：複雜購買行為、不協調減少購買行為、習慣性購買行為和尋求花色品種的購買行為，這四種類型是按照消費者在購買過程中，重視程度和產品品牌之間的重大或一般差異程度來劃分的。在複雜購買行為方面，購買者經歷了由問題認知、資訊收集、可供選擇方案評價、購買決策和購後行為等組成的決策過程，行銷人員的工作就是要了解消費者在每一階段的行為，以及對購買決策有什麼影響。

組織機構市場是由採購商品旨在進一步生產、再售或再分配的所有個人和組織組成，各種組織機構是原料、製造材料和零部件、設備裝置、輔助設備以及供應品和服務的市場。

資訊對於何種市場都意義重大，由於國內行銷向國際行銷的發展趨勢，購買者需求向非購買者欲望的轉變，以及價格向非價格競爭的變化，使得市場行銷資訊已成為一個有效行銷的決定性因素。雖然所有的公司都有一個把外部環境和它的行銷經理關聯起來的市場行銷資訊系統，但是，這些系統在先進性的程度上差別很大。在大多場合，資訊往往得不到或來得太晚或不能予以信任。越來越多的公司都不願意在改進它們的市場行銷資訊系統上採取措施。一個設計優良的市場資訊系統由四個子系統組成：內部報告系統、行銷情報系統、行銷調查系統和行銷分析系統。

具備了一定的資訊後，行銷經理們需要對目前和未來需求進行各種預測，對於市場機會的分析、行銷方案的計劃和行銷力的控制來說，定量衡量是必不可少的。一個公司可能準備幾種需求預測，其需求隨產品的聚集程度、時間長度和空間範圍的不同而變化。一個市場由一群對某一市場供應品的實際和潛在的消費者組成。該市場的規模取決於人們對市場供應品有多少興趣和收入的多少。行銷工作者必須知道如何區別潛在市場、有效市場、服務市場等，此外行銷工作者也必須區別市場需求和公司需求。

菲利浦．科特勒認為，預測完畢後，必須進行市場細分化、目標市場選定和定位。賣主可以來用三種方法去占領一個市場：大規模行銷、產品差異性行銷和目標行銷。目標行銷是指賣主區別出構成一個市場的各種不同族群，並為每個目標市場開發相應的產品和行銷組合。目標行銷的關鍵步驟是市場細分化、市場目標選定和產品定位。市場細分化是指把一個市場劃分成不同購買者族群的行為。

接著，要進行行銷計劃工作，科特勒認為，並非所有的公司都使用正規的計劃工作，也並非所有進行計劃工作的公司都能做好這項工作，但是，正規的計劃工作能夠帶來一些好處，包括使思考系統化，使公司努力協調化，使目標比較突出，並且改進對績效的衡量方法，所有這些都為改善銷售和贏得利潤帶來希望。公司的各種計畫包括：公司計畫、學業部計畫、產品線計畫、品牌計畫、市場計畫、產品計畫和功能計畫。行銷計畫至少應包括經理摘要、當前行銷狀況、機會和問題分析、目標、行銷策略、行動方案、預計的損益表和控制等。

分析完行銷計劃工作後，科特勒對新產品開發過程做了研討。他認為，公司的現行產品和勞務一旦面臨生命週期的末日，就必須用更新的產品取代，新產品的開發可能會失敗。創新的風險和將獲得的報酬對等發展。創新成功的關鍵在於發展較好的組織安排。新產品開發過程包括八個階段：構思發展、構思篩選、概念發展和測試、行銷策略發展、商業分析、產品開發、市場試銷、商品化。每一階段的目的是確定該構思是否應該進一步發展或放棄。對於新產品，消費者有不同的回應率，它取決於這些消費者的特點和該產品的特徵。

每一種新產品一旦推出，都要經過一個階段變化的問題和機會為標誌的產品生命週期。許多產品存在四個階段：引入階段、成長階段、成熟階段和衰退階段。引入階段的標誌是，由於產品剛進入分銷階段，成長緩慢，獲利最小，公司必須在策略上做出決策，如果引入成功，產品就進入成長階段。銷售快速成長，公司試圖改進產品，進入新的細分市場和分銷管道，並且略為降低它的價格。在成熟階段，銷售成長緩慢，利潤穩定，公司為恢復銷售成長而尋求創新策略，包括市場、產品和銷售組合的改進。最後，產品進入衰退階段，在這一階段，幾乎無法阻止銷售和利潤的惡化。產品生命週期的理論必須用市場演進的理論加以補充。市場演進的理論認為，當一種產品創造出來滿足需求時，新興市場就具體化了。創新者經常為大宗市場設計一種產品，競爭者用類似產品進入市場，導致了市場擴展。接著，市場進入了日益成長的分裂階段，直到某個公司引進一項強大的新產品為止，這時市場就被結合成少數幾塊大的部分。由於其他公司不斷仿製這些新屬性，這個階段不會持續很久。市場進入再結合和分裂這兩階段的周而復始的循環，市場再結合的基礎是創新，而分裂的基礎是競爭。最後，一種更優良的新產品形式被發現，市場可能走向終止。

那麼，具體的行銷策略有哪些呢？行銷策略取決於該公司是否是市場領先者、挑戰者、追隨者或補缺者。市場領先者面臨三種挑戰：擴大總市場、保護市場占比和擴展市場占比，其策略有尋找產品的新使用者、新用途和更多的使用，或者採取防禦措施：市場挑戰者是指積極向行業中的領先者、其他屈居第二或較小的公司發動進攻來擴大其市場占比的公司，挑戰者可採用各種進攻策略；市場追隨者是一個不願擾亂市場形勢的屈居第二的公司，通常是因為他們害怕在混亂中損失更大，他們試圖應用其特定的能力積極活動，以便在市場中獲得成長；市場補缺者是一個選擇不大可能引起大公司的興趣的市場的某一部分從事專業代理經營的小公司，市場補缺者常常成為在最終使用、縱向、顧客規模、特定顧客、地理區域、產品或產品線、產品特色或服務上的專家。

當經濟狀況變為稀缺、通貨膨脹或經濟衰退時，應採用何種行銷策略呢？科特勒認為，面對稀缺時，公司應集中生產利潤最高的產品，確定主要客戶及供應多少貨源，最基本的行銷目標是協助顧客度過短缺時期，使他們在短缺時期過後仍然是公司的忠實客戶。當面對通貨膨脹時，公司需要降低採購成本、提供經濟產品、使用定價較低的銷售管道和修正廣告費用預算。在經濟衰退時期，公司應選擇促銷形式來推動銷售活動。

當公司介入國際行銷時，就面對著風險。這樣，公司需要有一個系統的方法去進行國際行銷的決策。第一步，要了解國際行銷環境，特別是國際貿易體制。第二步，要考慮國外銷售額的比重，介入幾個國家市場和介入什麼樣的市場。第三步，決定進入哪一（些）國家的市場，須預測可能的投資報酬率和風險程度。第四步，確定以什麼方式進入各個市場，如產品出口、合資經營或直接投資等。此外還得就如何調整其產品、促銷方法、價格和分銷管道以適應各個具體市場做出決策。第五步，公司還得為實現國際行銷的需求設立一個高效率的機構。

以上討論的是行銷策略，那麼具體的行銷戰術有哪些呢？菲利浦·科特勒認為，產品是行銷組合中第一個或者是最重要的因素，產品策略要求對產品組合、產品線、個別產品和服務產品做出協調一致的決策。產品有三個層次，核心產品是購買者實際上要購買的主要的服務，形體產品是構成形體產品的特點、款式、品質、品牌名稱和包裝。附加產品是指附加在形體產品上的各式各樣的服務，如保證、安裝、維修服務和免費送貨。產品組合由產品線構成，產品線又由產品品項所組成，公司必須為其產品線上的各個產品品項制定品牌政策。

具體的行銷戰術還包括價格決策。產品的價格制定有六個步驟：

第一，建立行銷的各種目標，如生存、最大的當期利潤、市場占比領先地位或產品品質領先地位。

第二，確定需求表，顯示在可供選擇的價格水準上，每一時期可能購買的數量。

第三，預測隨著產量增加和生產經驗的累積，成本如何變化。

第四，考察競爭者的價格。

第五，選擇定價方法。

第六，選定最終價格。

公司對價格的修訂策略有六種：

1. 地理定價，根據地理位置考慮價格。

2. 各種價格折扣和折讓。

3. 促銷定價。

4. 差別定價，不同的顧客、產品款式、地點和時間制定不同的價格。

5. 新產品定價。

6. 產品組合定價，公司在每一產品線中，為幾種產品決定價格區域。

此外，當一個企業決定發動價格變更時，必須考慮顧客和競爭者的反應。也必須預計供應廠商，中間商和政府的可能反應。同時，企業對於競爭者發動價格變更，必須努力了解競爭者的意圖和價格變更可能持續的時間。

行銷管道決策是公司所面臨的最複雜和最富有挑戰性的決策之一。每個管道系統將創造一種不同的銷售和成本水準。一個最重要的變化趨勢是垂直行銷系統、水平行銷系統以及多管道行銷系統的發展。垂直行銷系統是與生產者、批發商和零售商所組成的一種統一的聯合體；水平行銷系統是指兩個或兩個以上的公司聯合開發一個行銷機會。管道設計要求確定管道的各種目標和限制，辨認主要的可供選擇的管道，以及管道的條件和責任。管道管理則要求選擇特定的中間商，並激勵中間商。對於每個管道成員，必須根據其過去的銷售實績和其他成員的銷售情況加以比較評價。最後，要根據行銷環境的變化改進管道。

零售、批發和實體分配決策也是行銷戰術的一個組成部分，零售包括將產品或服務賣給最終消費者，並供其個人非商業使用在一定過程中所發生的一切活動。批發包括將產品或服務賣給那些以再出售或企業使用為目的的使用者的過程中，所發生的一切活動。實體分配是指對原料和最終產品從原點向使用點轉移、以滿足顧客需求，並從中獲利的實物流通的計劃、實施和控制，實體分配是一個節省成本和提高顧客滿意程度的潛力很大的領域。

市場行銷溝通是公司行銷組合的四個主要因素之一。市場行銷者必須知道如何使用廣告、銷售促進、公共宣傳和人員推銷，把產品的存在和價值傳播給目標顧客，設計促銷計畫包括八個步驟：

第一，資訊傳播者必須首先確定目標視聽受眾及其特徵，包括他們對產品的印象。

第二，資訊傳播者還得明確溝通的目標。

第三，設計資訊必須含有有效的內容、結構、格式和來源。

第四，選擇資訊溝通管道。

第五，確定整體促銷預算。

第六，促銷預算必須分配給其主要的促銷工具。

第七，資訊傳播者必須掌握和了解市場上有多少人知道或試用此產品，以及在此過程中的滿足情況。

第八，必須對所有溝通活動加以管理和協調，使其保持前後一貫性、適時性和有較高的成本效益。

廣告決策意義重大。賣方運用付費給媒體讓其傳播有關其產品、服務或者組織的勸導性資訊的廣告，是一種潛在的促銷工具。廣告決策制定過程包括五個步驟：目標的建立、預算決策、資訊決策、媒體決策和廣告活動評價。目標的建立必須確定廣告是通知買者、說服買者還是提醒買者。預算決策是指量入為出。資訊決策要求產生資訊，對它們進行評價和選擇，然後有效的表達資訊。媒體決策要求確定觸及面、頻率和影響諸目標，在各類主要媒體中進行選擇，並選擇具體的媒介工具，安排媒體。最後，廣告活動評價要求對廣告前、廣告中和廣告後的廣告溝通效應和銷售效應做出評價。

在行銷戰術中，銷售促進和公共宣傳也具有重要的意義。銷售促進包括各式各樣短期刺激工具——贈折價券、贈獎、競賽、購買折讓——用來刺激消費者市場、經銷商和本企業內自己的推銷團隊。銷售促進要求：確定促銷的目標、選擇促銷工具、制定促銷方案、預試促銷方案和實施促銷方案、評價促銷的結果。

至於銷售管理和人員推銷決策，科特勒認為，大多數公司使用銷售代表，許多公司還讓他們在行銷中發揮關鍵作用，推銷員在實現某種行銷目標方面是非常有效的。銷售團隊的設計要在目標、策略、結構、規模、報酬等方面做出決策。目標包括發現潛在的客戶資訊溝通、推銷和提供服務、收集資訊等。策略是指決定採用哪種類型、哪種銷售組合和哪種銷售方法才最有效（單獨銷售、小組銷售等）。結構是指按地區、產品、客戶或是溫和的銷售團隊結構方式，並選定適當的區域規模和形狀。規模是指要預測出整體工作量和多少推銷時間，因此需要多少銷售團隊。對銷售代表的管理包括推銷員的招聘、挑選和訓練、指導、激勵和評價。銷售團隊的目的是實現銷售，這關係到個人推銷藝術的問題。第一方面是銷售術，它包括一套七個步驟的過程，尋找潛在客戶、鑑定他的資格、準備工作、接近方法、講解介紹、展示、對付反對意見、達成交易和履約工作；第二方面是談判，以雙方都滿意的條件達成交易的藝術；第三個方面是關係管理，這是在買賣雙方間創造較密切的工作關係和互相依賴關係的藝術。

現代行銷部門的設置有多種形式。最常見的形式是功能性行銷組織，由行銷副總經理領導，下設經理分管各項行銷功能。另一種形式是產品經理組織制度。由各產品經理分管各產品，產品經理與行銷功能性專家一起共同制定並實施他們的計畫。有些大公司採用了產品經理和市場經理相混合的組織設置形式。最後，那些事業部公司，通常都同時設置公司一級的行銷部門和事業部的行銷部門，在任務的分工上略有某些不同。那些主管行銷功能的人，不僅必須會制定有效的行銷計畫，而且還須能夠成功的執行這些計畫。行銷執行過程就是把計畫變為行動任務的過程。行銷控制是行銷計劃工作、組織和執行的自然繼續。公司需要實施四種類型的行銷控制。年度計畫控制包括監控當前的行銷努力和結果，以確保年度銷售目標和利潤目標的實現。

獲利率控制要求確定公司的各種產品、地區、細分市場和貿易管道的實際獲利率。效率控制是指有關提高諸如人員推銷、廣告、銷售促進和分銷等行銷活動效率的工作。策略控制是指有關確保公司目標、策略以及制度能最佳的適應公司當前的和預測的行銷環境的工作。

可以講，科特勒的著作是行銷教科書所能達到的最高水準。

延伸品讀

學生們接受教育以便在國際商業中發揮作用，其中已有上百萬的學生學習過科特勒的《行銷管理》。還有許多學者和管理實踐者從他對行銷概念和行銷學傳統界限的發展、深化和拓展中獲得靈感。無論處於哪一商業領域 —— 清潔劑、糖果、醫療保健、生態、旅遊中，得到顧客，帶動顧客和保住顧客的技能，毫無例外的滿足需求的選擇和關注重點，都已成為科特勒二十世紀行銷管理學的內容。

但是也有許多對科特勒哲學的批評，而且世界各地的同僚們對其哲學進行爭論。針對科特勒對行銷學的貢獻的評價，主要圍繞他對行銷概念的拓展和深化，對其的批評主要是認為他簡化了市場領域，而且做出的貢獻僅是形成了能適用於幾乎所有企業的產品和服務（無論它們滿足哪方面的需求）的矩陣結構。但接受這種觀點的專家和學者並不多，大多數都同意科特勒全球性的成功是基於理論發展必須有實際用途，而且這些用途不應該被研究工具或學術性語彙阻礙的觀點之上的。他擅長於與學生、學者和管理實踐者分別交流或一起討論，這是他在行銷領域保持持續成功的關鍵。

科特勒博士是我們這個時代世界最傑出的學者之一。他對行銷學著作的龐大貢獻，和他為世界各地知名大公司提供的創新性諮詢，使他成為行銷界的領導者。

實踐管理大師
── 查爾斯・漢迪

管理巨匠檔案

全　名　查爾斯・漢迪（Charles Handy）
國　別　愛爾蘭
生卒年　西元 1932 年至今
出生地　愛爾蘭

經典評介

查爾斯．漢迪，當代著名的實踐管理大師。查爾斯．漢迪認為，不同的管理文化對於組織的健康發展，不僅是有用而且也是必要的，追求單一的管理文化，對大多數組織而言是適合的，錯誤的管理方法只能是徒勞而無益的。

管理巨匠簡介

查爾斯．漢迪，1932 年出生於愛爾蘭。

畢業於牛津建築學院，後來到大西洋彼岸的波士頓，在麻省理工學院下屬的史隆管理學院就讀。回國後，先在頗具國際勢力的荷蘭皇家殼牌公司負責市場開發和人事管理。後又在另一家美國人開辦的石油公司工作。

1967 年任教於新成立的倫敦商學院，1972 年升任為教授，1994 年出任主席。

查爾斯．漢迪一生中大部分職業生涯都是從事商業管理活動，是工作場所變革的開拓者和新秩序的預言家。

經典著作

* 《通曉組織》
* 《管理之神》
* 《非理性時代》
* 《變動的年代》
* 《瘋狂世紀》

管理智慧

漢迪管理思想的一大特色就是注重各種管理與文化的系統融合，以文化推動管理，以管理發展文化，組織與個體並重，利潤與道義共存，漢迪把這一論斷稱為「文化合宜論」。在當今時代，人越來越成為組織、機器、電腦和薪資的奴隸，查爾斯·漢迪這種以人為本、文化共融的管理思想理論，無疑具有振聾發聵的時代意義。

一、四種管理文化

查爾斯·漢迪管理思想的精髓，是以下有關四種管理文化的理論：

(一) 霸權管理文化

霸權管理文化的組織類似於一張蜘蛛網，蜘蛛網從一個中心點會放射出眾多線路，同樣，霸權管理文化的組織會依職能和產品，劃分出各個不同的部門。在這種文化中，重要的是那些將蜘蛛圍繞在中央的環狀線路，這些環狀線路代表權力和影響力，其重要性隨著離中心點距離的成長而減弱。這種文化要求與在中心位置的蜘蛛保持一種親密的關係。代表這種文化的保護神是宙斯（也就是這種文化中的領導人），所以霸權管理文化又可稱為宙斯式管理文化，宙斯象徵了父系家族的傳統：不是很理性但往往散發著慈愛的力量，衝動而富有領袖魅力。這也正是這種文化的特點所在。

(二) 角色管理文化

這種文化假定人是單純理性的，人們能夠並應該透過概念邏輯的方法去分析研究任何事物。一個組織的任務也因此被嚴格規整的劃分成一小方塊一小方塊的，並用一整套所謂的員工手冊、預算案、資料庫之類的規則和程序緊緊結合起來。這種文化的保護神是太陽神阿波羅，所以又稱為阿波羅式管理文化。阿波羅代表了秩序與法規。這種管理文化就好比希臘神廟，神廟的力與美，源於梁柱。角色式組織中的「梁柱」是各種職能和部門，「梁柱」在頂部與三角牆會合在一起，而各職能部門的首領所形成的董事會，管理委員會或總裁部門正是三角牆的頂部。這種文化的優勢在於穩定性、可預期性，讓人有安全感。但其缺點是否定人性、僵化無彈性，所有變化都被故意忽視，組織對事物的反應會被公式化。

（三）任務管理文化

這種管理文化把管理和不斷成功的解決問題連結起來，採用別出心裁的管理方式組建組織。首先是發現問題所在，然後針對問題提出解決方法，適當的調整資源與策略，由會影響最後結果的人員組建團隊並開始運作，一切以問題解決的實際情況作為評斷依據。雅典娜是這種文化的保護神，所以這類文化又被稱為雅典娜式管理文化。任務管理文化的優點是組織中存在著熱衷投入而團結一致的參與感，組織成員互相尊重，互相幫助，因此其適合於冒險開發階段。而缺點是代價昂貴且為時不久。雅典娜式文化依賴的是會主動為自己開價的專家，他們討論談話需要錢，而問題難免要試驗和面對錯誤，更正所犯錯誤更得花錢。所以，這種昂貴的任務式文化通常在擴張時期才會盛行。

（四）個性管理文化

個性管理文化又叫戴歐尼修斯式管理文化。戴歐尼修斯是酒神與歌神，他代表個性文化，所以個性管理文化實質上是一種存在主義的文化。而存在主義乃源於一個假定，那就是：這個世界不是某個較崇高目的的一部分，我們也不是某位神靈操縱的傀儡，所以儘管我們不由自主的來到了這個世界，但是我們可以主宰自己的命運，我們能夠對我們自己和這個世界負責。戴歐尼修斯式的管理文化所推崇的是個人主義。它的優勢在於，組織的成員既自由又可享受組織提供的同事、資助、彈性與商討交涉的權力。缺點則是所有的協調都將淪為無止境的協商，這是因為組織根本無法對這群人施加任何制裁。

二、三種創新的組織模式

（一）3I 組織

漢迪認為，成功和效率的新公式是：3I=AV，I 代表知識（Intelligence）、資訊（Information）以及概念（Idea），而 AV 則代表金錢和種類上的附加價值（added value）。在當今競爭激烈的資訊社會，如果組織渴望從知識中創造價值，那麼單純依靠頭腦本身是不夠的，還需要提供他們工作的資訊和作為基礎的概念。

（二）三葉草式組織模式

三葉草是一種小小的、像苜蓿般的植物，每一花莖上長有三片葉子。這種植物是愛爾蘭國家的象徵，被愛爾蘭的守護神聖派翠克（St.Patrick）用來象徵上帝的三種面貌，即三位一體。而查爾斯．漢迪使用這種植物來說明今天的組織模式，三組迥然不同的人組成了組織，這三組人各懷不同的期望，接受三種不同的管理，領不等的薪資，並且被以不同的方式組織起來。

三葉草上的第一片葉子代表核心工作者，漢迪稱他們為專業核心，因為這些核心工作者是組織的基本人員，是那些合格的專業人員、技術人員和管理者。他們具備組織上的知識，能夠區分組織之間的相對性，他們非常重要，而且不能隨便更換。失去了這些人也就相當於失去了組織。

固定工作的人屬於漢迪所說的三葉草的第二片葉子。把那些不重要的工作、可以讓別人代做的工作，以訂立契約的方式外包給那些以此工作為專長的人，或者那些可以付出較少的代價就可以使工作做得更好的人去做。

三葉草的第三片葉子是那些工作時間具有伸縮性的勞工，也就是兼職者或臨時工，這些人是職業世界中成長最迅速的一部分。

（三）聯合組織模式

「聯合」就是指各種不同的個別團體聚合在一面共同的旗幟下，使用某種共同的身分。它保持了個別團體的小規模，至少保持個別團體的獨立性，使之變大，是一種自治和合作的結合。其結果是綜合兩個團體的優點：大團體是使他們在進入市場和金融中心時能打出一面漂亮的旗幟，卻無須耗費時間以擴張規模；而小團體則使他們具備自己所必要的伸縮性和每一個團隊成員一直追求的「共同體感」。

三、人與組織關係新論

(一) 人員是資產的新內涵

漢迪認為，如果說員工是組織最終的競爭優勢，那組織必須對他們進行投資，開發他們，讓他們的才能有發揮的空間。設法讓最優秀的人才留下。

(二) 有關團隊的五點建議

① 團隊需要具備不同技術、不同優點的人來完成任務。

② 團隊成員中需要四種人來完成任務：領袖、管理者、推動者和專家。

③ 不要把團隊和委員會等同起來。

④ 團隊需要彼此間的信任來有效運作，也需要時間來建立信任，更需要時間來成長。

⑤ 親密的團隊有可能變成封閉的團隊。

(三) 對終身僱用制的否定

經典語錄

信賴一個陌生人，要比信賴你或你朋友不知困難多少倍。

當成本上漲時，就提高產品的價格；當生意不景氣時，就低價促銷；倘若要處理的事情積壓過多，就拚命加班。

要對團隊有所貢獻，需要的是才能、創造力和直覺力。

管理就像是家務事，看起來很必要，實際上只是一些瑣碎的家務；管理者如同管家一樣，沒有什麼聲望。

一個文化喜歡的方式，往往正好是另一個文化所憎惡的。

管理巨匠觀點

在《管理之神》一書中，查爾斯．漢迪提出了四種管理的理論，這也是其管理思想的精髓。如果不懂得這四種管理文化的內涵，就絕不可能真正明白管理這門藝術。

查爾斯．漢迪的四種管理文化是：霸權管理文化、角色管理文化、任務管理文化和個性管理文化。

查爾斯．漢迪認為，每種管理文化都有它好的一面，沒有任何文化本身是壞的或錯的，如果硬說它是壞的或錯的，那只不過是它並不適合所處的環境罷了。他認為，應該讓每種文化都找到適合其生根發芽的土壤，這樣才能渴望其開高效率的鮮花，結優良的品質之果，使組織得以不斷的發展。

霸權管理文化

查爾斯．漢迪認為，眾神之王宙斯代表霸權管理文化，這種管理文化的代表圖形是蜘蛛網。運用這種文化的組織和其他組織一樣，有依職能或產品而劃分的各個不同部門。如同傳統組織圖表的那些線條一樣，這是從一個中心點放射出去的線路。但在這種文化中，重要的並不是這些向外放射的線路，而是那些將蜘蛛網圍繞在中央的環狀線路，它們代表權力和影響力，其重要性隨著離中心點的距離成長而減弱。在這種文化中，與在中心位置的蜘蛛保持一種親密的關係，比任何形式上的頭銜或職位更重要得多。

在霸權管理文化中，決策時往往快如閃電。任何要求高速度完成的事情，都可以在這種管理模式下獲得成功。當然，速度並不能保證品質。品質全靠宙斯和最近他的那些圈內人士的才能而定。一個無能昏庸、老邁、凡事都漠不關心的宙斯，會很快腐敗墮落並逐漸毀壞整個網路組織。因此，在這類組織中，「領袖」和「繼承人」就是重要的能保證組織正常運轉的因素。

霸權管理文化，是透過一種所謂「移情作用」的特殊溝通方式，來達到決策速度的閃電化的。「移情作用」不需要備忘錄、委員或所謂的專家權威等等。許多成功的宙斯型人物即使認得數字，也幾乎是個文盲，所以「移情作用」的有效與否，與宙斯的「親密關係」就取決於對他的信賴程度了。缺乏信賴的「移情作用」是很危險的，對手極有可能利用這一點來攻擊。信賴一個陌生人，要比信賴你或你的朋友不知道困難多少倍。對霸權管理文化組織來說，吸收新人通常要透過熟人介紹，而且常常會有一場飯局來鑑定對方，大家首先在餐桌上進行互相了解。

霸權管理文化在經營上是很划算的，比起控制上的種種程序，信賴是便宜多了，而「移情作用」也不用花費半分錢。這類文化的組織中，旅行和電話的費用會特別高，因為宙斯如果能用嘴發動命令的時候，那絕不用筆的。

而當速度比準確的細節更重要，或是當拖延的代價比犯錯誤的代價更高時，宙斯式的管理文化便相當有效力。如果你屬於這類小團體，你將有很好的工作文化，因為他們注重個人，給人自由，並對人付出的心力給予獎賞。

霸權管理文化，所依賴的是老朋友、親戚和同事之類的關係網路。所以，這種文化在講求真才實學、機會均等的今天，就似乎顯得是個只講關係、只照顧自己人的文化了。這種文化很有父權政治、個人崇拜和追求個人權勢的味道，正是這些東西曾使產業革命背負不好的名聲。人們普遍認為這是一種落伍的文化，諷刺其為業餘管理和縱容特權遺風的例子。

當然，這種管理文化方法是有可能被濫用，而且也常常被濫用，一個邪惡宙斯型的人物在這樣的組織團隊裡，會更容易做他的邪惡之事。但在正常的情況下，這些組織的管理者們，應該說是非常講究效率的。由私人接觸所建立起來的彼此信賴感情，對完成事業來說並不是一個不好的基石。

角色管理文化

漢迪認為，太陽神阿波羅代表角色管理文化，這種管理文化的代表圖形是神廟。組織在人們的腦海中通常浮現的是角色式文化。此類文化的運作，是定義在組織中的角色或職務之上，而非個性化的個人。阿波羅是秩序和法規之神，由祂所代表的這種文化，假定人僅僅是理性的，任何事都能夠也都應該以概念邏輯的方法來分析研究。一個組織的任務也因此能夠被一格一格的劃分出來，直到你做出一份組織的工作流程。

在角色式的組織中，「梁柱」代表著各種職能和部門。經過精心設計，這些梁柱只在頂部的三角牆處會合在一起。而這個三角牆的頂部，就是有各職能部門的首領所形成的董事會、管理委員會或總裁部門。

這些梁柱有一些規則和程序的張力線連接起來。典型的專業人士會加入某一根梁柱，並往上攀爬。此外，他可能偶爾會遊歷拜訪一下其他的梁柱，以擴展自己的基部。有時候，它可以被叫做是官僚體系的圖形。不過，官僚體系現在已經變成一個腐敗的字眼，但實際上這種文化也有它的優點和價值。

在這裡，查爾斯．漢迪假設明天會像昨天那樣，那「阿波羅型態」可以說是美好的。在檢視和分解昨天之後，就會為明天的重組呈現改良後的規則和程序。人們通常會期待又鼓勵這種穩定性和可預期性。在阿波羅式的管理文化中，個人只是機器的一個零件。

一整套職務的「角色」是固定不變的，扮演這些「角色」的個體可以是他或她，或任何一個被安放在「角色」上的人，有沒有名字沒什麼關係，換上數字代號稱呼起來也許更方便。因此，如果那個扮演職務角色的個體十分有個性的話，會是一件非常麻煩的事，因為他極有可能控制不了他野馬般的個性，從而在他扮演的角色中將他的真我表現出來，並因此而改變了他所扮演的角色，這會將整個組織運作的精確的邏輯性弄破。

在阿波羅式的管理文化中，每個人只要做自己分內的事就行了，不要太早也不要太晚。對許多人來說，純粹的角色式的文化是否定人性的，因為這種文化堅持冷冰冰的一致性，但對某些人來說這樣的組織卻是他們的安樂窩。明確知道別人要求些什麼，是很令人愉快的、沒有姓名只有代號，有時也會令人感覺無比輕鬆，不用動腦筋去創新，將所有創造的精力留給家庭、社區和運動娛樂場所，這也是非常愜意的事情！

在心理層面上，角色式的文化讓人很有安全感，在契約的層面上通常也是這樣。在古希臘，阿波羅是位仁慈的神，他是羊群、小孩和秩序的守護者。一旦加入了希臘神廟，幾乎一輩子可以安心的待在那裡。以產品質優價廉、服務周到熱情等優勢在傳統企業競爭的大格局中持續成功了好長一段歷史的組織，也難免會認為一切一切會像過去一樣持續下去。

如果讓管理越合乎經濟原則，並在法規化和標準化上耗費越多心力，就會越有效率。因為其所需要的配合操作就可大大的簡化，勞力與物質的花費都可因而減少，所需要的管理精力更可降到最低。當生活變成了日復一日的重複工作時，阿波羅式的文化是很有效率的。但這種文化痛恨他們相反的東西 —— 改變。

不論顧客喜好的改變，新科技所引起產業技術的改變，還是新的基金來源有所改變，阿波羅式文化對環境中的激烈變化，所做的反應就是成立許多跨越職責範圍的臨時性質的小組，試圖將整個搖搖晃晃的組織架構穩定在一起。如果這些措施都無法奏效的話，或者整個神廟即將瓦解而被兼併，或破產，或在諮詢相關專家的權威後，再加以重新組建。

任務管理文化

查爾斯 · 漢迪認為，女神雅典娜代表任務管理文化，這種管理文化的代表圖形是一張網。這類文化在管理上採用非常不一般的方式。基本上，管理被認為和不斷成功的解決問題有關。首先，必須去發現問題所在，其次針對問題提出解決的辦法，調整適當的資源和策略，讓會影響最後結果的人員所形成的團隊開始運作，一切以最後的結果，也就是問題解決的實際情況來評價其表現。它在整個組織體系不同部分尋求資源和策略，以便能在特定的環節和問題上，將力量加以整合。既不像阿波羅式文化的權力位處頂端，也不像宙斯文化權力位處中心。雅典娜文化的權力是分布在網路的交接點上。這種組織是由「突擊隊式單位」鬆散連接而成的工作網，每個單位能夠自給自足，但在整個組織體系中，又負擔有特定的角色。

雅典娜式的管理文化，專家才是權力和影響力的基石，年齡、服務年資與老闆的親密關係都不重要。要團隊有所貢獻，需要的是才能、創造力、新方法和直覺力。在這種文化中，有才華的年輕人得以綻放光彩，創造力倍受尊崇。如果一個人非常年輕、充滿活力、富於創見，那麼這種文化對它來說是非常適宜的。每個小組都有一個共同解決問題的目標，因此，團隊的每個成員都會積極熱情的投入到工作中去，工作的使命感強，而不會在意那些腐蝕性的個人議事衝突。

在有共同目標的團隊中，領導權多半不是個熱門問題，相反的，團隊中的成員往往都會彼此相互尊重，在程序細節上也很少挑剔。當別人有困難時，其他人不會乘機加以利用，甚或落井下石，而會想辦法盡力幫助他。這是一個目標明確的突擊式團隊，在這裡，最重要的是「小組」，而在阿波羅式文化中，最重要的是「委員會」，在宙斯式文化中，最重要的是：「權力」，這便是這三種文化的區別所在。

查爾斯．漢迪認為，雅典娜式文化是相當昂貴的文化。他們依賴的是會主動為自己開價的專家，他們常聚在一起討論，談話就得花錢，問題也常常不是一次就能圓滿解決的，所以也就難免需要試驗和面對錯誤，而犯了錯誤即便很快被更正，也得花錢。因此，這種昂貴的「任務式文化」通常是在擴張時期才會盛行，也就是當產品、科技或服務還很新穎，或是有企業能聯合組織能提供基準價位時，才能被賦予重任。因為在擴張期有足夠多的銷售管道，可以讓人們議高價位策略獲得成功。新科技或新產品也會一度產生某種壟斷狀況，直到整個科技穩定下來，或有對手出現為止。

查爾斯．漢迪認為，任務式文化在冒險開拓新局面的時候，運作非常好。在這些新局面中，如果成功的話，可以賺一筆足以支付一切開銷的金錢作為報酬。如果任務式文化運作得非常成功，組織就會變得很龐大，而且必須支付大量常規性運作或維護工作的費用，而這些都需要阿波羅文化參與。要是萬一遭到失敗，那是他們覺得非常難解決的一個問題。

個性管理文化

查爾斯．漢迪認為，酒神與歌神戴歐尼修斯代表個性管理文化，這種管理文化代表圖形是小星團。所謂個性管理文化，基本上是一種存在主義的文化。在這種文化中，每個人主宰著自己的命運。但這並不是要我們去為自我放縱的自私行為做辯護；也不是要主管武斷的分類運用模式，認為自己所喜好的東西，別人也一樣喜好。

在戴歐尼修斯的管理文化中，組織是來協助個人完成目標的。而在其他三種文化中，個人都是從屬於組織的，儘管其中個人與組織的具體關係型態可能有所不同，但個人都是被用來協助組織達到目的的，這原則是絕對不能違反的。

查爾斯·漢迪認為，戴歐尼修斯式的管理文化，重視個人才幹和技術，是組織中最重要資產的地區。因此，這種文化深為專業人士所喜愛。他們都能保持自己的特質和自由，不必為任何人管轄；同時又是某個組織中的一部分，擁有該協會組織所帶來的同事、資助與附帶而來的其他好處，甚至還有商談交涉的權力。雖然專業人士可能會為了自己長期的方便，而接受他人的協調，但這些戴歐尼修斯型的人，並不認為有所謂「老闆」存在。

這些人認為，自己是暫時將才賦借給某個組織的獨立專業人員。他們通常都很年輕、有才華，能獲得不受市場限制的開放薪資與聲望。他們能夠就這樣生存下去。只有個人才賦受到重視，這種戴歐尼修斯的信仰日益壯大，如今已不再只和個人的才賦有關了。我們都想要存在主義的好處，而不要它的責任、義務和風險。

在這種組織中，管理就像家務事，看起來很必要，實際上只是一些瑣碎的雜務；管理者則如同管家一樣，沒有什麼聲望。組織非常需要他們，因而也就允許依據他們所同意的方式來管理他們。因此，專家團體、研究或發展的活動，也就越來越有存在主義的味道。

查爾斯·漢迪認為，我們通常很難發現太多這類戴歐尼修斯的組織，至少不會在商業或工業的組織中看到。因為根據這些組織的章程，他們都有超乎員工能及的遠端目標。

查爾斯·漢迪認為，組織需要將四個管理之神聯結在一起，才能更好的發揮作用。在組織裡某些部門的文化和諧，常常是藉由刻意把它與其他部門區別開來，才能獲得滋養與支持。也就是說，對外的敵意導致對內的和諧。這種文化上的隔離可能會毀滅整個組織，因為不同文化之間的聯結是很重要的事。影響有效聯結的基本要素主要有以下幾個：

1. 文化上的包容力

要達到有效的聯結，首先是允許組織中的各類文化去開發他們自己適用的方法，並容忍不同文化間的差異性，否則，當對你來說似乎很合情理的方式，但對其他人都顯得是侵略性的控制時，你就陷入了「不信任的螺旋」之中。每個文化在相互協調關係與控制上，都有他們自己偏好的方式。

2. 橋梁

所謂橋梁，主要包括文件上的通訊往來、聯合委員會、協調聯絡的個人或聯絡小組，或是企劃團隊等等。在它們之間，還有在爭執兩者間的任務小組、研究團體或對質會議這類的「浮橋」和「臨時橋梁」。

如果沒有了橋梁，就不能使各種文化在高層凝結在一起。不過，將組織的高層比作「橋梁」，不僅會扭曲整個組織的架構，還會腐敗組織文化，並占據高層管理人員過多的時間。

3. 共同的語言

查爾斯．漢迪認為，要達到有效的聯結，不同文化間就需要有共同的語言，大家知道，只有談得攏的組織，才能走到一塊。但是組織的詞彙和日常會話是不太一樣的，在組織中，經常運用暗號作為共同語言。暗號本身會指出權力的所在，是組織上的密碼，也是最重要的聯結方式。

暗號對局外人來說相當令人困惑的，不過只要雙方了解這些密碼，他們就算具備了聯結組織的功能。不過語言可以是一種橋梁，但也可能是一種藩籬。俚語、流行話和當時的一些術語，會指向當前最重要的優先事項。對於組織的語言有靜默的會心一笑是很容易的，但是不要小看，這樣的語言真的會影響到你的行為。正常的情況下，語言乃是社會的一面鏡子，然而它也會被用來刻意塑造與引導一個社會的先入之見，決定優先事項，或是強化新的造橋方式。要看懂一個組織的語言，就必須要看清這個組織的心。一般人總是被誘惑去遵循自己的文化本能，困難的地方在於要多深入去為文化合宜性而去反抗文化直覺本能，去有意使用詞彙來發送新資訊，藉此達到組織中一種新的內部抗衡。

4. 鬆懈現象

查爾斯．漢迪認為，組織上的鬆懈現象是指組織體系內的某個地方不合體了。其實，一定程度的鬆懈並不是壞事，因為組織在計劃好的活動裡不會出現不合規格的狀況時，會覺得難以應付。鬆懈可以用來消彌碰撞的腫塊度過艱難時段，以及利用一些意想不到的機會。

延伸品讀

漢迪寫到了在一個充滿衝突、變革和動盪的時代，組織的未來和工作。在所有居於頂尖的管理大師中，他的著作是以人類為中心而最不具「科學性」的。對商業界多數仍存在的正規的理性主義，以及在其他人的作品中明顯的要以任何代價達到變革目的的觀點，漢迪提供了寶貴的緩和劑。漢迪的探索是為了尋找這樣一個世界：變革和動盪被視為正常並可接受。他相信在組織中，同樣在經濟和社會中，持續性和反論是可以和解的，和諧是最終能達到的。

經理角色理論巨匠
—— 亨利 · 明茲伯格

管理巨匠檔案

全　名　亨利 · 明茲伯格（Henry Mintzberg）
國　別　加拿大
生卒年　西元 1939 年至今
出生地　加拿大魁北克省蒙特婁

經典評介

亨利．明茲伯格，加拿大管理學家，經理角色學派的主要代表人物，經理角色理論巨匠。湯姆．彼得斯稱讚亨利．明茲伯格為「世界上為數不多的管理思想家」。他沒有追隨大師們所走的道路，而是獨闢蹊徑的選擇了一條非常智慧的途徑穩步前進。

管理巨匠簡介

亨利．明茲伯格，1939 年出生於加拿大。

經理角色學派是 1970 年代在西方出現的一個管理學派，它以對經理所擔任的角色的分析為中心來考察經理的職務和工作，以求提高管理效率。

1961 年畢業於麥基爾（McGill）大學的機械工程學系。1962 年獲喬治．威廉士大學文學學士。1961-1963 年，明茲伯格在加拿大鐵路營運研究分部工作，1965 年獲得美國麻省理工學院管理學碩士，1968 年獲得該院史隆管理學院博士學位。

1973 年，明茲伯格出版《經理工作的實質》一書，本書闡述了管理者如何工作的實質，這本書也使得他一舉成名。該書是以他 1968 年完成的博士學位論文《工作中的經理 —— 由有結構的觀察確定的經理的活動、角色和程序》以及其他有關的文獻為基礎完成的。

1979 年，明茲伯格出版《組織的機構建立》一書。1987 年，他在《哈佛商業評論》上發表論文《手藝式策略》（Crafting Strategy），這是明茲伯格十六年管理研究的結晶。

1994 年，明茲伯格出版《策略計劃的興衰》一書，本書是他最有影響力的著作之一。明茲伯格曾擔任《策略管理》、《管理研究》、《一般管理、經濟和工業民主》、《行政管理》、《企業策略》等雜誌的編委，在管理領域近三十年的耕耘中，他的研究廣泛涉及一般管理和組織的課題，他發表過近一百篇文章，出版著作十多本，在管理學界是獨樹一幟的大師，是經理角色學派的創始人和主要代表。

代表著作

* 1973 年，《經理工作的性質》
* 1978 年，《組織的結構：研究的綜合》
* 1983 年，《組織內外的權利》，《策略決策的制定》，《組織策略的形成》，《策略計劃的興衰》
* 1989 年，《結構的五種形式》
* 1994 年，《策略的興衰》
* 1998 年，《策略遠征》、《為什麼我討厭坐飛機》

管理智慧

亨利．明茲伯格等人開創的經理角色學派是 1970 年代在西方出現的一個管理學派，它以對經理所擔任的角色的分析為中心，來考察經理的職務和工作，以求提高管理效率。明茲伯格認為，對於管理者來說，從經理的角色出發，是能找出管理學的基本原理並將其應用於經理的具體實踐當中去的。

明茲伯格也是一位評論家，他對 MBA 計畫長期抱有批評態度，「那種認為你可以在兩年的教室培訓課上把聰明但沒有經驗的 25 歲的年輕人，培養成有能力的管理者的想法是荒謬可笑的。」他甚至把他的批評指向了華爾街和金融家凌駕在美國商業之上的權力。

經理工作的六個特點

明茲伯格曾進行了一項關於管理工作的本質的研究。他花了一週時間，對五位 CEO 的活動進行了觀察和研究。這五個人分別來自大型諮詢公司、教學醫院、學校、高科技公司和日用消費品製造商。明茲伯格發現，在企業管理過程中，管理者很少花時間做長遠的考慮，他們總是被這樣或者是那樣的任務所牽引，無暇顧及長遠的目標或者計畫，是「此時此刻」的奴隸。其間用於思考任何一個問題的平均時間只有九分鐘。根據這一發現，明茲伯格在《管理工作的實質》一書中，指出了管理人才工作時的特徵。

1. 工作量大，工作步伐始終不懈

經理的工作量非常大，他們總是被迫以緊張的步調去完成大量的工作，很少有空閒或者休息的時間。很多時候，即使是下班了，他們也不可能完全從這樣的工作中脫離出來。

2. 活動的短暫性、多樣性和瑣碎性

經理的工作是全面多樣的，他們每天有這樣那樣的聯絡和各種不同的事情，一項活動的時間也是短暫的，一般在十分鐘左右。

3. 更喜歡眼前的、特定的、非常規的問題

經理們大多把精力放在現場的特定的非常正規的問題上，他們會對這些問題做出積極的反應，而且希望獲得新的資訊。

4.「鍾情」於口頭交談

在口頭的（電話、會晤）、書面的（文件）和觀察性的（視察）幾種聯絡工具中，愛用口頭交談方式；這種交流方式占去他們時間的大約78%。

5. 經理是沙漏的頸部

經理處於他的組織與外界接觸的網路之間，以各種方式把他們連結起來。與顧客、供應商、業務夥伴、同級人員以及其他人的外部聯絡，要消耗經理聯絡時間的三分之一至二分之一；與下屬的聯絡要占三分之一至二分之一的時間；而與其上級的聯絡時間通常只占10%；非線性關係是經理職務中的一個重要和複雜的組成部分。

6. 責任與權力的混合

經理對許多工作做出的初步決定負責，它們又規定了他的許多長期義務，似乎很難控制自己的時間；但經理可以透過獲得資訊、行使領導職務等許多方式，從他的義務中獲得好處。

管理者的工作對我們的社會至關重要，他們決定了社會機構是在服務大眾還是在浪費我們的智慧與資源。唯有了解管理工作的本質，我們才能開始艱難的任務——對管理者的工作成績做出重大改進。

經理的角色

明茲伯格在《管理工作的本質》中這樣解釋說：「角色這一概念是行為科學從舞台術語中借用過來的。角色就是屬於一定職責或者地位的一套有條理的行為。」根據他自己和別人的研究成果，得出結論說，經理們並沒有按照人們通常認為的那樣按照職能來工作，而是進行別的很多的工作。明茲伯格將經理們的工作分為十種角色，這十種角色分為三類，即人際關係方面的角色、資訊傳遞方面的角色和決策方面的角色。

1. 人際關係角色

（1）掛名領袖角色

這是經理所擔任的最基本的角色。由於經理是正式的權威，是一個組織的象徵，因此要履行這方面的職責。作為組織的領袖，每位管理者有責任主持一些儀式，比如接待重要的訪客、參加某些職員的婚禮、與重要客戶共進午餐等等。很多職責有時可能是日常事務，然而，它們對組織能否順利運轉非常重要，不能被忽視。

（2）領導者角色

由於管理者是一個企業的正式領導者，要對該組織成員的工作負責，在這一點上就構成了領導者的角色。這些行動有一些直接涉及領導關係，管理者通常負責僱用和培訓職員，負責對員工進行激勵或者引導，以某種方式使他們的個人需求與組織目的達到和諧。在領導者的角色裡，我們能最清楚的看到管理者的影響。正式的權力賦予了管理者強大的潛在影響力。

（3）聯絡者角色

這指的是經理與他所領導的組織以外的無數個人或團體維持關係的重要網路。透過對每種管理工作的研究發現，管理者花在同事和單位之外的其他人身上的時間，與花在自己下屬身上的時間一樣多。這樣的聯絡通常都是透過參加外部的各種會議，參加各種公共活動和社會事業來實現的。實際上，聯絡角色是專門用於建立管理者自己的外部資訊系統的——它是非正式的、私人的，但卻是有效的。

2. 資訊方面的角色

(1) 監督者角色

作為監督者，管理者為了得到資訊而不斷審視自己所處的環境。他們詢問聯絡人和下屬，透過各種內部事務、外部事情和分析報告等主動收集資訊。擔任監督角色的管理者所收集的資訊很多都是口頭形式的，通常是傳聞和流言。當然也有一些董事會的意見或者是社會機構的質問等。

(2) 資訊傳播者角色

組織內部可能會需要這些透過管理者的外部個人聯絡收集到的資訊。管理者必須分享並分配資訊，要把外部資訊傳遞到企業內部，把內部資訊傳給更多的人知道。當下屬彼此之間缺乏便利的聯絡時，管理者有時會分別向他們傳遞資訊。

(3) 發言人角色

這個角色是面向組織的外部的。管理者把一些資訊發送給組織之外的人。而且，經理作為組織的權威，要求對外傳遞關於本組織的計畫、政策和成果資訊，使得那些對企業有重大影響的人能夠了解企業的經營狀況。例如，執行長可能要花大量時間與有影響力的人周旋，要就財務狀況向董事會和股東報告，還要履行組織的社會責任等等。

3. 決策方面的角色

(1) 企業家角色

企業家角色指的是經理在其職權範圍之內，充當本組織變革的發起者和設計者。管理者必須努力匯聚資源去適應周圍環境的變化，要善於尋找和發現新的機會。而作為創業者，當出現一個好主意時，總裁要麼決定一個開發專案，直接監督專案的進展，要麼就把它委派給一個員工。這就是開始決策的階段。

(2) 危機處理者角色

企業家角色把管理者描述為變革的發起人，而危機處理者角色則顯示管理者非自願的回應壓力。在這裡，管理者不再能夠控制迫在眉睫的罷工、某個主要客戶的破產或某個供應商違背了合約等變化。在危機的處理中，時機是非常重要的。而且這種危機很少在例行的資訊流程中被發覺，大多是一些突發的緊急事件。實際上，每位管理者必須花大量時間對付突發事件。沒有組織能夠事先考慮到每個偶發事件。

(3) 資源配置者角色

管理者負責在組織內分配責任，他分配的最重要的資源也許就是他的時間。更重要的是，經理的時間安排決定著他的組織利益，並把組織的優先順序付諸實施。接近管理者就等於接近了組織的神經中樞和決策者。

管理者還負責設計組織的結構，即決定分工和協調工作的正式關係的模式，分配下屬的工作。在這個角色裡，重要決策在被執行之前，首先要獲得管理者的批准，這能確保決策是互相關聯的。

(4) 談判者角色

組織要不停的進行各種重大的、非正式化的談判，這多半由經理帶領進行。對在各個層次進行的管理工作研究顯示，管理者花了相當多的時間用於談判。一方面，因為經理的參加能夠增加談判的可靠性，另一方面因為經理有足夠的權力來支配各種資源並迅速做出決定。談判是管理者不可推卸的工作職責，而且是工作的主要部分。

兩三個人不可能分享一個管理職位，除非他們能像一個實體一樣行動。也就是說，他們不能分割這十種角色，除非他們能非常小心的將它們結合起來。這十種角色形成了一個完全型態，是一個整體，它們是互相關聯、密不可分的。沒有哪種角色能在不觸動其他角色的情況下脫離這個框架。比如，人際關係方面的角色產生於經理在組織中的正式權威和地位；這又產生出資訊方面的三個角色，使他成為某種特別的組織內部資訊的重要神經中樞；而獲得資訊的獨特地位又使經理在組織做出重大決策（策略性決策）中處於中心地位，使其得以擔任決策方面的四個角色。我們說這十種角色形成了一個完全型態，並不是說所有的管理者都給予每種角色同等的關注。不過，在任何情形下，人際的、情報的和決策的角色都不可分離。這十種角色說明了，經理從組織的角度來看是一位全面負責的人，但事實上卻要擔任一系列的專業化工作，既是通才又是專家。

經理工作的權變理論

經理工作在內容和特點上的差別，可以用四個方面的變數來解釋。

* 環境方面的變數，包括周圍環境、產業部門以及組織的特點。
* 職務方面的變數，包括職務的級別及所負擔的職能。
* 個人方面的變數，包括擔任該項職務者的個性和風格上的特點。
* 情緒方面的變數，包括許多與時間有關的因素。

經理工作的變化可概括歸類為八種基本類型：

* 聯絡人：強調聯絡者和掛名領袖的角色。
* 政治經理：強調發言人和談判者的角色。
* 企業家：企業家和談判者的角色。
* 管家：資源配置者角色。
* 即時經理：故障排除者角色。
* 協調經理：領導者角色。
* 專家經理：監督者和發言人角色。
* 新經理：聯絡者和監督者角色。

提高經理工作效率的要點：

1. 與下屬共享資訊

經理能夠從企業外部和內部得到大量的資訊，這其中很多都是員工所不知道的，但又是他們工作時所需要的。如果這些資訊不能夠很完善的和他們交流的話，對他們的工作將會很不利。

2. 自覺克服工作中的表面性

經理的工作由於量很大，且時間緊張，很多都是浮於日常事務。但是工作中有些事情還是需要他集中精力來解決的，這是他要克服工作的表面性。

3. 在共用資訊的基礎上，由兩三個人分擔經理的職務

這是一個克服經理工作負擔過重的方法。但是這樣的話，這兩三個人之間資訊一定要共享，而且之間要有很好的配合。

4. 盡可能的利用各種職責為組織目標服務

經理需要履行各種職責，花費大量的時間。其實每一個職責都為他提供了一個為組織目標服務的機會，只要能夠充分利用這些機會，就能獲得成功。

5. 擺脫非必要的工作，騰出時間規劃未來

經理們不能夠陷於日常的事務中不能自拔，這是不對的。為了組織的長遠的發展，他們要花費大量的精力來應對未來，使組織適應環境。

6. 以適應於當時具體情況的角色為重點

儘管經理承擔的角色有很多種，但是在不同的場合，他們承擔的角色是不同的，經理必須以當時當地的角色為重點。

7. 既要掌握具體情節，又要有全域觀點

各種具體的情節對經理做好工作都很重要，但他們又該有全域的觀點，不能只見樹木不見森林。

8. 充分認知自己在組織中的影響

一般來說，下屬對經理的言行都是十分敏感的，所以他們必須意識到這一點，要謹慎從事，為員工樹立好的榜樣。

經理角色理論是在現代企業組織理論基礎上發展起來的，是在經營權與所有權分離以後，經理成為一種職業後的產物。

該理論不僅對我們理解經理人的角色、工作性質、職能、經理的培養具有重要意義，而且還對如何提高經理工作效率，尤其是對改革傳統的經營管理體制（如激勵機制、監督機制、決策機制）具有重要的現實意義。

策略研究

上述思想是明茲伯格早期研究的重點。但明茲伯格最偉大的成就是他在策略方面的研究發現，尤其是，他在「突發策略」和「基礎策略制定」上的思想擁有龐大的影響力。他發現策略要麼是「緊急」形式，要麼是審慎的「長遠」計畫，因而，策略不可能被詳細計劃。計畫關心的是分析各方面的情況，而策略側重的是綜合所有的資訊。明茲伯格提出了今天的策略計劃行為中存在著三個主要缺陷：

1. 未來可以被預見

人們習慣認為未來會按照過去的模式進行，也就是以現在的情形來預測未來的情形。這一論斷限制了預測的技巧，而且也使策略計畫擁有了人為的可信色彩，但因此制定的策略總會在突發事件的侵襲之下毫無用處。

2. 收集「軟資料」

很多計劃者都把他們的精力主要用在收集產業、市場和競爭者等方面的硬資料上了。而來自於聯繫網路、與消費者交談、供應商和員工等方面的「軟資料」都完全被忽略。這樣，這些調查結果必然使選擇範圍受到限制。若想真實、有效的理解企業競爭環境，就必須將「軟資料」互動的融入計劃過程中。

3. 樣式化的假設

策略要麼是對突發事件的解決，要麼是制定長遠的目標，因此不可能過分的僵化。如果過分僵化，選擇的餘地就會受到限制。而且也會導致策略缺乏可行性，缺乏彈性，一旦環境發生了變化，策略就失去了原有的價值。明茲伯格說，策略無須精心構造，就能夠出現，策略也無須有意識的設計，而且策略更無須事先讓一個MBA 畢業生寫得清清楚楚。為此，他引用了本田公司的大量實例。他的觀點是，策略是時間過程中的活動模式，其中包含了對實際發生的事情的觀察。他並非全盤否定計劃，而是強調行動勝於意圖，行動常常會推翻意圖。明茲伯格也說，組織和組織周邊的環境，構成了組織存在的「狀態」，而企業策略不但要認知這種「現存的結構」，更要描述「結構的變化」。根據上述分析，明茲伯格認為策略制定應該是這樣一個過程：由綜合而產生。非正式、帶有幻想色彩，不是程序化或樣式化。依賴於奇思異想、直覺和潛意識的運用。這樣才會帶來創造力的爆發，新發現的產生，不平常、不可預料、本能的，完全不是穩定的樣式。作為其基礎的經理必須是適應變化的熟練的資訊操作者和機會主義者，不能是個孤零零的指揮者。必須在充斥著不連續變化的非穩定時間裡進行。是這樣一種方式的結果：它採用廣泛的視角，因而具有幻想色彩，它需要眾多既能進行嘗試又能完成整合的演員們參與其中。

經典語錄

經理的各種角色中最簡單的是掛名領袖的角色，它把經理者做為一種象徵，必須擔任許多社會的、激勵的、法律的以及禮儀的職務。

經理必須對組織的策略決策系統全面負責，透過這個系統做出重要的決策，並使之互相聯繫。

在某種情況下，一個經理除了擔任他平時的經理角色以外，還必須擔任一個專家的角色。

經理作為監聽者，必須不斷的從各種來源搜尋並獲得內部和外部的資訊，以便對工作環境做一個澈底的了解。

經理作為資源配置者，監督他的機構所有物力的分配，從而保持著對機構決策過程的控制。

管理巨匠觀點

明茲伯格是經理角色學派的代表人物，《經理工作的實質》一書所發揮的作用就在於將經理工作提到管理學的高度，使明茲伯格名聲大振。明茲伯格在透過長期對經理工作詳細研究後，認為在當時的許多企業裡面，經理所發揮的作用是不夠的。而其原因並不是經理能力的不高或者時間上的不夠，關鍵在於經理所做的工作並不是企業最主要的。許多經理往往做一些自己不該做的事，這些事對企業的管理與生產效益的提高沒有任何有益的幫助，他們是在消費時間。由於作為一個企業管理者和決策者，經理在今後發揮的作用也越來越大，所以必須有一種理論，用在將經理工作深刻研究後，對經理工作提出指導性的觀點和可操作的具體方案。明茲伯格擔當起了這個責任。

本書對經理工作的知識進行了全面闡述，特別是對經理在企業中所擔當的角色進行定位，將其職責許可權加以明確，從而指出經理工作的方向。此書出版後，對許多企業的經理確實大有幫助。

經理工作實際上是非常繁雜的，每一位經理的工作時間表也被排得滿滿的，那是不是這麼多的工作中有共同之處的，也就是說，這些經理是否在做著一些相同的事呢？事實上正是這樣，這些共同特點可以從如下幾個方面來考察：工作量和工作進度；重點工作內容；工作的計劃與實施；工作方式；對外聯絡以及權力與職責。

經理工作無論多麼繁忙，但都有一個共同特點，那就是他們的工作都是充滿變化的，沒有一件工作是穩定的長期的。原因在於：

第一，經理每天都會面臨許多十分瑣碎的事情，而這些，經理的工作都在變化，不斷有新工作內容。這是因為經理對一些例行工作不感興趣，也是出於成本的考慮。這樣做對工作效益也有提高的作用。

明茲伯格對經理工作的時間進行了分配。他認為在與上級、外界和下屬這三個關係方面，經理花費的時間是不同的。與外界的聯絡所花時間占總工作時間的三分之一至二分之一左右，與下級的聯絡所花的時間也占總工作時間的三分之一至二分之一左右，而與上級聯絡所花的時間，僅占總工作時間的十分之一以上。

經理的職權可大致分為兩個方面，一是初步決定權，二是執行監督權。初步決定權是指經理對公司事物做出初步的決定。執行監督權是指經理對公司的決策執行情況進行監督。責任與權力同步，初步決定的正確與否，監督執行的效果，經理都要負主要責任。

經理在工作中所擔任的角色，整體來說有以下十種：掛名領袖、聯絡者、領導者、監督者、傳播者、發言人、企業家、故障排除者、資源配置者和談判者。這些角色是從不同的方面來劃分的，前三種是從人際關係方面來界定的，接著第四到第六種是從資訊方面來界定的。後面的四種是從決策方面來界定的。作者接著對這十種角色進行了分類的評述解釋。

在人際關係方面的活動中，掛名領袖角色是一種模糊的概念，它並不指示著經理在工作中如何執行自己的決策權力，作為領導者，它規定了經理工作的性質和內容，比如指導下屬員工的活動，規定工作環境，激發員工積極度、協調員工關係等等；作為聯絡者，指經理要在橫向關係中處理他人與組織之間的關係，從而使組織內部與外部之間的關係進一步和諧，從而有利於組織的發展。

在資訊方面，經理是監聽者、傳播者，還是發言人。監聽者意味著經理要掌握自己組織和環境的各種資訊，傳播者意味著經理要將資訊回饋於別人，發言人意味著經理將資訊發布給下屬員工。資訊方面擔當的角色，要求經理要盡可能快，盡可能全面的掌握組織資訊並傳遞給其他人，以使大家對組織的狀況有一個充分的了解。

在資訊方面角色的擔當過程中，經理接收的和傳播的資訊都不會對組織的決策發揮作用，然而作為決策方面的角色，經理就要實實在在的對組織產生直接影響。經理作為企業家，要追求組織的合理變化，他要努力去發現問題並解決問題，要抓住組織發展的每一次機會，大膽開拓，勇於創新，比如改進現有方案、分派權力等。作為組織的負責人，經理在組織活動中出現的一切問題都要負直接責任或連帶責任，無論問題是不是他親自造成的。經理也是故障排除者，就必須有組織活動中的所有問題（故障）及時發現並加以解決。經理還是資源配置者，具體是指經理要安排組織內所有成員的工作內容。作為談判者，經理必須在對外交流和代表組織形象及發言人，為維護組織利益而努力。

環境的影響對經理工作在內容上的變化是不言而喻的。特別是在組織環境中的競爭性、變化率、成長壓力和生產壓力等方面變化越快時，它對經理工作帶來的影響就越大，經理不得不把大量的時間耗費在處理來自外在環境的資訊上。他的工作也變得更加瑣碎，更加有活力。

職務的級別和所擔負的職責的變化，也同樣會使經理工作出現變化。經理的級別越高，對他的專業化程度要求就越低，但處理的問題會更多、更複雜。這時他擔當的掛名領袖的角色就會充分展現出來。

工作風格和個人喜好反映了經理的內在特點，這些特點一旦發生變化，也必將影響到經理工作的變化。經理的工作是全方位的，如果他因為特別喜歡做某一種工作而放棄做其他工作的機會，或者因為特別討厭某項工作而不去做它時，都會對組織帶來一定的影響。

時間的影響也很重要。如果經理在乎時間，本來要五小時去完成的工作，現在必須在四個半小時完成的話，他只有加快工作節奏了。這必然會使他改變原有的工作計畫。

經理工作的變化所帶來的差異性是普遍存在的，在將來這種差異性會越來越明顯，因為突發事情會越來越多。

經理工作雖然瑣碎新穎，但絕非雜亂無章，還是有一定的程序的。經理工作程序化就是指經理對管理過程加以仔細分析，明確各個過程的具體內容，將各過程結合在一起，科學的編制成工作的程序。

經理工作程序化有利於提高工作效率，節約時間，降低工作成本。但是，經理在制定程序時，必須與分析者合作。原因在於：

（一）分析者可以幫助經理就獲得的各種不完整而且粗糙的資訊加以區別，建立資料庫對資訊進行監視，使經理節省了時間，在短時間獲得品質高內容豐富的資訊。

（二）分析者可以幫助經理以專業方法制定策略決策系統。

（三）分析者可以幫助經理預測和應付突發事件、監督專案的進展情況。

可見，分析者的作用是不可或缺的，它實際上擔當起了經理的專業助手的職能，對經理工作效率提高和組織的發展都有龐大貢獻。

事情又不得不去處理，而且時間上也一定非常緊迫。這些事情沒有專業化的特點，比如處理失火事件、簽合約、開會等。

第二，經理無法不考慮工作機會成本。如果他專注於做某一件事，必然放棄做另一件事，這就是他所付出的代價。一般而言，如果要把時間長期放在某一件事業，是得不償失的，這件事最終就算完成得不好，但只要花費時間不多，還是會比儘管完成品質好但花費時間長所帶來的收益要多。

延伸品讀

亨利·明茲伯格樂於抨擊過去在商界和管理界奉為聖典的概念，故有「管理領域偉大的離經叛道者」之稱。但是他在管理方面注重實際的態度，贏得了大批追隨者。他尤以商業策略著作而聞名，他的著作闡述了理論上的策略概念與現實之間的差距。

明茲伯格是一個引起別人好奇心的有爭議的人，他從未停止與正統學派的針鋒相對，從某種意義上講，這也是一種弱點。他所反對的策略設計學派在策略結構形成的過程中，發揮著相當重要的作用。當然，明茲伯格所創立的新興策略學派有其獨到的貢獻。但對管理層需要根據執行情況來設計策略這一點是有爭議的。實際上，這兩個學派可以達成共識：員工出色完成的工作能由上層管理人員的遠見結合起來。明茲伯格的對手正面臨著組織中的又一次學派分裂的危險。

不管怎麼說，明茲伯格明晰的推理和清晰中肯的批評，不僅對他多年苦苦研究的組織做了精巧細膩的融合，對他自己的生活和才智的發展也產生了同樣的作用。他證明了只有正直的人，才能理解和反映社會這個大系統的融合過程。

永久性革命理論創始人
——湯姆·彼得斯

管理巨匠檔案

全　名　湯姆·彼得斯（Tom Peters）
國　別　美國
生卒年　西元 1942 年至今
出生地　美國馬里蘭州巴爾的摩

經典評介

湯姆·彼得斯，當今世界最富創造性的管理學大師，永久性革命理論創始人。他以其敏銳的思維和他一貫充滿熱情而犀利的筆觸，透過其「永久性革命」理論，向企業界指出了如何在一個變化無常的世界中求得生存和成功的道路。

管理巨匠簡介

湯姆·彼得斯是享譽世界的經營管理大師，經常在歐美商業界引起強烈「地震」的傳奇天才。他的觀點和表述無疑是徹頭徹尾的偏執和犀利，常常語驚四座。二十多年來，他的書不斷被全球諸多大學作為 MBA 的必讀教材。

1942 年，湯姆·彼得斯出生於美國馬里蘭州巴爾的摩附近。他先在美國康乃爾大學獲得土木工程學士學位，後來又在史丹佛大學獲得工商管理碩士學位和博士學位。讀書期間，他遇到了很多有影響力的著名人士。

1974 年，彼得斯從史丹佛大學畢業，獲得博士學位，進入麥肯錫，開始了他的職業生涯。

1977 年，彼得斯被分配去從事後來為人們所熟知的「卓越公司」計畫的工作。五年後，彼得斯和羅伯特·沃特曼根據上述計畫的研究成果，出版了《追求卓越》一書。這本書當時十分暢銷，轟動一時，被稱為美國工商管理的聖經，《追求卓越》自 1982 年以來，僅在美國就銷售了六百萬冊。這本書為他帶來了很大的聲譽，發行達幾百萬冊，使他成為具有強烈管理理念的改革者。很快，這個穿著平常、其貌不揚的麥肯錫顧問成了全世界著名的管理大師，商業機會開始不斷在他身邊湧現，他開始奔波在世界各地。1984 年，彼得斯開始建立「討厭鬼營地」（Skunk Camp），意指與公司內主體結構組織大相徑庭的創新小組，它的建立在商界引起了強烈的迴響。

1987 年，彼得斯出版《亂中取勝》（Thrivingon Chaos）一書，書中包含了不少於四十五項讓經理們遵循的主要規則，它為彼得斯未來的職業生涯規劃了藍圖，也為彼得斯日後打算鼓勵美國公司變革的事業奠定了基礎。

1989 年，出版《渴望卓越》（A Passion for Excellence）一書，這本書的關注重點在於專業性的個人領導的魅力。

1992 年，彼得斯又出版了《管理的解放》一書。

1994 年，出版《「哇！」的追求》（The Pursuit of Wow!），本書是「當今亂世中每個人的指南針」。

彼得斯，最擅長的題目就是「創新」。他近期出版的新書《再次發揮你的想像力》同樣為二十一世紀的商界領導者開出了創新的藥方。目前彼得斯負責自己創辦的顧問公司 —— 湯姆 · 彼得斯集團。

代表著作

* 1982 年，《追求卓越：美國經營最佳公司的經驗》（與羅伯特 · 沃特曼合著）
* 1987 年，《亂中取勝：管理改革手冊》
* 1988 年，《志在成功：領導的差別》（與納西 · 奧斯丁合著）
* 1992 年，《解放型管理》
* 1994 年，《湯姆 · 彼得斯研討會》、《創新的循環》

管理智慧

享譽世界的經營管理大師湯姆 · 彼得斯，每次出書幾乎都會在歐美商業界引起強烈的「地震」。他的文筆犀利，而觀點則常常語驚四座。《商業周刊》這樣評價這位管理奇才：「無論你對湯姆 · 彼得斯的言論喜歡還是嫌惡，他都稱得上是繼彼得 · 杜拉克之後，最優秀和最具影響力的管理學天才。」1982 年湯姆 · 彼得斯出版的《追求卓越》，將商業管理書籍的繁榮推向了新高潮。

追求卓越

湯姆·彼得斯最有價值的管理研究工作是在麥肯錫公司開始的。作為世界知名的諮詢公司，麥肯錫公司此前已經有了一些了不起的研究成果，如「7S 法」，但在競爭對手波士頓諮詢公司的挑戰中，該公司決定進一步尋找企業成功的法則。彼得斯和同事沃特曼等人參與了這項工作，他們選擇了四十三家典範公司，彼得斯和他的同事從典範公司的成功因素中概括出了企業成功的八項法則。這一研究的文字成果，就是後來的《追求卓越》。《追求卓越》出版以後，起初並不暢銷，但在被一家大公司發現其價值而大量購買以後，大受青睞，狂銷不止。不僅是企業界，就連普通人也擁而讀之。本書超越傳統理論框架，透過對四十三家卓越組織的分析，捕捉到那些為傳統管理學者們所忽略、但卻是企業經營最基本的因素：將注意力放到顧客的身上，對人持續的關心，鼓吹實驗和失敗等。

「卓越」的企業有一個非常重要的標誌：那些顯然頗為平凡的普通員工，卻往往能做出頗不尋常的努力和貢獻。《追求卓越》中對大公司進行了讚揚。書中挑選了四十三家「卓越」的組織，像 IBM、奇異公司（GE）、寶僑公司（Proctor & Gamble）、嬌生公司（Johnson & Johnson）等，並從他們身上歸納出成功的八項基本特質。

1. 貴在行動，而不是沉思

公司如果發現有什麼商業機會，就要立刻行動，抓住機會。沉思的時間是必要的，但是行動一定要快，不能讓別的公司搶了先機。而且公司無論是發展什麼活動，具體的行動都是最重要的。如果只有計畫而沒有實施，那麼機會只是空的計畫，沒有多大的價值可言。行動可以讓計畫得到落實，可以讓公司走到先進的行列。因此說，公司要貴在行動，沒有行動，很快它就會落後了。

2. 在產品和服務上靠近客戶

顧客是公司的上帝，如果公司失去了顧客，那它絕對也就經營不下去了。顧客能為企業帶來很大的經濟利益。因此說，公司要與客戶保持緊密的連結，經常傾聽客戶的意見。在設計產品時，要聽一下顧客對這個產品有什麼要求，現有的產品哪些地方需要改進，哪些地方還不足等。湯姆．彼得斯說：「卓越的企業實際上和他們的顧客靠得都很貼近，即其他的企業還在談這些，卓越的企業已經在做這些了。」在這本書裡，彼得斯還提出了面向顧客的三個要點：

①要有高層領導人員深入而積極的參與。

②要明確強調人的作用。

③定期去訪問顧客，及時回饋資訊。

3. 鼓勵員工自治，不要嚴密監督

彼得斯強調要讓員工自治，給他們一定的權力，讓他們自己去做。管理者要對員工信任，相信他們有能力做好自己的工作，他們會自覺的努力工作。這裡彼得斯推行的是麥格雷戈的 Y 理論。嚴密的監督會讓員工產生反感的情緒，會讓他們感到不自由。因此，管理者應該放手。這不僅可以減少管理人員的工作，讓他們把精力集中在更重要的事情上，也可以讓員工感到被信任，被尊重。

4. 採取人本管理，避免對立情緒，以人促產

「人力資本」來自舒爾茲和貝克爾在 1960 年代創立的人力資本理論。這種管理方式以人性為中心，按人性的基本狀況進行管理，這就是所謂的「人本管理」。人力資本是企業裡一種非常重要的資源，好人才的流失可以讓一個企業從獲利變為虧損。因此企業應該尊重人才，對員工不斷的進行培訓，完善他們的知識和技能，把他們看成企業不可缺少的資源。

人本管理應該始終堅持把企業人本身不斷的全面發展和完善作為最高目標，為個人的發展和更完善的完成其社會角色，提供選擇的自由。

5. 不離本行，專注自身，保持優勢，避免風險

企業應有自己的核心競爭優勢。很多企業發展到一定的時候，都會進行多元化經營，進入其他自己不熟悉的經營領域。但是，自己的老本行不能忘，在其他業務還沒有發展到行業中的優勢的時候，這時如果過分的關注其他，很有可能為企業帶來較大的風險。企業也不能因為注意外界的變化，而忽略自身，這樣往往容易顧此失彼。只有自身的管理經營做好了，企業才不會有很大的失誤。

6. 深入現場，實行走動式管理，與大家緊密接觸

現在有很多企業管理人員和他們自己的員工已經失去了連結，他們每天忙於會議和討論之中，到底自己下面管理的公司是什麼樣子，他們倒是不知道了，他們也不知道客戶的意見，不清楚客戶是怎樣看待他們的產品，甚至不知道自己的產品是怎樣生產的，這樣的公司管理者處境已經是很危險了。這裡所說的「保持密切的連結」不是指透過電話或者是會議的接觸，而是他們發自內心的交流和溝通。這種走動式管理是一種能改變上面所說的現狀的一種很好的方法。他們可以定期去拜訪客戶，聽聽客戶對他們的產品的評價或者一些其他的意見，這並不會打擾到他們，他們總是樂於接受這樣的拜訪的。他們也應該去見一下供應商，和他們商討一下有關的問題，管理者也應該到自己的廠房或者是工廠走一走。

7. 建立簡潔的組織機構，人員要保持精幹

彼得斯說：「公司的規模一變大，就必然帶來複雜性。而多數大公司對複雜性所採取的方法都類似，就是設計出複雜的規章制度和結構。實際上，要想使一個組織真正的發揮作用，就得使公司避免無意義的腫塊。」

公司應該避免無意義的多餘的結構。有時候，雖然不能完全消除它，但也應該盡量的削減它。組織結構太複雜，資訊傳遞速度就減慢，對外界的反應速度遲緩，有時候一件很緊急的事情，交上去幾天還批不下來。隨著公司規模變大，業務發展，組織結構的複雜化似乎是不可避免的。但是即使這樣，也應該使公司保持簡單明瞭，減少不重要的行政機構，合併一些部門。只有精簡結構，使公司內的員工人盡其才，公司才能高效的運作，這樣利潤才有可能最大。今天的組織結構應該是短小精悍的，快速並且反映靈活。

8. 鬆緊結合，對組織目標保持鬆緊有度，不窒息創新的控制系統

公司一旦確立了組織目標，就應該全力去完成，爭取儘早達到這樣的目標。這時組織的活動就要和組織目標保持緊密的關聯。但是，對組織的目標也不能盯得太緊，盯得太緊會讓企業忽視其他的一些重要的東西。如果一切精力都集中在組織的目標上，忽視了競爭對手的動向，說不定當組織目標達成時，也就是企業的競爭失敗時。企業對組織目標應保持鬆緊有度的控制，並且注意外界環境的變化，不斷的鼓勵員工進行創新，不斷的調整自己的組織目標，這樣才能夠保持常勝不衰。

這八個方面形成了《追求卓越》裡面的很重要的觀點，雖然它們都不是彼得斯原創的，但仍然給人們很大的啟示。這本書最重要的特點就是以實際案例為基礎，結合大量的事實、資料和分析。而且，在論證這些屬性時，作者不但進行了實例和試驗論證，而且援引了眾多管理學家和經濟學家對這些現象的理論剖析，為讀者展現了清楚的思想框架和嚴密的推理。因此，不管你是左看右看都能夠被它很快吸引，領略閱讀快感。欣賞一個個企業夢想，身臨其境，讓自己有所啟發和感悟。

追求卓越的熱情

在《追求卓越》這本書中，提供了簡單的管理實踐和常識，如貼近客戶、走動式管理等等，然而，這並不意味著卓越的管理僅僅是由技術、機制或規劃所構成，也並不意味著實現卓越的管理存在著統一的行動指南。事實上，在卓越的背後，還有著更為本質的因素。

於是，在 1984 年，彼得斯寫下了這本《追求卓越的熱情》，從而使後者成為前者的續篇。在這本書中，彼得斯告訴人們，時刻擁有熱情才是實現長期卓越的來源，而且是富於熱情和充滿感情的。當然，這並不是說僅僅擁有熱情就能實現卓越了。追求卓越的熱情，「意味著要先從大處著眼，從小處著手，也就是說，卓越是遠大目標和切實行動的融合。」「我們必須培養熱情和信任，同時，我們還必須認真的探索處理具體細節性事務的方法。」

首先，在將熱情與現實的行動融合時，應當以客戶為導向。在企業透過提供產品或服務來達到卓越的過程中，客戶是實現目標的出發點和目的地。只有具備了這樣的意識，企業才不會把價格作為銷售產品或服務的唯一槓桿，也不會將降低成本視為滿足客戶需求的首要問題。只有在充滿熱情的前提下，企業才能做到真正的關注客戶，無偏見的傾聽客戶的聲音，才能將提高品質作為實施技術的目的與結果。

其次，無論創新的具體目標如何，真正的創新過程也應是一個不斷發現的過程，一個充滿著熱情和靈感的過程。事實上，只有充滿熱情的創新過程，才能夠使人們學會在不確定性和模糊中求生存，才能粉碎集權式的管理，透過組建注重結果的小型研究小組，透過快速的行動實現創新的成功。他也非常強調員工積極度的重要性。傳統的管理往往拘泥於技術、嚴謹的規章制度等機械式的教條，而忽視了人。在現實中，無論是為客戶服務還是進行創新，無論是生產還是銷售，無一不是透過員工來進行的。企業各項管理方案成功實施與否的前提也在於員工是否認同。湯姆提出了「關注客戶、關注員工」這一管理成功的黃金法則。

最後，我們不能忽視卓越企業的領導者。企業的領導者在企業中的作用也是非常大的。按照彼得斯的觀點，領導是一門實踐藝術，他既要能夠發揮自己的能力，又要善於發揮員工的能力。卓越的領導者，既具有堅定的價值觀，同時又能深入的關心和尊重他們的員工，能夠支持那些勇於冒險去嘗試新辦法以支持自己價值觀的員工。總之，卓越是理性行動與熱情完美結合的果實。彼得斯不斷的啟發人們，只有誠信、熱情和愛，才能為各項要素注入活力，才能引領人們到達成功的頂峰。可以說，正是由於《追求卓越》以及《追求卓越的熱情》這兩本書的出版，才使我們的生活進入了湯姆·彼得斯時代，一個追求卓越的時代。但是，一個簡單而無可爭辯的事實是，在 1982 年稱得上卓越的公司，兩年後並不都再是卓越的了。面對本書的致命弱點，彼得斯迅速的改變了視角，「《追求卓越》首次描述了那種行之有效的東西。」

解放型管理與建立「討厭鬼營地」

任何經驗，當它成為教條，也就失去了價值。湯姆·彼得斯的研究成果也是如此。彼得斯的張揚也讓批評者們很快就發現了他的缺陷，就是思想很少有連貫性。

今天他讚揚的事情，很容易的就在他的下一本書中被拋棄了。很快，「成功八法」就讓現實弄得左支右絀、捉襟見肘。彼得斯也很快意識到了這一點，在現實面前，他改變了自己的觀點。為了挽回自己的聲譽，彼得斯在他的下一本書《亂中取勝》中勇敢的宣布「沒有卓越的公司」。這可能是彼得斯作品中被引用的最簡單的話 —— 或是用來作為他的不一致性的證明和他從自己的錯誤中學習的證據。《亂中取勝》是對所有那些認為彼得斯的理論不可能變為現實的批評家的長篇反駁。對於當代管理來說，彼得斯的其他著作似乎更有價值。在這些著作中，彼得斯領時代風氣之先，提出了一些現在大行其道的理念和方法。《解放型管理》、《在混亂中求繁榮》這樣的書名，就頗能說明問題。其中「走來走去的管理」、「討厭鬼工作室」，都是頗為先進的管理理念。而《「哇！」的追求》，則直逼未來企業經營的關鍵——品質與服務，就是企業經營管理要追求讓顧客產生「哇！」的驚嘆的效果。他認為，標誌如今這個時代的關鍵字是諸如「混沌」，「瘋狂」以及「湍變」這樣的概念。因此這個時代對商界菁英們提出了更高的要求，這就是要不斷學習、不斷探索、不斷試驗。

總之，此時彼得斯管理理論的基點不再是整齊劃一的企業，而是複雜多變的企業。他指出，世界上沒有「傑出」公司，因此企業必須把「熱愛變化、雜亂甚至混亂」當作生存的先決條件。

彼得斯認為，自由流動、不可固定、無法規章化、小但卻是綜合，這些就是未來自相矛盾的結構。「明天有效的『組織』應該是每天都有不同。」彼得斯說道。形成彼得斯所描述的新型公司結構的關鍵就在於網路：與客戶之間，與供應商之間，以及實際上，與任何有助於生意的人之間。

新的組織需要新的管理技能。彼得斯告別了命令和控制，帶來了一個以「好奇、創造力和發揮想像力」為特徵的新時代。在過去的十五年中，他從注重公司整體轉到了以個體為中心。

例如，在一個典型的、沉悶的模式中，他開創了一個品牌新時代。「不論年齡，不論地位，不論我們碰巧所處的公司，我們所有人都需要了解品牌的重要性，」彼得斯說，「我們是自己公司的大老闆：『我』股份有限公司。」

「今天我們身處公司中，我們最重要的工作是你作為銷售品牌、作為『你』的市場行銷經理。」

湯姆·彼得斯認為，只有實現解放型管理才會在易變的、多樣化的市場經濟中生存，而解放型管理的重要特徵之一，就是解放經理人。

在當今競爭激烈的市場中，如果說單純透過公司各級經理來管理一切，恐怕有些過於自負。最理想的辦法就是放權給下屬單位，透過激勵眾多小單位的積極度，來引導公司不斷探索新的市場機會。組織結構最精簡，而效益最大化。要做到這一點，唯有解放經理人，解放員工，釋放組織和員工的創業活力。在否定了他自己的「傑出」公司之後，彼得斯的管理理論走向了「瘋狂」，其中充滿了不可預見、動盪不安等詞彙。實際上，外在形勢如此，企業內部也正是如此。在這種情況下，彼得斯提出了「走來走去式管理」、「小的是美好的」等主張，而「討厭鬼工作室」更見新意。

彼得斯也非常重視對知識員工的管理。這些員工個性張揚、不拘細節，表現在工作上就是辦公場所雜亂無章、隨意而不守時、不好管理，如此種種。

在傳統的管理者看來，這些人是十足的「討厭鬼」，是不受企業歡迎的。但是在經濟飛速成長的今天，這些討厭鬼卻是新時代企業的中堅，是新時代企業制勝的「法寶」。

因此，彼得斯建議企業要建設一些這樣的討厭鬼營地，而知識型企業則應該乾脆就建立成這樣的公司。綜觀彼得斯的生命歷程，他的著作大多契合了時代風氣，當他的觀點遭到批評時，他就砸爛舊法則而創建新理念。無論評論家如何指責他的武斷和不連貫，但他在最恰當的時間選擇思想和想法上無疑是個非比尋常的能手。

彼得斯隨思想的流動而動，但總是使自己處在浪頭的位置。湯姆．彼得斯仍在不斷的前進，去他可能還不了解的領域，但他會勇往直前而全然不顧他可能會遇到甚於他曾遇到過的最危險的事。讓我們共同期待，他帶給我們的下一次「意外」吧。

經典語錄

成功企業關鍵特點中的一個就是他們認知到保持事物簡單的重要性，即使面臨複雜化的龐大壓力。

去做，去弄，去試，這是我們的格言。

卓越的企業實際上和它們的顧客靠得很貼近，即，其他企業在談論這些，卓越的企業在做這些。

管理，實際上應是確定目標和方向，做出決策、貫徹實施三者間交互作用的過程。

管理巨匠觀點

在美國深受失業、不景氣之苦時，管理學界盛行「日本第一」、「日本經營的藝術」的說法，《追求卓越》這本書的出版，多少使美國人，尤其是美國企業人士，重新拾起已失落的信心。

這本書是出自兩位作者訪問了美國歷史悠久且最優秀的六十二家大公司，探討他們成功的原因，最後從這六十二家公司中，以獲利能力和成長的速度為準則，挑選了四十三家傑出模範公司作為創作對象而成的。

首先，兩位作者指出，他們所研究的組織機構是麥肯錫諮詢公司研究中心所設計的組織七要素：結構、系統、風格、員工、技術、策略、共同價值觀。其中，結構和策略是硬體，其他五項是軟體。軟體和硬體一樣重要。

在作者看來，傑出公司的標準是不斷創新的大公司。創新是指具有創造力的員工發展出可以上市的新產品和新服務，也指一個公司能夠不斷的對周圍環境應變。凡是顧客需求、政府法令及國際貿易環境發生改變，公司的策略方針應該調整改變，也就是不斷創新。

以此標準來選擇出四十三家傑出公司，這些傑出公司有八個特徵：

1. 貴在行動

它們支持「先做，再修改，然後再試」。它們極端重視實驗，並已有很多套實用的辦法來防止由於規模大而可能導致的僵化。

2. 接近顧客

這些公司不斷的認真傾聽顧客的意見和建議，從而得到最暢銷產品的靈感、推出了高品質、服務佳和信用卓著的產品。

3. 發揮自主性以及創業精神

這些公司不限制員工的創造力，他們鼓勵切實的冒險，培養創新人才。這些公司不像大企業，「而像是一個由實驗室、小房間連起來的鬆散網狀組織，上面擠滿了狂熱發明家和大膽創造家。」

4. 透過人來提高生產力

傑出公司認為不管職位的高低，每個員工都是生產力的來源，是增加品質和產量的來源。

它們並不仔細劃分勞工、員工的階級，認為只有投下高額資本才能提高效能。

5. 建立正確的價值觀並積極實行

總經理所產生的真正作用，看起來是建立起企業的價值觀念，經理人更加小心保護和維持企業的價值觀。一個公司的成功，與其基本哲學的關係如科技、經濟資源、組織結構創新、抓住時機非常密切。

6. 做內行的事

這些公司盡量避免經營不熟悉的事業，盡量避免走多元化的綜合體，而是進行他們擅長的事業。

7. 組織單純，人員精幹

這些公司沒有一家是實行複雜的矩陣組織，或者採用過但後來放棄了，它們的組織簡單明瞭，上層的管理人員尤其少，常常可見到一百個職能部門人員的公司在經營百億以上的事業。

8. 寬嚴並濟

這些公司既高度集權又高度分權，它們讓工廠和產品發展部門極端自主，但是，他們固執的遵守幾項流傳久遠的價值觀。

作者認為，這八個特徵大部分是經營企業的基本常識。但大部分美國大公司已缺乏這些大特徵，縱使有，也被其他種種跡象蒙蔽起來。大多數經理已不注意經營的根本法則：快速行動、滿意的客戶服務、實際的創新，以及每個員工投注的心力。

但是，在美國管理界，長期以來被理性的模式和數量分析所主導，因為理性意味著明智講理、講邏輯，正確表達問題並產生答案。但是，理性用到商業界就有很多缺點，理性沒有把人性考慮進去。這種理性模式源於泰勒的管理科學，特徵如下：

1. 大就是好。這樣可以達到經濟規模。
2. 低成本是致勝的武器，顧客總是看價格。
3. 把所有的業務都拿來分析。可以透過分析產品市場、資金周轉和預算控制來避免錯誤。
4. 開除擾亂秩序的人。
5. 經理的任務是做決策。打關鍵性的電話、平衡財務報表或合併前景好的公司是工作內容，至於執行是次要的，這得由下層管理人員與員工去執行。
6. 實行嚴格的規章，發展複雜的矩陣結構。制定冗長的工作說明書，視員工為生產要素的一環。
7. 生產力的提高有賴於加薪和獎金。
8. 強化品質監督。
9. 員工、產品、服務只是協助經理得到漂亮財務報表的資源。
10. 不讓每一季度的利潤下降。
11. 不能停止成長。如果現在從事的行業沒有機會，就趕緊買進覺得不錯的行業，這樣至少營業額和規模都在成長。

對於以上理性模式的特徵，兩位作者指出了以下缺陷：

太嚴密的分析常會導致抽象、沒有感情的哲學。抹煞新思想，不容許錯誤，不鼓勵實驗，不注重非正式溝通，缺少適應外界變化的彈性，缺乏內部競爭，不重視公司的價值觀。管理實際上應是確定目標和方向、做出決策、貫徹實施三者間交互作用的過程。

理性模式忽略了人最基本的要求：

1. 人們需要意義，即工作的樂趣。
2. 人們需要少量的控制，而不是極端的控制。
3. 人們需要不斷的獎勵。

4. 信念是由行為和行動塑造出來的，空談信念不足取。

公司的文化也不容忽視。公司有自己的獨特文化，領導人肩負著塑造並保持這些文化的責任。此外，職能部門也應盡量縮小，以保持工作的效率。

接著，作者開始具體論述傑出公司的八個特徵：

傑出公司的第一個特徵是樂於採取行動。世界是複雜的，當出現問題時，大多數傑出公司不是編制報告來從事龐大的理論論證，而是成立專門小組，成員只有少數幾人。進行快速反應。組織流動性非常重要，傑出公司的組織有流動變化，能夠注重不拘束的進行正式溝通；定期鼓勵員工提出評議，有助於企業的發展。傾向行動即是協助公司具備應變能力，鼓勵員工採取行動。小單位是看得到的行動力量，也是傑出公司的組織，傑出公司的小組具有下面的特徵：

1. 小組人數不多，通常不超過十人。
2. 其報告層次及成員資深程度，與問題的重要性成正比。
3. 存在期限非常短促。
4. 成員通常是自願的。
5. 接受迅速追蹤考核。
6. 沒有職能部門人員。
7. 文件檔案是非正式的，而且通常少之又少。

傑出公司的行動，最重要是最看得見的部分，是他願意嘗試諸事，提倡一種實驗，也是行動的化身。要在公司裡形成實驗的氛圍、環境和一套激勵工作態度的機制極其重要。而實驗的迅速和實驗數目的的多寡，是決定實驗成功的重要原因。實驗還是大多數傑出公司廉價學習的一種方法，結果證明：實驗所花費的代價，比嚴密的市場研究或謹慎的人力運用要少得多，卻更為實用。而且，實驗作為一種活動，公司對外是保密的，這樣有利於形成公司的一種持久優勢。在實驗過程中，顧客發揮著非常重要的作用，實驗的最終成果須由顧客來進行評價。實驗成功與否，關鍵在於能適應市場的需求，而不是其他。要保證實驗的進行，還必須重視簡化制度，改革繁瑣的工作程序，修訂嚴格的規章制度，保證有效的溝通，實現結構簡單而人員精幹。

傑出公司的第二個特徵是接近顧客。顧客對於企業經營的每一層面，如銷售、生產製造、研究發展、財務會計等，都具有舉足輕重的影響力。以顧客為導向並不代表這些傑出公司在技術或是控制成本方面沒有能力。傑出公司採取這種接近顧客的策略，主要目的是增加公司營業收入。接近顧客首先要提倡服務至上，認真做好售後服務，贏得顧客的信賴。為了確保公司經常和顧客聯絡，公司可以定期評估顧客滿意的程度，評估結果對於員工，尤其是高階主管獎金報酬的多寡，具備相當大的重要性。大體而言，幾乎每個傑出公司的全體員工都能共同遵守行業服務的宗旨，許多公司不論是機械製造業或是高科技工業或是食品業，都以「服務業」自居。大多數傑出公司也同樣非常注重產品的品質與可靠性。真正以優異的品質和服務為指導的公司，的確是竭盡所能的追求完美，也唯有靠著這股強烈的信念，整個公司似乎才可能團結起來。而且傑出公司多半先把顧客族群適當區分為許多階層，然後提供他們需要的產品與服務，這種方式不但可以提高產品的附加價值，而且也增加公司利潤。兩位作者還指出，傑出公司受到顧客影響的程度，遠比技術或是成本來得高，絕大數傑出公司都是以品質服務、市場活動範圍為導向。

傑出公司的第三個特徵是獨立自主與企業精神。傑出公司能製造出令人羨慕的成長紀錄、創新產品的紀錄以及利潤，其中最重要的因素，大概是因為他們同時具有大企業風範和發揮小企業作風的本領。另一項重要因素是，他們對於公司上下各層能夠充分授權，提倡企業制度。

作者提出了創新勇士這個概念。創新勇士不是個毫無價值的空想家，也不是偉大的思想家，他甚至可能是個專門竊用他人構想的小偷，不過，最重要的是，他是個非常講求實際效用的人，一旦獲得別人還在理論階段的產品構想，只要有所需，他一定會頑固的拚著一股傻勁，設法使它成為實際的成果。

在創新過程中，有三個最主要的角色，產品創新勇士、創新勇士主管、「教父」。創新勇士主管，一定是從產品創新勇士過來的，他深深懂得如何保護一個具有潛力而合乎實際的產品構想，使它不致受到公司組織的干擾與阻礙。「教父」是「創新勇士」的先驅，通常是公司裡年高德重的領導者，他們本身就為公司年輕一代立下了楷模。大部分的創新勇士，失敗的時候占絕大多數，對傑出公司而言，創新成功的機會是一種數字賭博。

為支持創新，公司一般實行分散式的組織機構，鼓勵公司內部的激烈競爭，實行頻繁的資訊交流，對失敗能用容忍的態度對待。對成功的創新實行獎勵制度，對創新勇士實施英雄式的款待。此外，人事組織要富有彈性，沒有過多的紙上作業和繁文縟節。

公司的第四個特徵是生產力靠人來提高。以對待成人的方法對待員工，視他們為合夥人，尊重他們，給予他們尊嚴，視他們為提高生產力的主要來源。還須真心真意的訓練員工，為員工訂出合理性清楚的目標，給他們實際的自主權，讓他們跨出步伐，全心全意的獻身工作。調查顯示：傑出公司並不輕易裁員。

傑出公司在以員工為重心方面有兩個主要特色。首先是語言，公司有共同的話語特色，這是企業文化的一個方面；還有一個特色就是缺乏明確的指揮系統。當然，的確有做決定的指揮連鎖系統，卻不用來做每天的溝通工作，無拘無束才是溝通意見的型態，最高管理階層定期與基層員工或顧客接觸。

傑出公司會花大量時間來培訓員工；並給予他們未來的經理人員訓練，使他及早熟悉公司並融入其中。此外，使員工知道公司的事情，以便相互比較工作能力，有利於員工的內部競爭。最後，組織規模小型化能使員工個人獨立作業，獨當一面，而且出類拔萃，從而保證一種高效率。

傑出公司的第五個特徵是建立正確的價值觀。傑出公司相當重視價值觀念，公司的領導者透過個人的關注、努力、不懈的精神，以及打入公司最基層的方式，來塑造令員工振奮的工作環境。事實上，價值觀念通常不是用很正式的方法來傳遞，而是用比較軟性的方式，像是說故事、講傳奇、用比喻一樣的來告訴大家。

每個公司強調的價值觀念都不一樣，但還是可以找出共同點：

1. 敘述價值觀時，幾乎都使用與品質有關的名詞。而不用與數量有關的名詞。如財務目標只講大概不做精細描述。他們會普遍灌輸這樣一個觀念：利潤是把工作做好所得到的副產品。
2. 極力鼓勵公司的員工，讓價值體系深入到組織的最基層。
3. 傑出公司都是在兩個相互矛盾的目標中選擇其一，作為公司的價值觀，如賺錢與服務，經營與創新，注重形式與不拘一格，強調人的因素等。

公司的基本價值觀主要有：

1. 追求美好。
2. 完成工作的細節過程很重要，應竭心盡力把工作做好。
3. 團體和個人一樣重要。
4. 優良的品質和服務。
5. 組織中大部分成員必須是創新者，而且必須支持嘗試的錯誤與失敗。
6. 不拘形式是很重要的，這樣可以增加溝通。
7. 確認經濟成長和利潤的重要。

傑出公司的第六個特徵是做內行的事。事實證明：很多被收買或合併的公司都失敗了，主管們常掛在嘴邊的合作效果，不但沒有實現公司合併後的結果，而且通常都很悲慘。很多被收買或合併公司的主管在公司被合併後就離去，公司只留下一個空殼和一些廢棄的資產設備，更重要的是，公司領導者收購了其他公司以後，哪怕是很小的公司，他都要分心，花時間去管理，相對的，花在原來公司的時間就減少了。此外，收購了新公司後，指引公司發展最重要的價值觀念以及公司主管的管理方式，會與多樣化的策略發生衝突。因為每個公司都有自己的一套價值觀，合併成大企業集團後，要想推行統一的價值觀非常不容易。一方面是組織擴張得太大太遠、不容易全面推廣。一方面是統轄企業的主管，不容易獲得員工的信任，如從事電子行業的領導者不易在生活消費品公司中獲得信任。

擴充後各行業間結合得比較緊密的組織，經營的成績比較好，其中最成功的，是以一項單一技術發展多樣化產品的公司。雖然，有些公司藉著發展多樣化的產品或行業，可以穩定公司的經營狀況，但是隨便追求多樣化，都會得不償失。擴充後，核心技術結合得越緊密的公司，表現得越好。

傑出公司的第七個特徵是組織單純，人事精簡。公司規模大而複雜，需要用複雜的制度或組織來處理問題，另一方面，要使公司發揮功能，須使諸事讓成千成百的員工們所了解，這即意味簡化工作。這是一對矛盾。如果實行的組織結構複雜，員工們會無法確定該向誰負責，且弄不清楚優先順序，結果出現癱瘓的局面。

實行單純的結構，一方面可解決這個問題，另一方面，公司在處理因環境迅速變遷所產生的問題時相當有彈性。由於組織成員看法一致，可以運用專案小組或計畫小組。人員的精簡隨公司組織的單純而來。

未來的組織形式有以下幾種：

1. 依功能性質分組織。如典型的消費產品公司，這種組織有效率，擅長基本工作，並非特別具創造性。
2. 依部門分組織。即依會計、生產、銷售來劃分，這能充分做好基本工作，且比功能組織易於適應，然而各部門一定會變得很龐大，容易形成集權與分權的大雜燴。
3. 用來處理麻煩的矩陣組織。這種組織在短時間後，總是會阻撓創意，尤其是難於執行基本工作。
4. 專為解決某一問題而成立的暫時組織，如專案小組，有助於解決當前的具體問題，但卻忽視基本工作。
5. 專為處理某事而成立的任務團隊。這種組織形式頗具穩定性，但也會變得視野狹窄。

傑出公司的第八個特徵是寬嚴並濟。這是對上述各項原則的一個總結，它在本質上反映的是，公司既有堅定的中心方向，又有最大的個人自主。運用這個原則的組織，一方面有嚴格的管制，同時也容許成員的自治、企業精神和創新。寬嚴並濟實際上也是企業的一種文化。

最後，作者認為，1980 年代的企業組織形式應能適應三種需求：基本組織須有效率、須不斷創新、確保有適當方法對付重大威脅，以免組織不善於靈活應變。

延伸品讀

彼得斯對美國和世界其他地區的管理之未來的探討，做出了很大的貢獻。他有時因過於慣例化的方法而受到批評。他為獲得成功提供烹飪書式的處方，但就是這些處方卻頗受歡迎並經久不衰，如「模糊管理」這樣的詞彙已被編入管理辭典，他所宣揚的較少專業化和更多注意普通主題的管理觀點，已廣泛的被商學院所採納，尤其是在歐洲。

他的精簡主張，在含義和行動上都極有說服力，並撥動了世界上許多管理者的心弦。正因為他為管理者們和公司指出了希望和令人振奮的未來，所以他才成為同時代最受歡迎的經理領袖。他的處方是激進的，他的著作對美國有強烈的文化偏見，他提出的基本原則具有普通的適應性。

領導變革
——約翰・科特

管理巨匠檔案

全　名　約翰・科特（John P.Kotter）
國　別　美國
生卒年　西元 1947 年至今
出生地　美國加州聖地牙哥

經典評介

約翰‧科特，領導與變革領域的權威，被稱為領導變革之父，哈佛商學院最有影響的管理學者。劍橋科特學院創辦人兼校長，哈佛商學院終身教授。他認為成功的組織變革通常是一個耗時大而且極端複雜的八步驟流程。經理人如果想投機取巧跳過一些步驟，或者不遵守應有的程序，成功的機會是渺茫的。

管理巨匠簡介

約翰‧科特花了二十多年的時間對在哈佛商學院讀過 MBA 的企業家進行了追蹤調查，分析後得出了令人耳目一新的結論，對 1980 年代管理思想的發展有著相當大的影響。

科特 1947 年出生於美國的聖地牙哥，1968 年在麻省理工學院獲得電力工程學士學位，兩年後，他又在麻省理工學院獲得管理學碩士學位。1972 年在哈佛商學院獲得企業行為學博士學位，同年成為哈佛商學院教授。

1980 年，年僅 33 歲的他就成為哈佛大學校史上極少數擁有這項榮譽的年輕人之一，被該商學院授予終身教授。他成了大型企業組織變革管理方面的專家，作為德勤諮詢公司全球變革管理方面的負責人，他領導制定了德勤全球變革管理方法論，他曾為《財富》前一百名中的許多公司提供過諮詢服務，例如埃克森石油、戴爾電腦和可口可樂等。

根據美國《商業周刊》於 2001 年對五百零四位企業家所進行的調查，約翰‧科特獲得領導大師第一名的頭銜。科特曾經獲得過多項榮譽，包括埃克森獎、強斯克獎、麥肯錫獎。他的主要著作包括《總經理》(1982 年)、《權利與影響》(1985 年)、《變革的力量：領導與管理的差異》(1990 年)、《企業文化與經營業績》(1992 年)、《新規則》(1995 年)、《領導變革》(1996 年)、《松下領導學》(1997 年) 和最新的力作《變革之心》。儘管「持續的創新與領導變革」已經成為今天企業家們的主要任務，但對於究竟該如何變革，怎樣領導一場成功的變革，很多企業家並沒有做到心中有數。在《變革之心》中科特指出，企業大規模變革的核心在於如何改變組織中人們的行為，在這點上，「目睹—感受—變革」的模式遠比「分析—思考—變革」的模式更為有力。成功的組織變革總是以一種能夠影響人們感受（而不僅僅是思維）的方式來觀察問題並尋找解決方案。這本書 2002 年在美國出版後，曾十二週蟬聯《商業周刊》暢銷書排行榜，並被評為 2002 年度亞馬遜網路書店十大最佳商業圖書之一，其迴響可見一斑。用科特自己的話說，《變革之心》可以看作他 1996 年的另外一部作品《領導變革》的續集。在那部著作中，他描述了人們在探索新的企業營運方式時所採用的八個步驟，而《變革之心》則進一步研究了人們在實施這八個步驟時所遇到的主要問題，以及他們是如何成功的處理這些問題的。

代表著作

* 1974 年，《市長在行動：城市管理的五種方法》（與 P · R · 勞倫斯合著）
* 1982 年，《總經理》、《現代企業的領導藝術》
* 1985 年，《權力和影響》
* 1990 年，《變革的力量：領導與管理的區別》
* 1992 年，《企業文化和經營業績》（與 J · 梅凱特合著）
* 1995 年，《新規則：如何在今天的後企業中獲得成功》
* 1997 年，《松下領導學》
* 1998 年，《領導變革》
* 1999 年，《領導究竟應該做什麼》

管理智慧

領導者與管理者

領導（leadership）和管理（management）是兩個截然不同的概念。但是它們的不同與大多數人所認為的並不完全一樣。「領導沒有什麼玄妙或者是神祕，它與『超凡魅力』或者其他異乎尋常的個性特徵沒有關係。領導不是少數人的專利。領導未必優於管理，也未必可以取代管理。」確切的說，領導與管理是兩種互相補充互相關聯的整體，它們各有自己的功能和特點。

在日趨複雜、變化無常的商業環境中，這兩者都是獲得成功的必備條件。真正的挑戰是，把很強的領導能力和很強的管理能力結合起來，並使兩者相互制衡。領導是在一定的組織或團體內，統禦和指導人們為實現一定的目標而進行的一種社會實踐活動。

領導是率領人們並引導他們朝一定方向前進，而管理是負責某項工作使其順利進行。領導是管大的方面，管方向，管政策，管理是負責具體工作的組織實施。管理者的工作是計劃與預算、組織及配置人員、控制並解決問題，其目的是建立秩序；領導者的工作是確定方向、整合相關者、激勵和鼓舞員工，其目的是產生變革。領導是面向未來的，而管理是現在的。

領導者引導大家樹立一個長遠的目標，但是要達到這一目標還需要有相應的具體措施，從每一項工作，每一件具體事項做起，逐項逐件落實最終達到目的，這就需要有管理者的工作了。有了努力方向，日常的管理工作要跟上，兩者脫節或銜接得不好，就無法保證目標的實現。作為各級領導者要面向未來著眼現在。管理與處理複雜情況有關。管理的實踐和程序主要是對大型組織的出現所做出的一個反應。如果沒有好的管理，複雜的企業可能會雜亂無章，面臨生存危機，無論目標制定得多好，企業中的優秀人才有多少，也無法達到企業的目標。好的管理為諸如產品的品質和贏利能力等關鍵指標帶來一定的秩序和連貫性。

領導與應對變革有關。

近年來領導變得如此重要，其部分原因是，現在的商業世界競爭更加激烈、更加變化無常。要在這種新的環境中生存下去並有效的進行競爭，重大變革就變得越來越有必要。更多的變革總是需要更多的領導力。

領導重在激勵，而管理重在約束。

領導者的工作主要是激發人的積極度，採取符合人的心理和行為的各種激勵手段，使每個人的聰明才智得到最大限度的發揮。相對來說，管理就是約束被管理者不越出範圍。管理者要充當裁判員，一些違規的行為，裁判員要吹哨，違規嚴重的要處罰，不這樣做就會亂章法。

在計劃階段，管理者要為將來設定指標或目標，制定完成這些目標的具體步驟，然後分配資源來完成計畫。而領導是制定未來的願景，並為達到願景所需要的種種變革制定相應的策略。管理透過組織和配備人員來發展完成計畫的能力，然而，領導所對應的行動則是讓員工協調一致。

在控制階段，管理者透過控制和解決問題來確保計畫的完成，如報告、會議和其他手段等較為具體的比照計畫對結果進行監控，然後找出結果與計畫之間的偏差，最後透過計劃和組織來解決問題。而領導者要實現一個願景，就需要激勵和鼓舞員工 —— 透過訴諸基本的但往往未被利用的人類需求、價值觀和情感，使得員工即使在變革遇到極大障礙時，也能朝著正確的方向前進。真正的領導者要在危機時刻鼓舞下屬的士氣，並用遠見來引導人們走出暫時的困境。當危機降臨時，很容易鑑別出一家機構是否由真正的領導人在運轉。真正的領導人在危機時刻挺身而出，他們理解普通人的感受，並試圖引導他們走出低谷，他們還會非常誠實的告訴人們世界正在發生的變化，以及該如何駕馭這些變化。正如科特所說的，「獲得成功的方法是，75%～ 80%靠領導，20%～ 25%靠管理。」隨著經濟社會的發展，在人類歷史進程中扮演神祕角色的「領導力」，正在發生另一次重要的變革，它以越來越迫切的姿態滲入社會的日常狀態之中。

正如約翰．科特所做的形象的比喻：「倘若我們的社會是一輛汽車，它最初的速度是三十公里，我們需要很長時間才能到達下一個目標，但其間我們只需要為數不多的幾次調整方向，而今天，車速已達到兩百公里，用在路途上的時間大大縮短，但這也意味著你要更頻繁與敏捷的掌控方向盤。變革應由領導者來執行，如果由管理者執行，難逃失敗下場。」

企業的變革

現在企業面臨著與以前完全不同的挑戰和機會。世界經濟飛速發展，經濟全球化為每個人既帶來了更大的風險，也帶來了更多的機會，公司面對的不僅是自己本國的市場，也要面對國際市場。他們面對的競爭不僅是本國的競爭，也會有國際上的競爭。這就迫使各公司不僅要為提高競爭能力和獲得成功實施改革，而且還要為企業的生存，實行重大調整。反過來，技術革新、世界經濟一體化、開發中國家的本國市場，走向成熟和世界範圍內的知識經濟的廣泛和強而有力的影響，對市場全球化也發揮了推動的作用。同時，也在相當強烈的程度上逼迫企業自身進行調整與變革，以實現「以變求生」的目的。對此，美國哈佛大學工商業領導學著名專家科特在他的《領導變革》一書中，將組織的變革流程分解成八個步驟，總結概括了企業變革的八個要點。這八個步驟必須依順序執行，否則成功機會非常微小。

它們分別是：增強緊迫感、建立指揮團隊、確立變革願景、有效溝通願景、授權行動、創造短期成效、不要放鬆、鞏固變革成果。

下面對這八個方面進行具體的分析：

1. 增強緊迫感

當企業的全體成員都感到現在的狀況很好的話，那麼變革是無從談起的。因此說，要想變革，首先就要增加員工的緊迫感。要想增加緊迫感，就必須消除造成自滿情緒的根源，或盡可能縮小其影響。企業的領導人要製造出一些危機，讓員工都有危機的意識。例如，允許出現財政虧損；透過與競爭對手進行對比，讓經理們了解公司存在的問題和與對手的差距；在決策過程中定出更高的標準；鼓勵每位員工多從外部收集有關業績的資訊；高層管理人員停止發表樂觀言論。這些措施都能有效的增加企業的緊張感。

2. 建立指揮團隊

很多人都這樣認為：惟有一位富有傳奇色彩的人，才具備那種對改革來說是至關重要的領導才能。科特則認為，「這種看法是非常危險的」。特別是對於二十一世紀來說，要進行企業的重大變革，僅靠一位孤立總經理單打獨鬥是不行的。這需要組建一個聯合指揮團隊，透過這個團隊，要群體做決策，共同對決策負責。委員會的規模大小似乎與這家企業的規模有關。當然，這個團隊也要有一個好的領導者，沒有好的領導者是不會獲得成功的。

3. 確定變革願景

願景包含著某種崇高或神祕的東西，好的願景能夠引導員工向著目標努力工作。它是一個特別重要的因素，沒有願景，決策過程有可能演變成一場無休無止的爭吵，而在做預算時可能會不加考慮，信手將去年的數字改動 5%就算大功告成。當然企業的願景應該是可想像的、具有吸引力的、可行性的、靈活性的並且有好的傳播性的。從長遠看，如果沒有正確的設想，產品的重新策劃、企業的調整和其他改革計畫就絕不會發揮作用。

4. 有效溝通願景

願景不是設想出來就行了，只有少數幾個關鍵人物理解這一設想不是好現象，只有在參與這項事業或活動的大多數人，就所實現的目標和行動方向達成共識時，設想所蘊含的力量才能得到釋放。為此，有效的溝通就顯得非常重要。為了能夠達到這一效果，在建立願景時應該簡潔、清晰、明瞭、多用比喻和類比，而且還要領導人進行反覆的強調，要進行雙向的交流，提出自己的想法並聽取他人的意見，歷來比單向交流更富有成效。

5. 授權行動

要使傳播設想真正有效，只靠口頭、書面的溝通形式還不夠，還得進行相應的改革，要更多的授權，以使更多成員能夠採取行動。這樣才可能真正有效。向職員們宣傳一項合理的改革設想：如果職員們有了一個共同的目標，那麼為了實現這些目標行動起來就容易多了；使體制適應改革設想；為職員們提供必要的培訓；使資訊制度和人事制度適應改革設想。以上措施的核心是授權，改變領導與管理體制。

6. 創造短期成效

重大變革都要花去大量的時間。但多數人都希望能夠快速的看到成果，來說明自己的努力沒有白費。而持懷疑態度的人可能會提出更高的標準。對此，科特提出了「創造短期收益」的問題，並且認為，企業的短期的業績能夠促進改革總目標的實現。這種短期成效對改革計畫產生了肯定的作用，明顯的收益也有助於獲得老闆的必要的支持；持觀望態度的人變成了支持者；而且也有利於管理團隊來檢驗他們的設想等等。

7. 不要放鬆

當變革進入這個階段時，成果已開始明朗，同時也是變革舉步維艱的時期。由於功成名就，組織開始滋生自滿的情緒，往往導致成果得而復失。特別是由於改革成果已經出現，許多人便會出現鬆懈的念頭，一旦得不到改革成果，或認為分享不公平，便會想方設法使別人也得不到。對此現象，科特從組織內部找原因，認為以往改革失敗原因有兩點：其一，以往的管理方式往往過於集中，根本無法應付二十個以上的複雜改革計畫；其二，改革計畫的負責人沒有協調他們之間的行動，彼此造成牽制，產生阻力妨害改革成功。因此這時候千萬不能放鬆，一定要堅持下去，把改革進行到底。

8. 鞏固變革成果

科特認為，將工作方法以企業文化制度化，往往是最後實現的變革。將變革作為一種新的行為規範與企業文化固定下來，這一個步驟在變革中是必不可少的。文化對長期經營績效有極大的相關性。科特認為，新模式的文化應是「以變化為支點的企業文化」，這種文化會幫助企業適應一個迅速變化的環境，並大大勝過財力更強的競爭者。

當一個公司建立起這樣的文化時，公司的管理人員會誠懇真實的珍視與公司有關的所有人員，他們非常珍視支持自己生意的基本成員，從客戶、供應商、員工到股東。他們要更多的往外看，而不是朝內看，這一特徵對於形成靈活的、適應性的、以變化為支點的文化是很重要的；而且組織內的各個階層都非常重視進取心和領導權，這不僅是在組織的上層，在中層和下層也應是如此。公司內部大力宣傳改革想法，管理層也給予高度的重視並且改革了企業內部的業績評估制度以及其他一些因素。所有這一切都堅強的支持著新的工作方法。由於企業裡沒有人真正重視過這個問題，所以，人們並沒有努力的去幫助這種新的工作方法在公司文化中生根發芽。要想讓這種新的工作方法取代舊的價值觀念，就必須使它深深的植根於企業文化中，並使它在企業文化中發展壯大。

「目睹—感受—改變」推動變革

當遇到挫折的時候，我們有時甚至會使自己相信，「大規模的組織變革可能並不是那麼必要」。

在現實世界中，一股強大的力量卻在不停的推動著這股變革潮流。在所有這八個步驟當中，最核心的問題就是改變人們的行為。組織變革當中最核心的問題不是策略，不是系統，也不是文化。這些因素都是非常重要的，但最關鍵的問題無疑還是行為 —— 如何改變人們工作的內容和方式。從改變人們行為的角度來說，與其給他們一堆分析資料，以改變他們的思維，倒不如讓他們看到事情的真相，並進而影響他們的感受。換句話來說，科特的意思其實是主張發揮感情在企業變革中的作用。思維和感受都是必要的，實際上，在大多數獲得成功的組織當中，這兩者是並存的，但組織變革的關鍵還是在於改變人們的情感。在這點上，目睹—感受—變革的流程，要遠比分析—思考—變革的過程更為有力。目睹和分析，感受和思考等要素之間的區別是非常關鍵的，因為在大多數情況下，我們使用後者的頻率、熟練程度和滿意度都會高於前者。成功的組織變革總是以一種能夠影響人們感受（而不僅是思維）的方式來觀察問題並尋找解決方案。事實上，這種主張正反映了近年來管理學重心的轉移。

在「工業經濟」時代，管理是建立在機械生產基礎上的，側重的是透過分析和計算確定一個最佳答案，然後人們就機械的照樣去做。那時的員工靠的是遵守規定和程序，聽從上級指示，以對組織的忠誠換取薪酬和升遷的機會；然而在進入「知識經濟」時代的今天，創新是企業的生命，管理所要激發和依賴的乃是人員的熱情和投入。知識工作者不再是組織內的一個螺絲釘，他們追求的是個人的「成長機會」和「受僱能力」。科特的這種思想對今天的我們有很大的啟發。

經典語錄

成功的組織變革通常是一個耗時而且極端複雜的八步驟流程，並非一蹴可幾。經理人如果想投機取巧跳過一些步驟，或者不遵守應有的順序，成功的機會是非常微小的。

雖然變革牽涉到複雜且多步驟的流程，高效率的經理人總是能夠隨著環境調整關鍵行動以達到變革的目的。缺乏對環境變化的敏感度以及一招半式闖天下的心態，通常是造成失敗的原因。

許多受二十世紀歷史以及文化影響的人 —— 包括有能力、用意善良的經理人 —— 常常在處理重大的變革時會犯下可預見的錯誤。

領導不同於管理。成功變革的驅動力來自於領導而非管理。缺少了領導，錯誤產生的比率將大增，而成功機率則大幅下降，並不會因為變革的概念構架 —— 如新策略、再造工程、組織再造、品質計量以及文化變革等 —— 而有不同的結果。

由於變革的機率大增，領導在管理工作中逐漸占有重要的分量。然而，多數位居權力樞紐的經理未領悟這層重要的觀察。

管理工作漸漸被視為計量安排與願景的綜合體，因此管理者將透過科層關係和複雜的人際關係實踐願景。

管理傾向在正式組織階層中運作，而領導則不然。當變革牽涉到打破組織藩籬、減少組織層級、增加委派服務以及提高領導能力之需求時，管理工作將把人們置身於更複雜的人際關係。

由於管理工作逐漸成為一項領導任務，而領導人透過複雜的人際關係執行目的，因此管理工作漸漸成為依賴他人而非權力施展的遊戲。

當我們試圖從網路與依賴而非階層與正式授權的角度思考管理工作時，各種有趣的推論將紛至沓來。一些在傳統觀念上被人認為怪異且不合宜的想法，如「管理」上司 —— 一下子突然變成重要的思維了。

管理或領導人的日常作息極少符合一般人對管理人、英雄式領導人或高階主管的刻板印象，這個事實容易造成管理工作者或新進員工的混淆。然而，當我們將工作的多元性（包括管理及領導）、工作的困難度（包括維持與變革）、以及管理範圍內的人際關係複雜度（遠超過正式的科層關係）納入考慮時，他們的日常管理行為便不難理解了。

管理巨匠觀點

1980 年代，美國經濟生產力的成長慢於歐日等國，美國企業的競爭力也落後於其他國家，歐日企業占領了美國的部分市場；同時，新技術不斷湧現，如何迎接挑戰，成為美國企業界的一項重要課題。這本書正是在這種背景下寫成的。

約翰 · 科特首先分析了企業環境的不斷變化，表現為競爭激烈程度的提高。這種新的激烈競爭使許多公司發生了巨變。甚至衝擊到整個產業界。它一方面將一些缺乏競爭性的壟斷市場重新變成了競爭激烈的戰場，迫使那些實際市場占比極高的公司再次投入到爭取客戶的競爭中；另一方面，它也促使越來越多的企業更加關注消費者的需求變化和新技術的發展，然後在此基礎上採取措施以適應新趨勢，實現創新。否則，就會成為他人的獵物。總之，新的激烈競爭，正在開創一個不同以往，特別是比 1950、1960 年代更加動盪不安的新時代。

激烈的競爭要求公司重新考慮其傳統經營的策略、方針和常規經營方法，而公司也越來越需要那種能應付競爭如此激烈、公司間經濟矛盾不斷擴大的管理人才。要求管理人員大幅度降低成本，引進先進生產的技術、嘗試建立日本經營模式的勞資關係，在勞動人力低廉的地區嘗試建立分廠等；要求人事管理人員協助公司負責人，改革企業文化，以使本企業更富競爭力。同時要找到並實施一種能鼓勵公司管理人員，從更長遠的角度考慮問題的補償制度，並建立起一種新氛圍的勞資關係；此外還要求基層技術管理員在進行新產品開發時，必須與工程設計領域以外的管理人員合作；甚至要求中層管理人員找出並實施精減機構和人員的途徑。一句話，競爭的激烈導致對領導藝術的需求不斷成長。

科特指出，就在不斷增加的競爭使得多數公司內部上下需要更多領導藝術的同時，另一組稍弱的力量卻逐漸增加了成功領導的困難。這些作用力是企業成長、經營多樣化、全球化和技術進步。它們使得公司的經營活動更加複雜。

企業環境的變化除了競爭的加劇外，還有公司結構的複雜化，外部環境的變化表現為競爭國際化、各國紛紛放鬆管制、市場日益成熟、技術進步速度加快，從而導致多數產業的競爭升級，這促使出現日益成長的改革要求，目的在於實現較高經營水準，例如：更高的生產力、更多的創新、新的市場行銷和分配推銷方法，這些改革要求使得越來越多的工作職位上需要領導藝術。公司結構的複雜化表現為公司規模擴大、產品多樣化、向國外拓展業務、最新技術的運用加快，在現實中也就是多數公司日趨綜合化，這樣會出現兩種後果，一是進行富有成效的改革難度加大，另一方面是實施成功領導的難度日益增大。總之，領導藝術已經變得十分重要。

那麼，領導的含義是什麼？約翰．科特指出，本書中的領導是指透過一些不易察覺的方法，鼓勵一個群體的人們或多個群體的人們朝著某個方向、目標努力的過程，而不是指行使上述鼓勵過程的人。接著，約翰．科特透過克萊斯勒公司的案例，得出綜合性企業的成功領導過程為：

1. 制定變革規劃。內容包括企業能夠並且應該實現的設想，設想要考慮有關當事人的長期合法利益，規劃包括實現上述設想的策略安排，策略安排要考慮所有相關的企業和環境因素。
2. 建立強而有力的實施體系。這一體系包括與各主要實力派之間的支持關係，這些實力派是實現策略安排所需的。這些支持關係足以導致服從、合作。有必要的話，還可建立聯合組織。這種聯合組織包括一種熱情高漲的核心團隊成員，一支擔負著把設想變成現實這一責任的核心團隊。

領導與管理的區別是什麼？

科特認為，管理主要包括四個主要過程：

1. **計劃**。計劃是有關以邏輯推論方法達到一些既定結果的科學。
2. **預算**。預算是計劃過程的一部分，它與企業財務有關。
3. **組織**。組織的意思是設計一個組織結構以完成計畫，為組織配備合格人員，明確個人的職責，在財務和事業上為他們提供適當的幫助，然後為這些人委派適當的有權威的領導者，
4. **控制**。控制的內容包括：根據計畫不時的去找出偏差或「問題」，然後讓管理者「解決」這些問題。這一過程往往透過開會來進行，從計畫的財務安排來看，控制的意思是使用管理控制系統以及其他類似的東西。

從領導與管理的定義可以看出，管理和領導並不相互排斥，而是相互補充和重疊的。兩者的差異有：計畫沒必要包括設想，反之亦然；預算不一定有策略，策略當然也不一定要有預算；領導者擁有的正式組織以及他所需要的合作關係網之間，可能有很大差異；人員控制過程與激勵過程也可能有很大差異。從更一般意義上講，管理不同於領導，在於管理更正規、更科學，而且也更為普通。也就是說，管理只不過是一個看得見的工具和技術，這些工具和技術建立在合理性和實驗的基礎上。一般，強力的管理會限制人的行動，如果缺乏領導，在這期間辦事效率會變得越來越差，獨到見解會越來越少，控制會越來越嚴；同樣，強力的領導也會造成混亂，如果沒有管理去控制事態，實行實際監督，那就肯定會發展成希特勒式的瘋狂。因此在任何時候，管理和領導都缺一不可。

當今企業所需要的成功領導作用，與「企業家活動」既相似又有區別。兩者都需要承擔風險，與此相比，管理的目的則要盡力消除風險的可能。成功領導者與傳統企業家的區別在於：

1. **建立規劃方面**。前者考慮企業中其他成員和組織的正當利益，提出設想和策略安排。後者從最有利於企業家小圈子出發，提出設想和策略安排，即使這不利於整個企業也要這樣。
2. **建構體系**。前者一般建構一個實施體系，這一體系包括主要企業負責人、同

級夥伴、下屬以及企業外部一些人。後者一般建構一個牢固的、有凝聚力的體系，這體系包括下屬，而有時忽略掉了一些重要的上級和同級夥伴。

每當人們談及領導藝術和領導者時，總帶有一種神祕色彩，好像進行領導的領導者們是一群超然於世俗和理性分析之外的人物。其實領導者也是普通的人，只不過對他們有特殊的要求而已。這些要求表現在：

1. 行業和企業知識。領導者要有廣泛的行業知識（市場、競爭、產品、技術），廣泛了解公司情況，如主要領導人及其成功原因、公司文化、歷史、制度。
2. 在公司和行業中的人際關係。領導者需要在公司和行業中建立一整套廣泛而穩固的人際關係。
3. 信譽和工作紀錄。領導者在公司主要活動中，要有很高的聲望和出色的工作紀錄。
4. 能力和技能。領導者思維敏捷，表現為相當強的分析能力、良好的判斷力以及能從策略上和全域上考慮問題的能力等。此外還要有很強的人際交往能力，表現為能迅速建立起良好的工作關係、感情投入、有說服力及注重對人和人性的了解。
5. 個人價值觀。領導者要十分正直，能公平的評價所有的人和組織。
6. 進取精神。領導者要有充沛的精力，要有堅強的動機（它是建立在自信心基礎上的對權力和成就的追求）。至於中低層管理工作中所需要的個人素養，組織者仍須了解公司背景情況，了解這項工作技術性要求以外的許多東西，也要能建立起一些超出命令關係外的良好工作關係，也要有一些值得信賴的工作紀錄和聲譽，以及最低限度的知識技能和人際交往能力，此外，組織者還得具備正直的品行、起碼的精力和領導功績。

以上這些個人素養是怎樣得來的，科特透過分析得出以下具體結果：

1. 素養是與生俱來的。它們是一些基本的智力水準和人際交往能力、身體情況、人的精力、最低限度的智力水準。
2. 某些個性毫無疑問是個人在其早年生活經歷中逐步形成的，如個人價值觀和進取心、技能和能力。

3. 沒有多少素養是教育制度培養出來的成果，除了一些非常專業的知識技能外。

4. 大部分要求是個人在工作過程中逐步形成的。

在第二篇中，科特考察了企業領導不力的情況。他認為企業中存在兩股制約領導作用的勢力：一是短期經濟效益壓力。比如，如果公司沒有培養出可以接替人選的情況下，將關係到完成季度指標的某一關鍵職位上的某人辭退，那就只有迅速從公司其他部門抽調可以頂替這人的最佳人選：由於接任者培養未就緒，結果不得不讓一個沒有準備的人接任這一職位的工作。二是本位主義思想，比如公司出現職位空缺，這對公司內各部門的下屬人員是一個絕好的發展機會，然而卻找不到人能填補這些空缺的職位。究其原因，要麼是其他部門主管不願意放人，要麼是職位空缺的部門主管已經在本部門內物色好接任者，或是這一部門主管擔心其他部門的人會成為自己的對手。不願意接收，這兩股勢力決定公司管理者的素養有四種方式。

第一種方式：由於這兩種勢力的存在，管理人員聘用人才喜歡挑選那些不需多少培訓、願意接受最低薪資且聽話的人員，而不願意耗費時間和資金尋求具備長期素養的人。很少是具備領導素養的候選人，因為領導人需要有敏捷的思維、良好的人際關係和正直的品行。結果，公司管理層，大多數人是來自公司基層員工，他們缺乏領導所必要的某些基本素養。

第二種方式：這兩種勢力使得公司各級主管不願放走有才能的職員，那些條件不足且目光短淺的年輕員工認知到：直線升遷方式是唯一捷徑。管理者不願意接受橫向選拔的人才，因為那需要大量培訓，且可能承擔選人不當的風險，這導致公司管理人員職位上升途徑逐漸變得垂直和狹窄，多數管理者因視野狹窄，只了解工作過的部門中的其他人，而且，也只相信他們的工作紀錄。結果是，管理者無法設計與有效的企業領導相關的整體發展規劃，也無法得到部門間不同類型人才的合作，因為這種領導需要這些人，才能真正實施。

第三種方式：短期經濟效益壓力和本位主義思想使得公司機構職能化，管理集中化，這有利於提高短期生產能力，但卻阻礙了進一步的改革，因為企業主要管理者不願意讓權。隨著時間的推移，這種集權職能機構會變得越來越官僚。公司內的官僚作風隨處可見，這會導致管理、具有領導素養的人在公司最初的十至二十年內，只能配合工作，無法得到處理分歧、技巧性高的工作機會。

第四種方式：這兩股勢力使得公司為減輕面臨的各種壓力，迅速將真正能幹的人才安置到重要職位，這些素養高的人才在處理各種事務，是為了追求短期的個人名利，公司中高水準人才提升迅速，在各個職位的時間都很短。結果，企業高階管理者不必為過去的經營失誤負責，並沒有從中吸取教訓：他們無法進行真正有效的判斷，形成那種帶來長期信任的信譽的人際交往風格。這種判斷力和風格是成功領導者必不可少的特徵。這些人任職期短，離職後的工作紀錄模稜兩可。這種模糊不清的工作紀錄無法為有效領導提供必要的的可靠性。

與領導形成對比的是，一些公司具有良好的領導環境，這種環境表現在五個方面：

1. 複雜的人員補充工作，讓各級管理人員來推動充實人員的工作，人事專家提供協調和行政支援但不控制這個過程，公司多數把招聘目標對準它們認為是未來公司領導人才良好來源且為數很少的幾家商學院；公司盡力保持人員聘用的高標準，注意招聘有領導素養的應徵者。當發現真正需要的某些人時，公司會想辦法接近他們。
2. 良好的工作環境，一般指沒有「政治活動」，沒有暗地活動的同盟或組織之類的東西，人們能真正努力的相互幫助。
3. 挑戰機會：提供各種挑戰機會的方式有很多種，在許多公司中，權力分散是關鍵，權力分散是指在一個機構中下放責任。並在此過程中，在機構的中低層次管理中形成更多有挑戰性的工作職位，有些公司還把公司劃分為眾多盡可能小的單位，或透過強調以新產品方式帶動經濟成長，並最大限度的減少公司內的官僚作風和僵化的組織結構，盡量採用工作小組這種方式。
4. 領導素養的早期發現。一些公司採取措施讓高層管理人員看到公司中年輕員工和基層工作人員，然後由這些高層管理人員自己判斷哪些人是人才，以及這些人需要什麼樣的發展。

5. 計劃培養。誰具有某種領導才能，就應加強這方面的培養，培養機會在這裡包括：任命新的職務，包括提升和橫向調動；正式培訓，包括參加企業內部培訓、政府組織的專家討論會或大學進修；任命為工作小組或委員會成員；得到某位高階負責人的指導或幫助；參加其主要職責範圍以外的會議；從事專門的專案規劃工作；促進發展的專門職位，如總經理助理的職位等。

那麼，如何有效的降低短期經濟壓力，避免本位主義呢？首先，要發揮各級管理人員的作用，單靠一個培養領導的人事計畫或少數幾個人的良好意願是不行的，只有各級組織的群體意志才能做到，管理人員應當用更多的時間，在員工中尋找人才，找出人才培養的各種方法，並鼓勵下屬安排自身職業發展；其次，要利用企業文化的作用，相當強的企業文化常帶有濃厚的群體主義色彩。並對促成企業長期興旺發達有很大意義，也促使人們不那麼看重短期經濟壓力和各種狹隘的利益小集團，一種強而有力的企業文化就是一股威力極大的力量，在潛在的短期的經濟壓力和本位主義很容易變成控制企業行為的現實力量的環境中，要使各級管理人員集中於任何重要的企業目標，這種文化的力量也許是必要的。此外，在企業中，特別是規模龐大的公司中，組織結構、制度和政策在塑造公司行為方面，也確實發揮著某種作用。一個高度集權的組織機構和一套非常呆板、僵化的制度，會使公司向那些處於職業生涯、有才華的年輕員工提供挑戰的機會變得困難，相反，一個相對分散的組織結構和通情達理的制度，都能很容易的為眾人提供機會。

最後，科特對管理工作、領導行為、管理人員、職業生涯、人事專家作用和進行全球業務管理做了整體的論述，並指出了競爭優勢的來源所在。在 1950、1960 年代，有五個因素最突出：

1. 在一個不斷成長的市場中占有很大的市場占比。
2. 在一個不斷成長的需求中的產品專利權。
3. 成長市場中高資本密集型產業下的龐大生產力。
4. 有利的政府專制。
5. 控制主要資源的供給。

但現在以及將來，這些競爭優勢來源的作用會日益衰弱，其原因在於這些因素有的要麼很容易買到（如專利），要麼被競爭性強且富有的競爭對手摧毀（如管制），此外，這些競爭力強且富有的競爭對手似乎逐年增加。因此，一家公司耗費時日，形成一系列能建立起強而有力管理團隊的行為方式和計畫策略，就能進行成功的領導，它也就因此具有獲得競爭優勢的最強而有力的來源。即使它面臨的是一個十分富有且規模龐大的競爭對手，如果對方沒有類似的要素，那麼這個對手至少要花十年以上的時間，才能逐步建立起能支持這些行為方式的環境。而在這十年中，在競爭異常激烈的環境中，這個領導力量強大的公司也有機會擊敗競爭對手。

延伸品讀

約翰·科特是近年來一位撰寫有關領導藝術文章的重要作家。他對「領導者」和「管理者」的區分，可以幫助我們理解這兩個概念。近來，他撰寫了一些關於領導和改革、關於如何培養和塑造領導人的書。

在轉向對領導藝術的研究之前，科特教授寫了大量有關綜合管理學的文章，探討了總經理的工作方法以及管理學學科的重要組成成分。他認為管理者能否進行有效管理，很大程度上取決於他們能否與他人建立某種關聯。最重要的關聯往往和企業的結構或等級無關；管理者實際上是在與同事，以及所有他認為能夠協助自己實現目標的人建立某種聯盟。

接下來，科特教授對管理者和領導者進行了對比。他認為兩者之間存在四個明顯的不同。第一是日程上的區別：管理者關心的是在特定時間框架內的計畫和預算，而領導者則更加自由的創造對未來的設想。第二，管理者負責組織的形式，而領導者更強調交流。第三，管理者關注如何解決問題，而領導者的目標是啟發和推動整個組織。最後，由於管理者關注目標，所以他們的目的是實現預言；領導者的工作是創造和改革，所以他們有時是難以預測的。

所以，整體來說，管理者的工作在於執行和管理；而領導者的工作則是計劃和設想。科特教授並不認為管理者和領導者應該是不同的人。兩者可以合而為一，前提是要認知到各自的工作是不同的。管理者關注的是現在，而領導者則關注未來。兩者對於一個企業都非常重要，但是科特教授認為在一個組織中，管理者應該少一點，而領導者則要多一點。科特教授後來的著作很多都是關於如何培養領導者，這樣今後就能提供足夠多的領導者。

他還不認同過去那種認為領導者是天生的看法。他說，領導藝術包含一些技巧，而這些技巧是可以也是應該能學會的。僅有企業家精神是不夠的，必須儘早發現有潛力的領導者，然後培養他們的領導能力，最後才讓他們擔任領導者的職位。

競爭策略之父
—— 麥可．波特

管理巨匠檔案

全　名　麥可．波特（Michael E. Porter）
國　別　美國
生卒年　西元 1947 年至今
出生地　美國密西根

經典評介

麥可·波特，哈佛大學商學研究院著名教授，當今世界上少數最有影響的管理學家之一。是當今世界上競爭策略和競爭力方面公認的第一權威。對於企業管理人員和經濟管理類的師生來說，波特的名字幾乎等同於「競爭策略」和「競爭優勢」概念本身。如果說彼得·杜拉克是管理學思想的智慧型天才，而湯姆·彼得斯是最具魅力的平民的話，那麼麥可·波特就是最具影響力的思想家。

管理巨匠簡介

麥可·波特出生於 1947 年，1969 年獲普林斯頓大學航空機械工程學士，1971 年獲哈佛商學院工商管理碩士，1973 年獲哈佛商學院企業經濟學博士學位。

32 歲獲哈佛商學院終身教授之職，並寫出了名著《競爭策略》，改變了傳統的 CEO 的策略思維。該書引入了最低成本、差異化、重點突出等三方面的策略分析，為企業的策略定位提供了架構。

從 1980 年代中期開始，波特主要關心國際競爭力問題。同時，他還參與主編過對各國影響很大的《國際競爭力報告》。

1983 年，被任命為雷根的產業競爭委員會主席，開創了企業競爭策略理論，並引發了美國乃至世界的競爭力討論熱潮，帶動了美國當時的經濟復甦。

1990 年代中期重返「策略界」，在哈佛商學院他領導一個研究小組繼續策略研究，力圖重振策略在管理學上的地位，在他看來，只有策略才能產生持久的優勢。

1991 年，波特出版《麻薩諸塞州的競爭優勢》一書，並任麻薩諸塞州經濟成長和技術理事會主席。1996 年，在《哈佛商業評論》上再次發表一篇經典文章《什麼是策略？》，澄清了策略與「營運有效性」的區別。目前，波特博士的課已成了哈佛商學院的必修課之一。另外，他還為國際上著名的大公司的管理者開辦培訓班，並到世界各地為企業界和政府部門做演講。波特博士先後獲得過威爾茲經濟學獎、格雷厄姆—都德獎、亞當·史密斯獎及許多其他獎項，四次獲得麥肯錫獎，並且擁有瑞典、荷蘭、法國等國大學的八個名譽博士學位。「如果有人能把管理理論改變為令人尊敬的學院派原則，這個人就是麥可．波特。」經濟學人如是說。

波特現為《華爾街日報》客座專欄作家，全世界許多大公司的諮詢顧問。作為國際商學領域備受推崇的大師之一，波特博士至今已出版了十七本書及七十多篇文章。其中，《競爭策略》一書已經再版了五十三次，並被譯為十七種語言；另一本著作《競爭優勢》，至今也已再版三十二次；他的近期力作《波特看日本競爭力》一書，被《經濟學家》評選為 2000 年度最具現實意義的著作。

波特可以說是策略管理方面的大師，他從 1975 年開始在哈佛商學院講授「經營政策」（Business Policy）課程，至1990年完成具有廣泛影響的「三部曲」——《競爭策略：產業與競爭者分析技巧》、《競爭優勢：創造與保持優異業績》、《國家競爭優勢》。三部曲的出版，奠定了波特教授在世界策略研究領域的大師地位。

代表著作

* 1976 年，《品牌間的選擇、策略和雙向市場的力量》
* 1980 年，《競爭策略：分析產業和競爭者的技術》
* 1985 年，《競爭優勢：創造和維護最佳經營效績》
* 1986 年，《全球產業競爭》
* 1990 年，《國家的競爭優勢》、《波特看日本競爭力》、《競爭論》

管理智慧

競爭力量模型

對於競爭力量模型的研究，1980 年代以前就有策略管理學家對此進行過研究。波特模型的貢獻在於對產業組織經濟學和企業競爭策略創新性的相容，波特模型為研究產業的競爭型態及如何設計對應策略，提供了一個非常有用的分析架構。波特認為，任何產業中的競爭強度普遍受到五種因素的影響。這個行業的競爭狀況及綜合度引發行業內在的經濟結構的變化，從而決定著行業內部競爭的激烈程度，決定著行業內部的最終獲利性。

1. 潛在進入者的威脅

潛在的進入者如果加入，市場上的產品就會增加，就有可能搶占企業原有的市場占比，因此說，會為現有的企業帶來威脅。如果一個行業的進入門檻很低的話，那麼這種威脅還是很大的。例如你是一家理髮店的老闆，如果有一天你的這條街上突然新開了一家類似的理髮店，那麼你的生意就很容易受到影響。當然了，如果進入門檻很高的話，這種威脅就小。門檻可源於政府的保護政策、投資金額的要求、技術難度以及產品分銷途徑設立的難度等。

2. 替代品的威脅

替代品指的是那些與本企業具有相似功能或類似功能的產品，除非企業能生產獨一無二的產品，否則替代品取而代之的可能性不容抹殺，特別是價格便宜、性能良好的替代品更具威脅。而消費者討價還價能力與替代品的存在有著密不可分的關聯性。有些替代品的出現是技術進步的產物，例如個人電腦的出現慢慢的取代了打字機，這時企業不能還堅持原來的技術不變，一定要考慮雙方產品的壽命週期和整體發展方向。

3. 購買者討價還價的能力

如果消費者有討價還價的力量，他們絕對會使用它，這就會降低邊際利潤，結果就會影響獲利率；如果買家的購買量很大，對企業經營額的高低舉足輕重，其討價還價能力也相應提高。其次，買家對產品定價的敏感程度也是一個企業需要仔細衡量的影響競爭強度的因素。定價敏感度高的產品會增加買家的討價還價能力。

4. 供應商討價還價的能力

當原料的供應由少數公司所壟斷，是構成供應商討價還價力量膨脹的重要原因。這時供應者透過揚言要抬高價格和勞務或降低出售的品質，對作為購買者的企業進行威脅，以發揮他們討價還價的能力。當然，如果企業是供應商的大客戶，供應商也不敢輕視，彼此之間討價還價的力量對比就會有所調整。

5. 行業內部現有競爭

行業內部的競爭也是一項非常重要的作用力。與產業中其他現存企業爭奪顧客，是企業主管人員感受到的最直接的競爭壓力。競爭總是會帶來向行銷、研究進行投資的必要，或者使降價勢在必行，這些都會降低利潤。這樣的競爭的表現形式一般有價格戰、廣告戰或開發新產品等。

波特認為，「當影響產業競爭的作用力以及它們產生的深層次原因確定之後，企業的當務之急就是辨明自己相對於產業環境所具備的強項和弱項。」據此，他提出了可應用於任何性質及規模的企業，其涵蓋面甚廣的基本競爭策略。

基本競爭策略是指無論在什麼行業或什麼企業都可以採用的策略。著名策略管理學家波特在《競爭策略》一書中認為，在與五種競爭力量的對抗中，每個企業只能擁有兩種基本的競爭優勢，即「低成本和產品差異化」，這兩者與某一特殊的業務範圍相結合，可以得出三類成功型策略思想，這三種思路是：總成本領先策略、差別化策略以及集中化經營策略。

6. 總成本領先策略

總成本領先策略是指企業透過在內部加強成本控制，在研究開發、生產、銷售、服務和廣告等領域裡，把成本降到低於行業當中的低成本製造商和供應者。

成本優勢策略是透過累積經驗，建立起高效規模的生產設施，在經驗的基礎上全力以赴降低成本，留意成本與管理費用的控制，以及最大限度的減少各方面活動的成本費用。雖然產品的品質和服務也是重要的考慮因素，但是首要的還是考慮怎樣降低成本。該公司成本較低，意味著當別的公司在競爭過程中已失去利潤時，這個公司依然可以獲得利潤。因此，企業的高層管理者一定要給予高度的重視，否則的話是很難實現這個目標的。一般來說，只有具備較高的相對市場占比或其他優勢，才能贏得總成本最低的有利地位，諸如與原材料供應方面的良好聯絡等，較低的人力資源成本，或許也可能要求產品的設計要便於製造生產，易於保持一個較寬的相關產品線以分散固定成本。一旦公司贏得了這樣的地位，就能獲得較高的邊際利潤。如果這個行業打起了價格戰，這個企業的降價空間就要比別的企業的大得多。又可以重新對新設備、現代設施進行投資，以維護成本上的領先地位。低價也設置了這個行業的進入門檻，如果新的企業生產經營不熟練，很難有一樣的成本，因此也就很難進入這個行業；低價又可以吸引消費者選擇自己的產品，例如沃爾瑪現在使用的就是低成本策略，它是全球最大的零售商。總之，這種策略能夠使企業有效的面對行業中的五種競爭力量，用較低的成本獲得較高的利潤。當然，成本領先策略也有一定的弱點，這種策略不易保持，一旦競爭對手模仿，形成和自己相似的產品和服務時，或者是競爭對手開發了新方法能使生產成本更低，這樣企業就不再具有優勢。而且，企業過分的降低成本，就不能夠很好的滿足消費者的需求，這樣就會失去消費者。

7. 差別化策略

差別化策略是將產品或公司提供的服務差別化，樹立起一些全產業範圍中具有獨特性的東西，滿足顧客的特殊的需求，形成自己的競爭優勢。這時企業的策略重點是差異和服務的特色，而不是產品和服務的成本。實行這種策略需要特殊的管理技能和組織結構，例如企業要從整體上提高服務品質，要有很好的研發能力或銷售能力，組織結構和企業文化也要做適當的調整以適應這種策略。實現差別化策略可以有許多方式：設計名牌形象、技術上的獨特、顧客服務以及其他方面的獨特性。如果公司能形成他們的差異化，則會獲得很高的經濟收益。例如履帶式曳引機公司不僅以其商業網路和優良的零配件供應服務著稱，而且以其優質耐用的產品品質享有盛譽，這個公司就是行業中的佼佼者。如果差別化策略成功的實施了，它就成為在一個產業中贏得高水準收益的積極策略，它可以降低顧客對價格的敏感性，可以有效的防止替代品的威脅，而且這種差異化一旦形成，這一特殊的顧客群就是公司應重視的顧客。總之，它也能防止五種競爭力量的威脅，形成自己公司的特色。但是差異化也有自己的缺點。波特認為，推行差別化策略，有時會與爭取占有更大的市場占比的活動相矛盾，差異化畢竟不是普通化，會影響到大眾對這種產品的接受，與提高市場占比兩者不可兼顧。如果競爭對手開發出了類似的，或者是更有差別化特色的產品，那麼公司原有的策略就會沒有特色了。而且在建立公司的差別化策略的活動中，總是伴隨著很高的研發和銷售成本，如果這個成本太高的話，即使顧客都了解公司的獨特優點，也並不是所有顧客都願意或有能力支付公司要求的高價格。

8. 集中化經營策略

這一策略是企業集中精力服務於一個範圍較小的細分市場。企業應集中服務於特定的客戶群、經營特定的產品系列、占領特定的地區市場。這一策略和前兩個都不同，前兩種策略都是面對整個行業的，而這種策略則是在某一個特定的區域，為特定的目標進行密集性生產的經營活動。集中化策略可以具有許多形式。集中化策略的整體是圍繞著很好的為某一特殊目標服務這一中心建立的，它所開發推行的每一項職能化方針都要考慮這一中心思想。這一策略依靠的前提思想是：公司業務的專一化能夠以高的效率、更好的效果為某一狹窄的策略對象服務，從而超越在較廣闊範圍內競爭的對手們。波特認為這樣做的結果，是公司或者透過滿足特殊對象的需求而實現了差別化，或者在為這一對象服務時實現了低成本，或者兩者兼得。這些優勢保護公司抵禦各種競爭力量的威脅，可以使其獲利的潛力超過產業的普遍水準。當購買者群體之間的需求有差異，而且沒有其他的競爭者打算採用這一策略時，公司就可以採用這種策略。但專一化策略常常意味著限制了可以獲得的整體市場占比。專一化策略必然的包含著利潤率與銷售額之間，互以對方為代價的關係。

波特在《競爭策略》中還對三種通用策略實施的要求進行了詳細的分析，並一一列舉。

波特認為，這三種策略是每一個公司必須明白的，如果一個企業不能將注意力集中在這三個策略的任何一個上時，它極有可能遇到麻煩。「一個企業不能在這三個方向裡確定一個作為其發展策略的目標 —— 我們就認為它處於左右為難的狀態 —— 也就是處於極端糟糕的策略處境。」徘徊其間的公司幾乎注定是低利潤的，所以它必須做出一種根本性策略決策，向三種通用策略靠攏。有時企業追逐的基本目標可能不只一個，但波特認為這種情況出現的可能性是很小的。因為無論貫徹何種策略，通常都需要全力以赴，並且要有一個支持這一策略的組織安排。如果企業的基本目標不只一個，則這些方面的資源將被分散，企業不能集中精力來實現一種策略，有可能哪一個目標都實現不了。

波特對於策略性過程有著非常清楚的見解。在向人們說明了產業圖像和他們可以採用的經營策略之後，他又開始幫助人們分析企業提供給客戶的是何種價值，企業如何在所服務的市場中創造並保持一種競爭優勢。

9. 價值鏈理論

1985 年，波特在《競爭優勢》一書中，提出了價值鏈的理論框架。這個理論框架認為企業的經營活動可以分解為基本活動和輔助活動，基本活動直接存在於產品流向消費者的整個過程當中，主要有進貨後勤、生產作業（或改造）、發貨後勤（包括訂單處理，實物分配等）、行銷、服務。輔助活動的存在可以支持基本活動，輔助活動包括採購、開發，人力資源管理以及企業基礎設施的供應。

除了企業基礎設施之外，所有的輔助活動與每一種基本活動都有著直接關聯，並支持著整個價值鏈。企業的基礎設施與基本活動沒有直接的關聯，它是應用於整個價值鏈的。

在波特看來，價值鏈提供了一個系統的方法來審查企業的所有行為及其相互關係，但是必須依波特的觀點從整體上考慮整個價值鏈，例如：如果行銷與生產作業配合得不好，那麼行銷工作做得再好，也不能成為一項策略優勢。

企業要分析自己的內部條件，判斷由此產生的競爭優勢，首先要確定自己的價值活動，然後辨識各種價值活動的類型，最後構成自己特有的價值鏈。

10.「菱形」模型的提出

與很多管理大師不同，波特並沒有將他的聰明才智完全奉獻於工商學界。在他的研究對象中，國家和公司一樣多。

1990 年，波特出版了《國家的競爭優勢》一書，該書對國家的作用與目標進行了全新透視。在這本書裡面，國家已不再是軍火庫，而是各個經濟單位，各自的競爭力是通往權力的關鍵。在本書中，波特的研究集中在十個國家：英國，丹麥，義大利，日本，韓國，新加坡，瑞典，瑞士，美國和德國。

「為什麼以某個國家為基地的企業就可以創造和維持競爭優勢，並能和另一個地區的全球最好的競爭對手旗鼓相當？為什麼某個國家可以在一個行業裡產生許多的世界領先企業？」波特問道，「為什麼小小的瑞士可以在製藥、巧克力和貿易領域裡領先世界其他地區？為什麼載重貨車和採礦設備的行業領袖都在瑞典？」

為了使國家或地區在某個行業的力量背後的動態平衡更加清楚，波特發展了一種國家的「菱形」模型，它由四種力量組成：

要素條件。以前這些包括自然資源和勞動力供應，現在它們指的是資訊交流，大學研究和擁有特定領域的科學家、工程師或專業人員。

需求條件。如果本國對於一個產品或服務的需求很強，就可以使這個行業在全球競爭中搶先起跑，比如美國在保健服務業的領先地位就源自其國內的旺盛需求。

相關和支持行業。一個國家的某個行業實力很強，那麼通常這個行業周圍都是依些成功的相關行業。

企業的策略、結構和對手。本國國內的競爭會支持該行業的發展和競爭實力。

這四個要素構成了波特的國家的模型。

關於策略理論的深思

策略的根本原則就是，不管技術如何革新，也不管革新速度有多快，策略都具有持久意義。1980 年代後期和 1990 年代初期興起的管理理念，如基準比較、精益生產等都是幫助企業提高營運的有效手段。但卓越的營運有效性只是短期競爭優勢的來源，不能構成長期的競爭優勢。作為企業，僅僅以營運為中心的做法是危險的：如果你所努力的事業，是和你的競爭對手一模一樣的，那麼，你就不可能做得很成功。企業必須要使自己的定位與對手不同，發現行業內的機會在哪裡，發現自己的優勢和劣勢，確定自己的長遠目標。當然，隨著時間的發展，人們對波特的策略理論也提出了一些質疑。

首先，波特認為各類企業之間所存在的就是競爭關係，覺得企業處於五種競爭力量的作用中心，企業的一切都是為了增強自身的競爭力來降低這五種力量的威脅。那麼到底誰有可能作為企業的短期或長期的合作者而存在呢？而且，現在要求的是和顧客或者供應商建立長久的互利合作關係，還可能存在著多種型態的相互依存、共生互應的關係。波特主要考慮的是外部的各種力量，若將過多的精力放在考慮對手做什麼之上，可能會在無意中使企業忽視自身特色的建立。

其次，波特的理論過於靜態，沒有考慮到企業或者人的主動性，「五力模型」就像一張照片。根據這樣一個靜態模型建立的策略必然有一定的缺陷，特別是在市場情況瞬息萬變的今天，適時性在策略的制定中顯得尤為重要。但是，無論如何，作為「競爭三部曲」的作者，他對有關競爭的基礎概念所做出的闡述，已經成為具有經典意義的標準釋義，並且被前所未有的廣泛引用，波特所宣導的一系列嶄新的理念，已經成為 1980 年代以來，在國際企業競爭方面最具影響力的箴言和指南。

經典語錄

在競爭這塊豐沃的領域中，我投下了二十餘年的研究光陰。儘管經濟學家的訓練使我謹守經濟理性原則，但是我的志趣是掌握企業與產業的複雜性，並找出更先進的理論供產業界活用。我的目標是發展出一個嚴謹而實用、能夠理解競爭的理論架構，並作為跨越理論與實務間鴻溝的橋梁。

只有在較長時間內堅持一種策略而不輕易發生游離的企業，才能贏得勝利。

管理巨匠觀點

《競爭策略》

本書創造了「五種力量分析」等競爭分析的基本工具，是關於企業策略最經典的著作。《競爭策略》是麥可·波特在管理理論方面的經典著作。作為哈佛商學院的教授和競爭策略方面公認的權威，他在此書中提出了行業結構分析模型，即「五種競爭力模型」。他認為這五種競爭力（行業現有的競爭狀況；供應商的議價能力；客戶的議價能力；替代產品或服務的威脅；新進入者的威脅）決定了企業的獲利能力。他還指出，企業策略的核心必須在於選擇正確的行業，以及行業中最具有吸引力的競爭位置。

麥可·波特還提出與產業結構相對應的三種基本競爭策略：成本領先，標新立異以及目標集聚，並說明由於企業資源的限制，企業往往難於同時追求一個以上的策略目標。

波特為這類策略提供了系統化的思維方式，闡述了企業應該在哪些重點上建立競爭力，對於經營實踐有很好的指導作用。

必須指出的一點是，此經典著作注重的是產業結構，較少考慮透過企業的變革來建立長期競爭優勢。

《競爭優勢》

本書闡述企業在實踐中將這些普遍理論付諸實施的問題。它研究的是一個企業如何才能創造和保持競爭優勢。它反映了作者日益深化的信念，即許多公司策略的失敗，是由於不能將廣泛的競爭策略轉化成為獲得競爭優勢的具體實施步驟。

他的這種思想旨在將策略的制定和實施溝通起來，而不是像該領域中許多著作那樣將兩者割裂開來。

《日本還有競爭力嗎？》

在《日本還有競爭力嗎？》一書中，世界首席競爭策略思想家麥可·波特與他的合作者竹內廣高和神原鞠子一起，根據十年的研究成果，解開了日本經濟困境之謎。

這項工作對於預測日本的經濟未來十分關鍵，而且日本經濟的未來，對於世界各國尤其是亞洲國家，具有重大影響。從更深的層次看，這本書闡述了現代全球競爭中公司策略和經濟政策的持久原理，同時也促使我們深入思考，在國際大舞台上扮演越來越重要角色的國家，如何避免重蹈日本經濟的覆轍。

《國家競爭優勢》

經過了十一次印刷和翻譯成十二種語言版本之後，麥可．波特的《國家競爭優勢》完全改變了我們原本對財富在現代全球經濟中是如何形成和保持的觀念。波特對於國際競爭力創始性的研究影響了世界各國的國家政策，它也改變了各城市、各企業，甚至像中美洲這樣的地區的思想和行為。基於十個主要已開發國家的研究，《國家競爭優勢》根據企業憑以競爭的生產力，第一次提出了理論解釋。諸如自然資源和勞動力之類的傳統比較優勢，波特解釋了它們作為財富的來源是如何被替代的，以及對於競爭力泛泛的整體經濟解釋是不充分的。本書介紹了波特的「鑽石」模型——一種理解國家或地區全球競爭地位的全新方法，現在已經成為國際商業思維中不可或缺的一部分。波特的「集群」觀點或相互連結的企業、供應商、相關產業和特定地區的組織機構組成的群體，已經成為企業和政府思考經濟、評估地區的競爭優勢和制定公共政策的一種新方式。

在本書出版之前，波特的理論已經指導了紐西蘭和其他地方國家競爭力的重新評估。他的觀點和親身參與研究形成了一些國家和地區的策略，如荷蘭、葡萄牙、哥斯大黎加、印度和臺灣等國家，以及美國的麻薩諸塞州、加州和巴克斯縣等地區。上百種集群策略已經在全球遍地開花了。在激烈的全球競爭時代，這本開拓性的關於國家新財富的書已經成為衡量未來所有工作必要的標準。

作者先以德國的印刷業、美國的醫藥檢測產業、日本的工業機器人產業、義大利的磁磚產業，以及全球服務業的發展，闡釋「競爭策略理論」的實際應用。接著提出八個國家的實例，分析各國產業在國際競爭上成功與失敗的原因，進而歸納出掌握競爭優勢的原則與思考模式。本書立論嚴謹，實例豐富而詳盡，除了協助政策制定採取正確的行動，創造並保持「國家競爭優勢」；更能協助企業領導人，選擇最佳的發展基地，運用「國家競爭優勢」，建立「企業競爭優勢」。

《競爭論》

在過去的二十年中，麥可．波特一直致力於推廣競爭理論和競爭策略的觀念。《競爭論》一書首次將波特的十多篇論著收集在一起，每一篇文章都展現了波特對競爭的豐富認知，有全新的感召力和重大的意義。閱讀本書就是與波特共同展開其思維歷程：我們從中可以看到其理論的形成、深化和與時俱進。

本書分為三大部分。第一部分論述企業的競爭和競爭策略。透過了解策略的本質、多元化策略如何實施，以及結構產業演變對競爭策略的影響等問題，有助於觀察和分析產業和企業後續發展的基礎。第二部分探討地點在競爭中的作用。表面上看，企業活動的日益全球化降低了地點的重要性，實際上，地點在企業擬定競爭策略中有著不可忽視的作用。第三部分說明競爭如何和社會問題交織在一起，在謀求企業自身利益的同時，兼顧社會利益是企業的雙贏策略。

本書所收錄的文章有一個共同的主題：獲利能力與成長的關鍵 —— 或者說是生存的關鍵，在於找出立足點，並持續不斷的改善自身，獲得獨特的競爭地位；繁榮在於持續不斷的提高生產力，更多的社會進步主要來自民間部門的創新。

《策略 —— 四十五位策略家談如何建立核心競爭力》

本書收錄了全球四十五位世界級策略大師：麥可．波特、加里．哈默爾、亨利．明茲伯格、麥可．漢默等的經典論文或案例分析。這些論文和案例已被哈佛商學院、華頓商學院等列為 MBA 學生必讀之作，並被世界頂級管理雜誌如《財富》、《富比士》、《商業周刊》、《哈佛商學院評論》等相繼轉載。我們可以從中了解在全球一體化及知識密集度越來越高的商業時代，企業如何利用策略制勝、如何建立企業核心競爭力、如何利用策略構築企業未來、如何應對全球化競爭及快速變革的策略與智慧。

延伸品讀

波特並非一個管理學家，至少不完全是一個管理學家。波特的真實身分是經濟學家。對這一點，波特是這樣說的：「我把自己看成是經濟學家，我有經濟學的博士學位，所以我試圖影響經濟學理論……經濟學研究中，有這麼一種傾向，就是進行簡化並做一些重要的假設。這對某些研究，如總體經濟政策的研究，是適用的，但是當深入到產業競爭中去時，我們發現根據這些簡化的模型提出的建議，對企業的參考價值不大。」

波特是很少承認自己理論缺失的。對無數「波特錯了」議論，他都是一笑置之。但這一次他說了實話。正如不少人指出的，五力分析模型更多的是一種理論思考的工具，而非可以實際操作的策略工具。這個模型是有一系列近似於經濟學方法的理論假設（現實中並不存在，但為了更清楚的研究和說明問題而做出的方便假設）。其中最重要的假設有三個：第一，假設制定策略者可以了解整個行業（包括所有潛在進入者和替代品）的資訊。這個假設在現實中不存在（對任何企業來說，訂策略時掌握整個行業的資訊既無可能也無必要）。第二，假定同行企業只有競爭關係，沒有合作關係。在現實的商業世界，同行之間，企業與上下游企業之間，不一定完全是你死我活的關係，強強聯手或強弱聯手，有時比你死我活能創造更大的價值。第三，假定一個產業的蛋糕是固定的，你要占有更大的資源和市場，只有透過奪取對手的占比來實現。而在現實中，許多企業不是透過吃掉對手，而是與對手共同把產業的餅做大，從而獲得使企業價值最大化。

僅這三項在現實中不存在的假設，就會使你在透過五力分析模型來做權衡和取捨時，要麼束手無策，要麼茫然無頭緒。

難怪很多人抱怨說，五力分析模型很中看，但不中用。這是由波特理論的「出身」決定的：波特理論是從產業經濟學脫胎出來的。經濟學的著重點是「解釋」——解決產業布局和總體經濟現象，而管理學的著重點是「解決」—— 解決企業具體的策略問題。

談到策略的重要性時，波特有一句名言：「沒有瞄準的射擊沒有意義。」這又是一句很能代表波特理論特點的話：聽起來順理成章，但在具體的商業實踐中卻沒有可操作性。在他看來，企業必須制定好策略，然後才能行動。沒有明確策略就去行動，無異於盲人騎瞎馬、夜半臨深池。

先有嚴格的行動計畫再去行動，是一種典型的商業理想主義。借用黑格爾的話來說，這是一種「先學會游泳再下水」的理論訴求。這種善良願望的直接結果是——永遠不可能下水，也永遠不可能學會游泳。

制定策略在經營上的「首要性」，不等於經營流程上制定策略的（時間上的）「在先性」。當產業的發展已呈現為非連續性，商業生態越來越趨向於不確定性的時代，由專門的策略規劃部門制定明確的策略再去行動，既無可能也無必要。

正如布朗和艾森哈特在《邊際線上的競爭：作為一種結構性混沌的策略》中指出，策略是一種介於混沌與有序之間的「邊際線」。純然的混沌與純然的清晰都不是真正的策略。純然混沌只能導致漫無目的的企業行為，純然的清晰只能導致波特所說的「策略混同」（同質化競爭）。有競爭力的策略是那種拂曉時分的、混沌初開式的策略。這種策略別人不僅無法模仿，甚至都沒有注意到。設計得很清楚的策略，要麼是已經失去競爭優勢的策略（真相大白的策略就不再是策略），要麼是你設計策略的時候，有意無意的忽略了許多不確定性的、非連續性的因素，所以不值得信賴。

學習型組織之父
——彼得·聖吉

管理巨匠檔案

全　名　彼得·聖吉（Peter M.Senge）
國　別　美國
生卒年　西元 1947 年至今
出生地　美國芝加哥

經典評介

彼得．聖吉是 1990 年代管理思想家，學習型組織之父。他的作品受到人們廣泛閱讀，其中主要作品《第五項修練》詳細闡明了「系統思想」和「學習型組織」的概念，現已成為標準管理詞彙的一部分。

管理巨匠簡介

彼得．聖吉，1947 年出生於芝加哥，後進入史丹佛大學念書，並於 1970 年在史丹佛大學獲航空及太空工程學士學位，之後進入麻省理工學院史隆管理學院攻讀博士學位，師從福雷斯特（Jay Forrester）教授，研究系統動力學整體動態搭配的管理理念。

1978 年獲得博士學位後，留在史隆，繼續致力於將系統動力學與組織學習、創造原理、認知科學、群體深度對話與類比演練遊戲融合，從而發展出「學習型組織」理論。作為他們研究成果的結晶，聖吉的代表作《第五項修練 —— 學習型組織的藝術與實務》於 1990 年在美國出版，在書中，彼得．聖吉為經理人提供了工具和概念性原型，協助理解潛藏在組織問題下的結構和互動問題，並首次有系統的提出了一個全新的概念：學習型組織。

該書於 1992 年榮獲世界企業學會（World Business Academy）最高榮譽的開拓者獎（Pathfinder Award），並被《哈佛商業評論》評選為在過去七十五年中影響最深遠的管理書籍之一，聖吉本人也於同年被美國《商業周刊》推崇為當代最傑出的新管理大師之一。他所提出的學習型組織被譽為「二十一世紀的金礦」。

為了更完善的發展學習型組織，彼得．聖吉等人 1991 年在麻省理工學院成立了組織學習中心。中心建立的最初目的是透過系統思考、改善心智模式、自我超越和建立共同願景，來提高領導者和員工的學習能力。在創立後的幾年之內，中心得到了迅速發展。至 1995 年已擁有十九個合作夥伴，包括 AT & T、IBM、福特汽車等。許多公司都進行了各式各樣的關於學習型組織的實驗。1994 年又出版了《第五項修

練 —— 學習型組織的藝術與實務》的配套實用手冊《第五項修練．實踐篇》，由此催生出一場世界性的運動。在 1999 年推出了《變革之舞》。據聖吉自己說，此書是從兩個重大教訓開始的：第一，啟動和維持變革並非如《第五項修練》所建議的那樣令人樂觀，而是一項常常令人沮喪的任務。第二，啟動變革這一任務要求商界人士改變思考企業的模式，即要像生物學家那樣思考。時代已經轉型，思維也要更新。

學習型組織是 1990 年代以來，在管理理論與實踐中發展起來的全新的管理理論，其最初構想，來源於彼得．聖吉的老師福雷斯特在 1965 年寫的一篇論文 ——《企業的新設計》。在這篇文章中，他利用系統動力學的基本原理，非常具體的構想了未來企業的一些基本特徵，包括組織結構扁平化，組織資訊化，組織更具開放性，員工與管理者的關係逐漸由從屬關係轉向工作夥伴關係，組織不斷學習，不斷調整組織內部的結構關係等等。彼得．聖吉作為他的學生，一直致力於研究如何以系統動力學為基礎，建立起一種更理想的組織，後於 1990 年出版了他的曠世之作 ——《第五項修練 —— 學習型組織的藝術與實務》，創立了學習型組織理論。

代表著作

* 1990 年，《第五項修練：學習型組織的藝術和實踐》
* 1994 年，《第五項修練實錄：建立學習型組織的策略和工具》（與夏洛特．羅伯茲、理查．羅斯、拜揚．史密斯及阿特．克雷納合作）、《變革之舞：學習型組織繼續發展面臨的挑戰》

管理智慧

如果為學習型組織簡單的下一個定義：所謂學習型組織，是指透過培養瀰漫於整個組織的學習氣氛、充分發揮員工的創造性思維能力而建立起來的系統的、高度彈性的、扁平的、符合人性的、能持續發展的、能充分發揮每個員工創造性能力的，努力形成一種瀰漫於群體和組織的學習氣氛，憑藉著學習，個性價值得以實現，組織績效得以大幅度提高的組織。這種組織具有持續學習的能力，具有高於個人績效總和的綜合績效。

彼得．聖吉指出：在學習型組織中，有五項新技能正在逐漸彙集起來，使學習型組織變成一項創新，雖然他們是分開的，但都緊密相連，其中的每一項技能對學習型組織的建立都不可缺少。

彼得．聖吉把這五項技能稱為五項修練，精闢論述了五項修練的學習型組織模型的內涵：

1. 自我超越
2. 改善心智模式
3. 建立共同願景
4. 團隊學習
5. 系統思考

自我超越作為學習型組織的精神基礎，是個人成長的學習修練，其修練是學習不斷理清並加深個人的真正願望，集中精力，培養耐心，並客觀的實現。具有高度自我超越的人，能不斷擴展他們創造生命中真正所嚮往的能力，以個人追求為起點，形成學習組織的精神。聖吉概括了這樣一個思想成長過程：開發自我去面對不斷進步的世界 —— 依創造性的而非反映性的觀點生活。這包括不斷學習，以便更清楚的看待當前局勢與現實的鴻溝，並產生學習的壓力，這是一種真正的終身學習。

彼得．聖吉認為，想要不斷熟悉和擴大自我超越的能力，必須按照以下原理進行修練。

1. 建立個人願景

個人願景，就是內心真正關心的事情，是一個特定的結果，一種期望的未來景象或意象。願景是內在的而不是相對的，它是你渴望得到某種事情的內在價值。如果說一個人對未來所持有的「上層目標」是抽象的，那麼個人願景則是具體的。

2. 保持創造性張力

所謂創造性張力是指解決願景與現實之間差距的創造力，願景與現實的差距，可能成為一種力量。這種力量一旦被正確使用，就會將你朝向願景推動。此種差距是創造力的來源，因而被聖吉看作是「創造性張力」。彼得．聖吉指出「創造性張力是自我超越的核心原理，它整合了這項修練所有的要素」。

3. 看清結構性衝突

意識清醒的人，時常感覺到自己正被兩種不同方向的力量所控制：一種力量將你拉向你的願景；但同時也有另外一種力量將你拉向相反的方向。這時就要我們也全神貫注去克服達成目標過程中所有形式的阻力，每一位成功的人都有過人的意志力，他們把這種特性看作與成功同義。他們願意付出任何代價以克服阻力，達到目標。

4. 誠實的面對真相

誠實的面對真相的關鍵，在於克服那些看清真實狀況的障礙。我們未曾覺察到的結構囚禁著我們，一旦我們看得見它們，它們就不再能夠像以前那樣囚禁我們。我們開始感到內心裡生出一種力量，把自己從那種支配自己行為的神祕力量中解放出來，這對個人和組織都是如此。

5. 運用潛意識

意識和潛意識是個體學習過程中經常運用的兩種意識形式。任何新的工作，當一開始時，整個活動都需要在高度清醒的意識指揮下才能完成，而當熟練後，在潛意識的指揮下就可以很好的完成工作。所以，培養潛意識是重要的，培養潛意識最重要的就是它必須切合內心真正想要的結果。越是發自內心深處的良知和價值觀，越容易與潛意識深深結合，有時是潛意識的一部分。改善心智模式在管理的過程中，許多好的構想往往未有機會付諸實施，而許多具體而細微的見解，也常常無法切入運作中的政策，也許組織中有過小規模的嘗試成果，每個人都非常滿意，但始終無法全面的將此成果繼續推展。

這是什麼原因呢？

這不是根源於企圖心太弱、意志力不夠堅強，或缺乏系統思考，而是來自「心智模式」。具體的說，新的想法無法付諸實施，常是因為它和人們深植心中，對於周遭世界如何運作的看法和行為相牴觸。因此，學習如何將我們的心智模式攤開，並加以檢視和改善，有助於改變心中對於周遭世界如何運作的既有認知。對於建立學習型組織而言，這是一項重大的突破。

那麼，何謂心智模式？心智模式是認知心理學上的概念，指那些深深固結於人們心中，影響人們認識周圍世界，以及採取行動的許多假設、成見和印象，是思想的慣性反映，是人們思想方法、思維習慣、思維風格和心理素養的反映，心智模式的形成受人們所經歷的環境、人的性格、人的 IQ、EQ 和 AQ（逆境商數）的影響，並要經歷漫長的過程。心智模式影響人們的思想和對周圍事物的看法，也影響著人們的學習和生活方式。心智模式是一種慣性思維，不同的心智模式，導致不同的行為方式。當我們的心智模式與認知事物發展情況相符，就能有效的指導行動；反之，就會使自己好的構想無法實現，但是，人無完人，每個人的心智模式都存在一定的缺陷，它是一種客觀存在，不容置疑。很多人不願意承認自己的心智模式存在缺陷，更不能自覺的去進行改善心智模式的修練。而且心智模式一經形成，就非常難改變。所以，心智模式的修練，無論對個人還是對組織來說，都是最艱難的修練。必須具備鍥而不捨的精神。

雖然五項修練相互關聯，相互作用，相輔相成，融會貫通，但在五項修練中，心智模式的修練是最實際的修練，是各項修練的基礎。這主要表現在三個方面：

1. 自我超越和共同願景的基石

要在組織中形成共同的價值觀，共同價值觀的形成又來源於每個人對客觀事物的正確認知。心智模式左右著對客觀事物的正確認知，如果心智模式沒有改善，面對同樣的客觀現實就可能產生出不同的看法，就可能使自我超越的修練偏離正確的方向，使組織內難以形成共同的價值取向。

2. 團體學習的出發點

其基本的方式首先是「懸掛自己的假設」，也就是公開自己處理問題背後隱藏的思維方法，這與心智模式的修練是相同的，是建立在自我超越和共同願景修練之上的。

3. 系統思考的保障

系統思考如果沒有心智模式這項修練，它的力量將大為減損。

心智模式無從改變，系統思考也無從發揮作用，由此可見，心智模式的修練是我們創建學習型組織的一個重要的基礎性問題，它對於個人而言，是一個重新創造人生的修練；對於組織而言，是一個重塑管理思想的修練，應當引起我們的充分重視。那麼怎樣改善心智模式？改善心智模式，就是檢視自己的心智模式，否定、拋棄舊有的心智模式。要求企業領導者和員工要用新的眼光看世界。

改善心智模式的修練，主要應做到的是對自己心智模式的反思，和對他人心智模式的探詢。「把鏡子轉向自己」，正與「吾日三省吾身」的意思相近，是審視自我、自我反思，是對自己心智模式的進一步檢視。

建立共同願景

共同願景最簡單的說法是「我們想要創造什麼？」，是組織中全體成員的個人願景的整合，是能成為員工心中願望的願景，它遍及組織全面的活動，而使各種不同的活動融合起來。

「共同願景」不是一個想法，甚至像「自由」這樣的一個重要的想法。它是在人們心中一股令人深受感召的力量。剛開始時可能只是被一個想法所激發，然而一旦發展成感召一群人的支柱時，就不再是個抽象的東西，人們開始把它看成是具體存在的。

在人類群體活動中，很少有像共同願景這樣能激發出強大的力量。它是個人、團隊、組織學習和行動的座標。它對學習型組織至關重要，能為學習聚集能量。只有當人們致力於實現共同的理想、願望和共同的願景時，才會產生自覺的創造性學習。

1. 鼓勵個人願景

共同願景是由個人願景匯聚而成的，個人願景通常包括對家庭、組織、社區、甚至對全世界的關注，藉著彙集個人願景，共同願景獲得能量和培養個人願景。

真正的願景必須根植於個人的價值觀、關切與熱望之中。因此，共同願景真誠的關注是根植於個人願景之中的。有意建立共同願景的組織，必須持續不斷的鼓勵成員發展自己的個人願景。原本各自擁有強烈目標感的人結合起來，可以創造強大的綜效（synergy），朝向個人及團體真正想要的目標邁進。

如果人們沒有自己的願景，他們所能做的就僅僅是附和別人的願景，結果只是順從，絕不是發自內心的意願。

2. 創造共同願景

當一群人都能分享組織的某個願景時，每個人都有一個最完整的組織圖像，每個人都對整體分擔責任，不只對自己那一小部分負責。同樣的，每個人所持有的整體願景也都有其不同之處，因為每個人都有獨自觀看大願景的角度。

當有更多人分享共同願景時，願景本身雖不會發生根本的改變，但是願景變得更加生動、更加真實，因而人們能夠真正在心中想像。

從此他們擁有夥伴，擁有「共同創造者」，願景不再單獨落在個人的雙肩上。

在此之前，當他們尚未孕育個人願景時，人們可能會說那是「我的願景」，但是當共同願景形成之時，就變成既是「我的」也是「我們的」願景。

3. 願景不源於高層

官方願景並非是從個人願景中建立起來的，它很少在每一個階層內進行探詢與檢驗，因此無法使人們了解與感到共同擁有這個願景，結果新出爐的官方願景也無從孕育出能量與真誠的投入。

事實上，有時它甚至無法在建立它的高階管理團體中鼓起一絲熱情。這並不是說願景不能從高層發散出來。但是有時願景是源自不在權力核心者的個人願景，有時是從許多階層互動的人們中激盪而出。

分享願景的過程，遠比願景源自何處更重要。除非共同願景與組織內個人的願景連成一體，否則它就不是真正的共同願景。

對那些身居領導位置的人而言，最重要的是必須記得他們的願景最終仍然只是個人願景，位居領導位置並不代表他們的個人願景自然就是組織的願景。

團體學習

「團體學習」是建立在發展「共同願景」和「自我超越」之上的，是發展團體成員整體搭配與實現共同目標能力的過程。

組織在今日尤其迫切需要團體學習，無論是管理團體，產品開發團體，或跨機能的工作小組。而團體在組織中漸漸成為最關鍵的學習單位，之所以如此，是因為現在幾乎所有重要決定都是直接或間接透過團體決定，而進一步付諸行動的。

甚至在某種意義上，個人學習與組織學習是無關的，即使個人始終都在學習，並不表示組織也在學習。但如果是團體在學習，團體變成整個組織學習的一個小單位，他們也可將所得到的共識化為行動。在組織內部，團體學習有三個面需要顧及。

首先，團體必須學習如何組合出高於個人智力的團體智力。但一般情況下，組織中會有一些強大的智力抵消，造成團體的智慧小於單個成員的才智。

然而，這些力量有許多是團體成員可以控制並加以應用的。

其次，既需要個性突出又需要協調一致。

在組織發展中，單個成員的個性特點發展對團體的發展有很大的幫助，而傑出團體也需要一種「工作上的默契」，每一位團體成員都要在發展自己的同時，也配合自己的同伴。

第三，要重視團體成員的不同角色與影響。比如管理機構的每一個決定都是透過一個個執行機構來實行的。

系統思考

「系統思考」是「看見整體」的一項修練，它是一個架構，讓我們看見相互關聯而非單一的，看見漸漸變化的型態，而非瞬間即逝的一幕。

系統思考以一種新的方式使我們重新認識自己所處的世界，其主要的觀點可以概括為由「將自己看作與世界分開，轉變為與世界連接」，從「將問題看作是由『外面』某些人或事引起的，轉變為看到自己的行動如何造成問題。」

系統思考有兩個關鍵點：一是系統的觀點，二是動態的觀點。應該重視系統中各個局部的相互作用，它們都不是孤立存在的，而是相互關聯的。我們要了解整個事情的全部，也要看到人們研究事物的主要機能。

所以它並非深不可測的一項修練，是大家相當熟悉的在生活、學習、工作中自然運用的一項修練。系統的思考要求認清楚系統的結構，不應被表面現象所迷惑，應處理動態的複雜的細節問題。

系統思考是五項修練的核心，是其他修練的互動：

不具備系統思考的自我超越，常常是以自我為中心，以自己的追求為主，忽視外部力量與自身行動的相互影響；而擁有系統思考的自我超越，能融合理性與直覺，看清自己跟周圍世界是一體的，對整體有使命感，於是，在自我超越的過程中，清醒的看到自己與外界的相互關聯，自然而然的形成一個更寬闊的「願景」，這就是一種高層次的「自我超越」。

系統思考對於有效確立改善心智模式也很重要。在心智模式中，加入有系統的思考，不僅能改善我們的心智模式，還能改變我們的思考方式，可以使我們的心智模式更加完善和健全。系統思考對建立共同的願景也有很重要的作用。

如果缺少了系統思考，我們的願景，將止於對未來不著邊際的描述，而不是科學合理的描述，這樣的願景缺乏吸引力，不能把員工凝聚起來。「系統思考」的觀點對「團體學習」更為重要。系統思考的工具為團體學習應對和克服工作中複雜的、動態的問題提供了有效的語言工具。系統模型應成為團體學習的共同模型。

當然「系統思考」也需要有「建立共同願景」、「改善心智模式」、「團體學習」與「自我超越」四項修練來發揮它的潛力。這五項修練之間有很強的正相關性，每一項修練的成敗都與其他修練的成敗相關聯。它們之所以稱為修練，表示這是一個過程，一個學習和提高的過程，作為企業的領導者，都要深刻理解它們的原理，並在實踐中不斷的演練。這樣的組織就稱為學習型組織。

但關鍵是看五項修練是否相互配合，透過這樣的學習過程，是否增強了應付世界變化和自我發展的能力。

經典語錄

當公司主管以充滿確定性與權威的語氣，將他們所認識的世界描述為真實世界時，他們創造了一個無能的偽裝。

管理巨匠觀點

《變革之舞》綜合了系統論、控制論、行為科學、生態學、管理科學等多種學科和領域的研究成果，首先揭露出所謂變革就是成長因素（促進變革）和抑止因素（阻礙變革）之間的互動關係。作者指出迷信「英雄型」領導者已經為很多企業帶來困難，使企業為尋找「救世主」付出了慘重代價，變革的成功追根究柢，依靠的是組織群體的創新能力。

作者列舉了七項變革的促進因素和變革面臨的十大挑戰。作者還在書中逐一討論了每一個挑戰的特點和解決的方法。在全書中，彼得．聖吉和他的五位合作者分別負責各章，數十位企業家和學者，或各抒己見，或做經驗之談，將討論引向深入。它不僅是一部管理學的理論之作，而且還是一部基本案例分析的「實戰書」。

我們還發現，在本書中，聖吉還吸收了中國古代哲人老子的思想，就是「法自然之道」，正如他在1998年為《第五項修練》中譯本所作的序中所說：「據我的了解，中國傳統文化的演進途徑與西方文化略有不同。你們的傳統文化中，仍然保留了那些以生命一體的觀點來了解的萬事萬物運行的法則，以及對於奧妙的宇宙萬有本原所體悟出極高明、精深而深廣的古老智慧結晶。」所以他說：「五項修練『理論』在本質上與西方工業發展完全不同途徑。」

綜上所述，《變革之舞》是聖吉等人在學習型組織的推廣中不斷反省，共同思考的結果。所謂「變革之舞」，正是每個組織在經歷千百次的生活成長中所必須進行的。

正如南加州大學馬歇爾商學院的貝尼斯教授所說：「不必逐頁的翻看這本書，翻開任何一頁，你都會被深深吸引。這是發生在組織變革中令人歡喜的原始案例……每一篇的每一個觀念，都會使你一再思考你已經想過和認識的關於這個理念的一些事情。」

《第五項修練》所選十三篇論文，均是從聖吉在《哈佛商業評論》發表的三十多篇論文中精選出來的。本書分為兩部分，第一部分題為「經理的責任」，集中討論管理的基本任務 —— 保持企業長期健康發展。這一任務極為艱鉅，充滿了各式各樣的風險。第二部分「經理的世界」則闡述了在知識經濟社會中，管理者所面臨的挑戰。這一部分的重要主題包括知識工作者的激勵與組織，提高服務性工作的生產力，以及成功的領導一個企業所需要的資訊。

《第五項修練》這本書指出，在於我們片面而局部的思考方式，及由其所產生的行動，它造成了目前切割而破碎的世界，使我們喪失了群己的一體感。這本書雖然還是在起步階段，然而所提出的整體互動思考方式及修練方法，已為人類的未來指出了一條新路。它不只是一本管理新論而已。

這是一本探討個人及組織生命的書；它讓我們看到個人及組織中幾種潛藏著的龐大力量來源 —— 它們是最根本、最持久，但卻常是最不明顯的。當掌握這些力量，個人的生命空間會變得很大，如此方能成為一個全神貫注於自己真正想做的事、又兼顧生命中最重要事情的「學習者」；組織也因此脫胎換骨成為「學習型組織」—— 在其中，人們得以不斷擴展創造未來的能量，培養全新、前瞻而開闊的思考方式，全力實現共同的願望，並持續學習如何共同學習。

否則個人只有被這些龐大的力量所困，而組織則產生了書中所描述的各種令人困惑的「組織學習智障」，即使目前最成功的企業也不例外。書中所探討的問題，其實不限於企業組織，小至家庭，大至全球的問題，都具有類似的組織學習智障。這本書只是把焦點放在企業組織上來探討。

聖吉認為，學習本是人的天性，人的絕大多數行為知識和能力並非天生的本能，而是後天學習得來的。我們面對著一個劇變中的時代，它既充滿著危機，也充滿著機會。那麼，各類組織，尤其是企業應當進行什麼樣的調整與改造，才能在新環境中有效的生存和發展呢？ 美國管理學泰斗杜拉克與組織心理學權威夏恩先後指出，能適應未來需求的組織應是「以知識為基礎的」，麻省理工學院彼得‧聖吉博士1990 年在《第五項修練 —— 學習型組織的藝術和實踐》一書，抓住了未來組織所應具備的最根本品質 —— 「學習」，在學術和企業界引起了很大的迴響。

對聖吉所說的「學習」，我們不能在一般意義上理解，以為它只是指吸收新知識，獲得新資訊，以使個人適應新環境。這裡說的「學習」，首先，不僅限於個人的學習，而更強調群體的學習，即「組織化的學習」；其次，此種學習所涉及的思維方式或心智模式的轉變，已不限於學懂或學會某一領域的某一具體知識，而是深入到哲學的方法論層次；再次，這種學習要求改變人們傳統的思維習慣，用盡力氣強制和約束自己進入新型態的模式，以破舊立新，摒棄陋習。這是一種修練，並要實現心靈的感悟；最後，這種學習應是終身不斷的。

1994 年為了使「學習型組織 —— 五項修練」的管理方法更易於操作和推廣，聖吉又和志趣相投的夥伴總結編著了《第五項修練 —— 實踐篇》，把在企業中組織五項修練的操作方法、工具、程序的案例發表，促進了企業「學習型組織」活動的發展。

聖吉認為，學習本是人的天性，人的絕大多數行為、知識和能力，並非天生的本能，而是後天學習得來的。在社會還處於貧困落後的情況下，人們追求的主要是物質性的財富，工作是獲得財富的方法，因而工作觀是工具性的。

但現在，隨著社會的發展，人們開始變得富足起來，就開始追求精神層面的滿足。要充實和發展自己，實現自身價值，就要透過不斷的學習來獲得知識和動力。

於是學習被提高到與生命的意義相關聯的高度上來，學習成了生活中至關重要的因素。

在聖吉之前的管理學者，大都是用西方傳統的片面思考方式看待企業，將企業管理切割成各種功能管理。但是，一面鏡子被分割後再折合起來，還會恢復其原貌嗎？聖吉突破了原有方法論的模式，以系統思考代替機械思考，以整體思考代替片面思考，以動態思考代替靜止思考。由於引入了全新的方法，彼得‧聖吉就不是「頭痛醫頭，腳痛醫腳」的觀察企業的問題，而是直逼本源，試圖透過一套修練辦法，提升企業的「群體智力」。彼得·聖吉認為，企業要適應市場複雜多變的形勢，只有加強學習能力，提高自身素養。未來真正出色的企業將是能使企業各階層人員全心投入，並有能力不斷學習的企業，也就是「學習型組織」企業，未來唯一持久的優勢，是有能力比你的競爭對手學習得更快更好。

在彼得·聖吉「學習型組織 —— 第五項修練」管理方法中，最特殊的是「整體動態搭配」能力，其核心是強調系統思考。對企業而言，最根本的是成長與穩定的搭配，包括企業中個人與群體的搭配、企業各部門之間的搭配、現在與未來、與資源的搭配、理想與現實的搭配、左右腦決策的搭配、策略與文化間的搭配、規章制度與執行能力的搭配等等。第五項修練介紹的系統思考的工具，能幫助人們了解複雜問題的結構與變化，亦尋找解決的「槓桿點」。

學習型組織 —— 五項修練新管理方法貴在躬行。它不但需要認真、刻苦與毅力，還需要有效的方法。否則，人的思維很容易不自覺的、習慣的走回頭路。聖吉還強調建立夥伴關係，強調形成共同願景下的團隊學習活動。

學習型組織 —— 五項修練是一套完整的方法，可操作性很強，從理論到實踐配套的管理新技術體系，五項修練包括「自我超越」、「改善心智模式」、「建立共同願景」、「團體學習」、「系統思考」。這其實就是五種方法，需要透過學習修練才能掌握。

第一項修練：自我超越

「自我超越」是學習型組織的精神基礎。精熟「自我超越」的人，能夠不斷實現他們內心深處最想實現的願望，他們對生命的態度，就如藝術家對藝術作品一般全心全力投入。不斷創造和超越，是一種真正的終身「學習」。組織整體對學習的意願與能力，根植於各成員對於學習的意願與能力。此項修練兼容並蓄了東方和西方的精神傳統。

第二項修練：改善心智模式

「心智模式」是影響我們了解這個世界，以及如何採取行動的許多假設、成見，或圖像、印象等。我們透過不易察覺自己的心智模式以及它對我們行為的影響，例如，對於常說笑話的人，我們可能覺得他不在乎別人的想法。

在企業管理中，決定什麼可以做或不可以做，也常是一種根深蒂固的心智模式。如果你無法掌握市場的契機和推行組織中的變革，很可能是因為它們與我們心中隱藏的、強而有力的心智模式相牴觸。

把鏡子轉向自己，是心智模式修練的起步，藉此，我們學習、發掘內心世界的圖像，使這些圖像浮於表面，並嚴加審視。它還包括進行一種有學習效果的、兼顧質疑與表達的交談能力，有效表達自己的想法，並以開放的心態容納別人的想法。

第三項修練：建立共同願景

如果有一個理念，一直能在一個組織中鼓舞人心，那就是擁有了一種能夠凝聚並堅持實現共同願望的能力。一個缺少共同目標、價值觀與使命的組織，必定難成大器。

有了衷心渴望實現的目標，大家會努力學習，追求卓越，不是因為他們被要求這樣做，而是因為真心想要如此。但是許多領導者從未嘗試將個人的願望，轉化為能夠鼓舞組織的共同願望。共同的願望也常以一個領袖為中心，或許從某個危機中產生。

但是，如果有選擇的餘地，大多數的人會選擇追求更高的目標，而並非只暫時解決危機。有些組織所缺少的是將個人的願望整合，發掘出共有的「未來景象」的技術，這技術能協助組織培養成員主動、真誠的奉獻和投入，而非被動的遵從。

第四項修練：團體學習

假如一個團體中每個人的智商都在一百二十以上，何以群體的智商只有六十二呢？團體學習的修練即在處理這種困境。然而，我們知道團體確實能夠共同學習。在運動，表演藝術，科學界，甚至企業中，有不少驚人的實例顯示：群體智慧高於個人智慧，團體擁有整體搭配的能力。當團體真正在學習的時候，不僅團體會產生出色的成果，個別成員成長的速度也比運用其他學習方式要快。團體學習之所以非常重要，是因為現代組織中，學習的基本單位是團體而不是個人。

第五項修練：系統思考

我們知道，當烏雲密布，天色昏暗時，就快要下雨了；當暴風雨過後，地面的水在滲入地下時，天空就會放晴，這一切雖有時空的差距，但事實上它們都息息相關，且每次運行的模式相同，每個環節也相互影響。這些影響通常是隱匿而不易被察覺的，唯有對整體，而不是對部分深入的加以思考後，你才能有系統的了解這一切。

企業和人類其他活動也是一種「系統」，在這個系統中所有行動相互牽連，彼此影響著，這種影響往往要經年累月才完全展現出來。身為群體中的一小部分，而想要看清整體變化，更是困難。

經過五十年的發展，系統思考理論已發展出一套完整的架構，它既具備完整的知識體系，也擁有實用的工具，可以幫助我們認清事物整體的變化型態，並了解應如何有效的掌握變化，開創新局面。

聖吉曾把學習型組織這五項修練與飛機的五項技術相比。

早在 1903 年萊特兄弟發明了飛機，但直到三十二年後的 1935 年，道格拉斯公司把變距螺旋槳、收放式起落架、輕質金屬機殼、新型氣冷引擎與可動副翼這五項技術運用一體，才大量製造出飛機來，正式實現了商業化的民用航空運輸。

學習型組織也是從系統動力學的創立，經過三十年的研究總結，經過彼得 · 聖吉對近四千家企業的研究，一批優秀企業領導者的積極實踐、總結，窮十年之功才使五項修練技術相配合，形成了一個新的管理思想，而我們的企業在向「學習型組織」邁進中，也應該積極探索，不斷總結經驗。

延伸品讀

彼得 · 聖吉的貢獻源於他的信念，他認為：學習型組織不在於描述組織如何獲得和利用知識，而是告訴人們如何才能塑造一個學習型組織。學習型組織的策略目標是提高學習的速度、能力和才能，透過建立願景並能夠發現、嘗試和改進組織的思維模式，並因此而改變他們的行為，這才是最成功的學習型組織。

彼得．聖吉是 1990 年代管理思想家，他的作品受到人們廣泛閱讀，其中主要作品《第五項修練》詳細闡明了「系統思想」和「學習型組織」的概念，現已成為標準管理詞彙的一部分。

企業組織的管理模式問題一直是管理理論研究的核心問題之一，而對未來企業組織模式的探索研究，又是當今世界管理理論發展的一個前線問題。從傳統的以泰勒職能制為基礎，適應傳統經濟分工理論的層級組織，到美國日裔學者威廉．大內提出的適應企業文化環境的 Z 型組織，都是為了建立一個適應經濟發展變化的企業組織型態。

1980 年代以來，隨著資訊革命、知識經濟時代進程的加快，企業面臨著前所未有的競爭環境的變化，傳統的組織模式和管理理念已越來越不適應環境，其突出表現就是許多在歷史上曾名噪一時的大公司紛紛退出歷史舞台。因此，研究企業組織如何適應新的知識經濟環境，增強自身的競爭能力，延長組織壽命，成為世界企業界和理論界關注的焦點。在這樣的大背景下，以彼得．聖吉為代表的西方學者，吸收東西方管理文化的精髓，提出了以「五項修練」為基礎的學習型組織理念。

聖吉是學工科出身，他在麻省理工學院學習系統動力學，在那裡他受到該領域的先驅傑伊．福雷斯特的很大影響。然而，他在麻省理工學院與大公司進行研究項目的經歷，使他確信組織中的關鍵系統是腦力系統而不是有形系統。1980 年代後期，聖吉在荷蘭皇家殼牌公司所進行的研究也深深影響了他。當時，殼牌公司的企劃部主任阿里．德．哥斯根據自己在麻省理工學院和荷蘭皇家殼牌公司的工作，於 1988 年在《哈佛商業評論》上發表了文章，第一次提出了「學習型組織」這一概念。

後來研究的結論是：學習可能是組織唯一的長期競爭優勢。這兩種影響都展現在他的主要作品《第五項修練》中。

後來，聖吉深入研究「學習型組織」這一概念。他下定義道：「在『學習型組織』中，人們不斷擴展能力來創造他們真正想要的結果；廣闊的新思維模式已經成熟；群體的志向能夠自由發揮，人們不斷學習如何一起學習。」在商業行為中，當商業策略要求管理者要利用員工的群體智慧和承諾時，學習型組織就出現了；而當高層已不能再為公司所有的人提供思想時，組織學習就變得必不可少。聖吉將管理看作是高度人性化的。他將他的「學習型組織」與「控制型組織」相對比，前者能使人具有能力，不斷成長，而後者要將人加以限制和限定。雖然「學習型組織」和其他管理模式在追求商業利潤、組織利益這一基本目的上是一致的，但按聖吉的話來說，「學習型組織」將組織中的個人發展與高層的經濟績效結合起來。

聖吉思想體系中的另一個概念「系統思想」，即「第五項修練」（其他為自我超越，共同願望，團隊學習及心智模式）則協助組織看清自己的全部，並清楚認知組織本身相互關聯的本質及其與環境的關係。